大 学 物 理

（下册）

（第三版）

吴泽华　陈治中　黄正东　编著

浙江大学出版社

图书在版编目（CIP）数据

大学物理. 下册 / 吴泽华等编著. —3 版. —杭州：浙江大学出版社，2001.12（2025.1重印）

ISBN 978-7-308-02858-5

Ⅰ. 大… Ⅱ. 吴… Ⅲ. 物理学－高等学校－教材 Ⅳ. O4

中国版本图书馆 CIP 数据核字（2001）第 085625 号

大学物理（下册）（第三版）

吴泽华　陈治中　黄正东　编著

责任编辑　徐　霞
出版发行　浙江大学出版社
　　　　　（杭州市天目山路 148 号　邮政编码 310007）
　　　　　（网址：http://www.zjupress.com）
排　　版　杭州青翊图文设计有限公司
印　　刷　杭州杭新印务有限公司
开　　本　850mm×1168mm　1/32
印　　张　11.25
字　　数　303 千
版 印 次　2006 年 8 月第 3 版　2025 年 1 月第 23 次印刷
印　　数　75101—76100
书　　号　ISBN 978-7-308-02858-5
定　　价　29.00 元

内容简介

本书是以教育部颁布的《高等工业学校物理课程教学基本要求》为依据编写的。全书共分三册,第一册力学、机械振动和机械波、热学,第二册电磁学,第三册光学、量子物理学。各章均配有思考题和习题。各篇还增加了适量的扩展性内容,编写成阅读材料供教学中选用。

本书可作为高等理工科大学非物理专业教材或参考书,也可供其他类型学校的学生和教师使用或参考。

物理量名称、符号和单位

物理量名称	物理量符号	单位名称	单位符号
发光强度	I	坎[德拉]	cd
单色辐出度	M_λ	} 瓦[特]每平方米	W/m^2
辐射出射度	M		
单色吸收系数	α_λ	—	—
单色反射系数	r_λ	—	—
逸出功	ϕ, A	焦[耳]	J
波函数	Ψ		
概率密度	$\Psi\Psi^*$	每立方米	$1/m^3$
透射率	T	—	—
主量子数	n	—	—
角量子数	l	—	—
磁量子数	m_l	—	—
自旋量子数	s	—	—
辐射亮度	L, Le	瓦[特]每球面度平方米	$W/sr \cdot m^2$

目 录

第五篇 光 学

第六篇　量子物理学

第五篇　光　　学

　　光学是一门具有悠久历史的学科。早在公元前 4 世纪,我国的墨子所著的《墨经》中就记载了许多光学现象,例如:光与影的关系,光的直线传播,针孔成像,光的反射,平面镜、凹凸面镜中物和像的关系等,可以称得上是世界光学知识的最早记录。一百多年后,约在公元前 3 世纪,希腊数学家欧几里得(Euclid)在《反射光学》的著作中研究了光的反射。此后在二千多年的漫长历程中,人们先后发明了透镜、望远镜、显微镜,建立了反射定律和折射定律,发现了许多光学现象。到了 17 世纪中叶,才奠定了**几何光学**基础,光学在理论和应用上开始有了真正的发展。

　　光学发展史,是人类对光本性的不断探索和认识的历史。在公元 17 世纪,有关光学理论正在传播和开创时,便有了关于光本性的两种观点:微粒学说和波动学说。以牛顿(I. Newton)为代表的“微粒说”认为,光是光源发射出来的一束速度极快的微粒流,微粒在均匀物质内按力学规律作等速直线运动。微粒学说能够解释光的直线传播特性,以及反射、折射定律,但是无法进一步对光的干涉、衍射等现象作出解释。另一方面,与牛顿同时代的惠更斯(C. Huygens),在前人研究的基础上发展了光的“波动说”,于 1690 年发表《光论》一书,阐述光的波动特性。波动学说认为光是一种波动,光的传播不是物质微粒子的迁移过程,而是运动能量以波动方式迁移的过程。惠更斯还引入了波和波阵面的概念,提出了著名的惠更斯原理,能定量解释反射和折射定律。在随后的百余年间,这两种截然不同的学说寻求各自的发展,并互相排斥。由于牛顿在科学界的权威性,以及早期的波动学说缺乏数学基础,还很不完善,占统治地位的仍然是光的微粒学说。直到 19 世纪初,以杨(T. Young)和菲涅耳(A. J. Fresnel)的研究成果为代表,才初步形成了**波动光学**体系。波动理论能圆满地解释光的干涉、衍射和偏振等现象,从而在两种学说的抗衡中取得了决定性的胜利。在同一时期,电磁学得到了发展,19 世纪下半叶,麦克斯韦电磁场理论和赫兹实验证明了可见光是波长在 400nm～760nm 波段的电磁波,为光的波动理论奠定了坚实的电磁理论的基础,使人类在认识光的本性方面又向前推进了一步。光的电磁理论在解决一系列光的传播问题上取得了极大的成功,以至于 19 世纪末的物理学家们普遍认为,人们已最终认识了光的本性,它是一种电磁波。然而,19 世纪末至 20 世纪初人们又发现了一系列与电磁理论相矛盾的新现象,使的波动理论受到新的挑战。为了解释黑体辐射、光电效应等这些用波动理论无法解释的现象,物理学家不得不再次考虑光具有"微粒"的性质。不过这种光微粒完全不同于牛顿所假设的机械微粒,而是有了新的更深刻的含义,它反映了人类对光本性的认识又进入了一个更高级的阶段。

20 世纪以来,物理学发生了一系列革命,其中**量子理论**的建立将有关光的两个不同的属性统一了起来,使人们进一步认识到光既具有波动性又具有粒子性,即光具有波粒二象性。这是人类对物质世界认识的又一次飞跃。

随着人们对光的本性问题不断深入探索,光学在理论和实际应用上都有了重大突破。1948 年诞生了全息术;1955 年科学家首次提出"光学传递函数"的新概念,并用来评价像质,以及 1960 年第一台激光器问世,使光学开始了一个新的发展时期,出现了许多新的光学分支,如信息光学、激光物理、非线性光学等,使古老的光学发生了空前的变化,与其他学科一样,光学正在经历一场新的革命。

作为今后学习和研究的基础,本篇讨论波动光学中最基本的干涉、衍射、偏振等现象及其应用,并简要介绍几何光学基本定律和成像的分析方法。

第十六章　光的干涉

本章以光的波动理论为基础,讨论产生干涉现象的光波应具有的条件,具体分析双缝干涉和薄膜干涉,并介绍干涉现象的一些应用。

§16.1　相干光

一、光源

能发射光波的物体称为**光源**。如太阳、白炽灯、火焰、气体放电管等都是最常见的光源。光源发光是由于其内部的原子、分子受到外界激发后进入高能量的激发态,在它们跃迁回低能量的激发态或最低能量的基态时将发射出一定波长的电磁波。按照激发方式的不同,可将光源分为热辐射源和冷光源两大类。

1. 热辐射源

热辐射源是一种将热能转化为辐射的光源。任何温度的物体都有热辐射,温度较低时,物体辐射红外线,温度较高时,辐射可见光、紫外线等。对物体加热,使维持一定的温度,物体就会持续地发射光波。从远古时代单纯依靠天然光源——太阳,直到白炽灯问世,人类利用的光源都是热辐射源。

2. 冷光源

除了热辐射以外,还有另外一种光的发射,它是物体在某种外界作用的激发下偏离热平衡态时产生的辐射,是一种非平衡辐射。由于发光物质与周围环境的温度几乎相同,并不需要加热,所以称之为冷光源,并称这种光发射现象为冷光。

根据发光物质吸收能量来源的不同,又可分为机械发光、物理发光、化学发光及生物发光等。如 ZnS 和 Mn 在振动时可以发光,结晶结构发生变化时也可以发光,都是机械发光的例子。采用物理手段进行激发所产生的发光现象称物理发光,例如稀薄气体在放电管内电场作用下发出辉光;日光灯内气体放电产生紫外线,照射到管壁上荧光物质发出可见光;高能粒子碰撞引起的北极光等。化学发光是利用化学反应产生的化学能转换成光能,如腐物中的磷在空气中缓慢氧化会发出光来。生物发光是一种很普遍的生物现象,如萤火虫发光和海洋水面的"磷光"等,它的激发能来自生物化学反应的化学能,是一种特殊形式的化学发光。自从 1960 年激光器问世以后,激光光源就成为光学技术中最重要的一种新颖光源,但它的发光机理与普通光源不同,我们将在后面进行专题讨论。

在一般光源中,大量受激原子(或分子)随机地从激发态返回正常态,各个原子(或分子)参差不齐地、独立地辐射出有限长的电磁波列,辐射持续的时间十分短暂,只有 10^{-9}s$\sim$$10^{-8}$s,因此各波列之间的频率、振动方向和相位是毫无关联的。人眼所感受到的光波就是大量这类电磁波列积累作用的结果。实验表明,对人眼和各种测量仪器,引起视觉和光化学反应的主要因素是光波中的电场矢量,又因为磁场矢量和电场矢量具有确定的关系,因此讨论光波中的电场矢量的性质,就能代表光波的性质。

二、相干光波

干涉现象是波动的一个重要特征。在第六章中已经讨论过,所谓干涉现象是指两列波在空间相遇区域内,有些点的振动始终加强,而另一些点的振动始终减弱,形成振动有强有弱的稳定分布。对于可见光波,干涉现象则表现为叠加区域中有些点较亮,而另一些点较暗,出现一系列有规律的明暗条纹,称为**干涉条纹**。能够产生干涉现象的两束光波称为**相干光波**,它们必须满足频率相同、振动方向相同和相位差恒定三个条件,这三个条件称为**相干条件**。能发出相干光波的光

源,称之为**相干光源**,它们同样要满足相干条件。为了确保产生明显的干涉现象,还必须使两光波在相遇点所产生的振动的振幅相差不能悬殊,以及两光波在相遇点的光程差不能太大的补充条件。我们将在§16.2和§16.6中分别加以说明。

一般光源发出的光波是许多彼此毫无关联的波列的混合,因此任何两个独立的光源发出的光波即使有相同的频率和振动方向,但在相遇点的两波列之间的相位差仍然是瞬息万变的。相位差的值,会从0到2π之间随机地高速突变。当这样的两束光波相遇叠加时,不可能出现稳定的明暗分布,在叠加区域内的亮度分布均匀,强度是两列光波的光强之和,也就是说,不会出现干涉现象。

三、相干光波的获得

无论在自然界或实验室里,都无法用通常的光源得到满足上述相干条件的两个独立光源。但我们可以设法使一个点光源发出的光波分离为两部分(即两束光),然后使它们经过不同的路径后再相遇。这样的两束光波,因源于同一束光,必定满足相干条件,在叠加区域会出现干涉现象。

如何将一束光分离成两束呢?一般有两种方法,即分波阵面法和分振幅法。**分波阵面法**是在一个光源发射的同一波阵面的不同部分上分离出两束光。下面要讨论的杨氏双缝干涉就是利用分波阵面法获得相干光的典型例子。分振幅法是在透明介质表面上通过反射和透射分离出两束相干光,也可以说成是入射光波的振幅被"分割"了。这种利用反射和透射获得两束相干光的方法称为**分振幅法**。

§16.2 双缝干涉

1801 年英国科学家杨(T. Young)[1]成功地用分波阵面法获得相干光,并观察到光的干涉现象。现代的杨氏双缝实验的基本装置如图 16.1 所示。双缝 S_1 和 S_2 相距很近,且离细缝 S 等距并互相平行。因此,单色平行光通过细缝 S 后,从 S_1 和 S_2 透出的光波是从同一波阵面分离出来的相干光波,在观察屏 E 上将出现一系列平行于双缝的

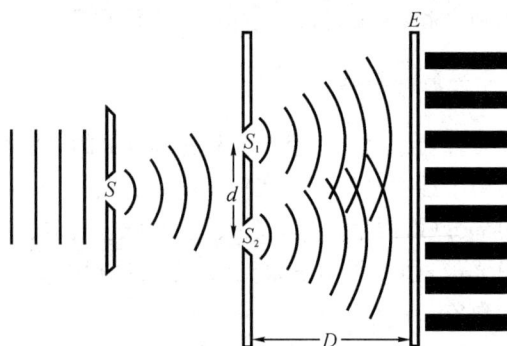

图 16.1 杨氏双缝实验

明暗相间的条纹。若挡住其中一条缝,干涉条纹会立即消失。这就是**双缝干涉现象**。这种干涉效应证实了光的波动本性。在历史上,杨氏

---

① 托马斯·杨(Thomas Young,公元 1773—1829 年)是英国医生,曾获医学博士。他兴趣广泛,勤奋好学,对物理学也有很深造诣。在学医时,研究过眼睛的构造和光学特性。就是在涉及眼睛接受不同颜色的光这一类问题时,对光的波动性有了进一步认识,导致他对牛顿做过的光学实验和有关学说进行深入的思考和审查。1801 年,托马斯·杨发展了惠更斯的波动理论,成功地完成了光的干涉实验,即著名的杨氏双缝实验。他又第一个精确测定了光的波长。

双缝干涉实验[①] 是确立光的波动学说的关键性实验之一。

一、干涉条纹的位置

在图 16.2 中,设相干光源 S_1 和 S_2 相距为 d,到屏的距离为 D（一般 D 的数量级为米）。屏上中央 O 附近的一点 P,离 S_1 和 S_2 的

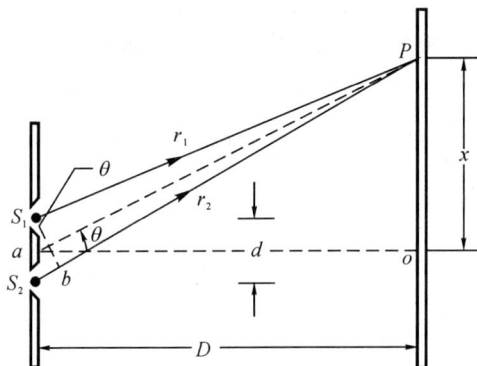

图 16.2　杨氏干涉实验条纹的计算

距离分别为 r_1 和 r_2。我们作一直线 S_1b,使 PS_1 和 Pb 两直线等长,由于 $D\gg d$,所以 S_1b 几乎与 PS_2 垂直,$\angle S_2S_1b$ 与 $\angle Pao$ 可视为相等,均为 θ。则从光源 S_1 和 S_2 发出的两束光波到达 P 点的波程差为

$$\delta = r_2 - r_1 \approx d\sin\theta$$

因为光源 S_1 和 S_2 具有相同相位,两束光波到达 P 点的相位差为

$$\Delta\varphi = \frac{2\pi}{\lambda}(r_2 - r_1) \approx \frac{2\pi}{\lambda}d\sin\theta$$

由 §6.5 中对相干波叠加的讨论可知,P 点合振动振幅是极大或极小的条件为

极大:

<hr>

① 托马斯·杨当年所做的实验是让日光先通过一针孔 S,再通过相隔一段距离的两孔 S_1 和 S_2,实现了两光束的干涉。后人重复此实验时将针孔改为狭缝,称为杨氏双缝实验。

$$\delta = d\sin\theta = \pm k\lambda \qquad k=0,1,2,\cdots \qquad (16.1)$$

极小：

$$\delta = d\sin\theta = \pm(2k-1)\frac{\lambda}{2} \qquad k=1,2,3,\cdots \qquad (16.2)$$

设 P 点到观察屏上对称中心 O 点距离为 x（图 16.2）。由于实际可观察到的干涉条纹与所对应的 θ 角都很小，我们可以近似认为 $\sin\theta \approx \tan\theta \approx \dfrac{x}{D}$，因此由(16.1)式和(16.2)式得到条纹位置的分布，明纹中心的位置为：

$$x = \pm\frac{D}{d}k\lambda \qquad k=0,1,2,\cdots \qquad (16.3)$$

暗纹中心的位置为：

$$x = \pm\frac{D}{d}(2k-1)\frac{\lambda}{2} \qquad k=1,2,3,\cdots \qquad (16.4)$$

在中央位置处是明纹，对应于 $k=0$，称为**零级明纹**。两侧对称分布着较高级次的明纹，对应于 $k=1,k=2,\cdots$，分别称为第一级，第二级，$\cdots$明纹。暗纹没有零级，对应于 $k=1,k=2,\cdots$，分别称为第一级，第二级，$\cdots$暗纹。

屏上相邻两明纹中心(或暗纹中心)的距离 Δx 为条纹间距

$$\Delta x = \frac{D}{d}[(k+1)-k]\lambda = \frac{D}{d}\lambda \qquad (16.5)$$

由此可见，对于一定波长的单色光，干涉条纹的间距与级次 k 无关，屏上条纹是互相平行均匀排列的。

由式(16.5)可以看出，若能精确地测量出条纹的间距，以及 D 和 d 的值，则由(16.5)式可以求得光波的波长。

如果用白光作为光源，由(16.3)式可见，各种波长的零级条纹在

屏上 $x=0$ 处重叠,形成中央白色明纹。在中央明纹两侧,各种波长的同一级次的明纹在屏上位置不同,略有分离,级数越高,分离越大,紫光离中央最近,红光最远,观察到的是有规则排列的彩色条纹。再远处,则由于不同级次各色光发生重叠,条纹逐渐模糊,最后形成一片白色。

例 16.1 在杨氏实验中双缝间距为 d,若用白光作为光源,试求能观察到的清晰可见光谱的级次。

解 白光波长在 $400\text{nm} \sim 760\text{nm}$ 范围。形成明纹的条件为

$$d\sin\theta = \pm k\lambda$$

最先发生重叠的是某一级次的红光和高一级次的紫光。因此,能观察到的从紫到红清晰可见光谱的级次可由下式求得

$$k\lambda_{红} = (k+1)\lambda_{紫}$$

因而

$$k = \frac{\lambda_{紫}}{\lambda_{红} - \lambda_{紫}} = \frac{400}{760 - 400} = 1.1$$

k 取整数 1,只能观察到第一级可见光光谱。

二、干涉条纹的强度分布

干涉现象表示光波在空间各处的能量重新分配。设相干光源 S_1 和 S_2 的光振动传播到屏上 P 点时,两个光振动矢量 $\boldsymbol{E}_1$ 和 $\boldsymbol{E}_2$ 的量值可以表示为

$$E_1 = E_{10}\cos(\omega t + \varphi_1)$$

$$E_2 = E_{20}\cos(\omega t + \varphi_2)$$

叠加后,合成的光振动矢量 $\boldsymbol{E} = \boldsymbol{E}_1 + \boldsymbol{E}_2$,其量值为

$$E = E_0\cos(\omega t + \varphi)$$

则在 P 点的合振动振幅 E_0 和初相 φ 为

$$E_0^2 = E_{10}^2 + E_{20}^2 + 2E_{10}E_{20}\cos(\varphi_2 - \varphi_1)$$

$$\boxed{\varphi = \text{arctg}\frac{E_{10}\sin\varphi_1 + E_{20}\sin\varphi_2}{E_{10}\cos\varphi_1 + E_{20}\cos\varphi_2}}$$

已知光波的强度和振幅平方成正比,故得 P 点的光强为

$$I = I_1 + I_2 + 2\sqrt{I_1 I_2}\cos(\varphi_2 - \varphi_1)$$

式中 I_1、I_2 是两束光单独在 P 点的光强。在通常的实验装置中,双缝宽度相等,故有相同的光强。且观察干涉现象的 θ 角范围比较小,r_1 与 r_2 十分接近,因此对屏中央附近各点,可以认为 $I_1 \approx I_2 = I_0$,于是有

$$I = 2I_0[1 + \cos(\varphi_2 - \varphi_1)] = 4I_0\cos^2\left(\frac{\varphi_2 - \varphi_1}{2}\right)$$

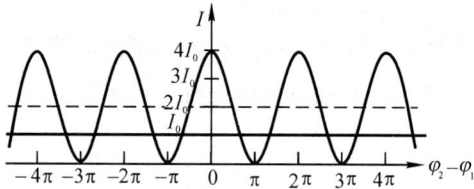

图 16.3 双缝干涉的光强分布曲线

上式指出,屏上 P 点的光强随两束光的相位差而改变,变化曲线如图 16.3 所示。由图可见,对应于 $0 < \cos(\varphi_2 - \varphi_1) \leqslant 1$ 的屏上各点,光强大于两束光的光强之和,其最大值是每一束光强度 I_0 的 4 倍,出现在 $\varphi_2 - \varphi_1 = \pm 2k\pi$ 的位置上;在 $-1 \leqslant \cos(\varphi_2 - \varphi_1) < 0$ 的屏上各点,光强小于两束光强之和,最小值为零,出现在 $\varphi_2 - \varphi_1 = \pm(2k-1)\pi$ 的位置上。干涉的结果,总能量保持不变,只是能量重新分布。

干涉现象的显著程度,常用对比度 V(又叫反衬度或可见度)进行定量描述,其定义为

$$V = \frac{I_{\max} - I_{\min}}{I_{\max} + I_{\min}}$$

式中 $I_{\max}$ 和 $I_{\min}$ 分别表示明纹和暗纹的光强。对于光强相等(即振幅相等)的两束相干单色光的干涉,$I_{\min} = 0$,对比度 $V = 1$,干涉条纹反差最大,清晰可见。对光强相差悬殊(即振幅相差悬殊)的两束相干单色光,$I_{\max} \approx I_{\min}$,对比度几乎为零,条纹模糊不清,甚至无法辨认。

三、洛埃镜实验

洛埃(H. Lloyd)镜实验是利用分波阵面法获得相干光的又一方法。如图 16.4 所示,洛埃镜 MN 是一块平面镜,来自缝光源 S_1 的入射光线几乎与镜面平行(入射角接近 90°),并被反射到屏 E 上。反射光可看作是从虚光源 $S_2(S_1$ 的像)发出的,此时屏上还同时接受直接由 S_1 发出的光。显然,这两束光是由同一光源 S_1 发出的相干光,在屏上将产生干涉现象。

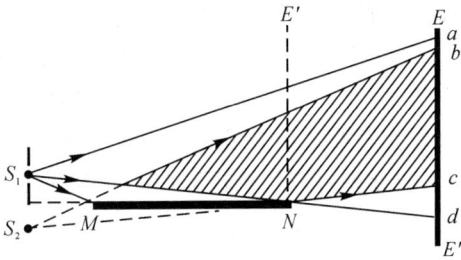

图 16.4 洛埃镜实验

若将屏左移至 E' 位置,使与平面镜的一端接触,则两束光至接触点 N 的几何路程相等,相位差也应为零,即 N 点似应出现明条纹。但实验观察到的却是暗纹。这说明入射光和反射光在 N 处的相位相反。由电磁场理论可知,在掠入射和正入射(入射角接近 90°或 0°)的情况下,当光从折射率较小的光疏介质入射到折射率较大的光密介质的界面,并被反射回光疏介质时,反射光的相位要发生 π 的突变,相当于反射光在反射过程中光程相差半个波长,一般称为**半波损失**。因此,在分界面的 N 处,入射光和反射光存在相位差 π,出现了暗条纹。

需要注意的是,当光由光密介质入射到光疏介质的界面而被反射时,不会发生半波损失。

洛埃镜装置简单,在很宽的电磁波频率范围内都可以发生干涉,因此得到广泛的应用。对可见光,一般用普通玻璃作为反射面;对无线电波,在湖面或地球的电离层上都可以发生反射;对 X 射线,以晶体的晶面作为反射面,均可得到类似的干涉现象。

四、菲涅耳双棱镜　菲涅耳双面镜实验

在杨氏双缝实验中,仅当缝 S、S_1、S_2 都很狭窄时才能产生干涉现象,但这时通过狭缝的光强又太微弱,同时还有衍射现象,因此干涉条纹往往不够清晰。1818 年,菲涅耳进行很多实验观察双缝干涉现象,其中主要有双棱镜实验和双面镜实验。

菲涅耳双棱镜的截面为等腰三角形,底角 β 很小(如图 16.5)。菲涅耳双面镜中 M_1 和 M_2 是两个交角 ε 很小的平面镜(见图 16.6)。图 16.5、16.6 中的 S_1 和 S_2 是光源 S 在双镜中形成的虚像。屏上形成的干涉条纹可看作直接从虚光源 S_1 和 S_2 发出的两束相干光产生的,因此干涉条纹的分布可以用杨氏双缝干涉得到的公式进行计算。

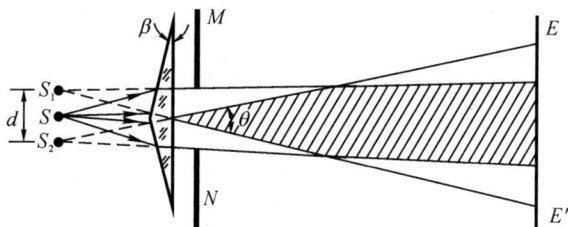

图 16.5　菲涅耳双棱镜实验简图

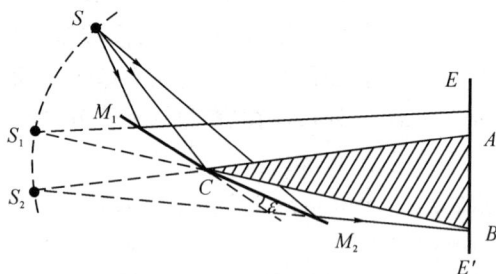

图 16.6　菲涅耳双面镜实验简图

§16.3　薄膜干涉

在阳光照射下,肥皂泡或浮在水面上的薄油层会出现绚丽多彩的条纹,这都是干涉现象,称为**薄膜干涉**。薄膜干涉是利用分振幅法获得相干光波产生干涉现象的典型例子。

一、光程

如前所述,干涉的加强或减弱,取决于两相干光在空间重叠区域内给定点处光振动的相位差。在上面讨论的杨氏双缝实验中,两束光都在空气中传播,它们在相遇点的相位差 $\Delta\varphi=\dfrac{2\pi}{\lambda}(r_2-r_1)$,只与几何路程差有关。当单色光经过不同折射率的介质时,频率虽然保持不变,但传播速度和波长都要发生变化。如果两束光波分别在不同的介质中传播后相遇,这时的相位差就不仅与几何路程有关。为了使问题简化,我们引入**光程**的概念。

设频率为 γ 的单色光在真空中的波长和传播速度为 λ 和 c。因为光在折射率为 n 的介质中的传播速度 $v=\dfrac{c}{n}$,所以该单色光在介质中的波长为

$$\lambda_n=\frac{v}{\gamma}=\frac{c}{n\gamma}=\frac{\lambda}{n}$$

由于光波传播一个波长的距离其相位将改变 2π,若光波在介质中传播的几何路程为 r,则相位变化为

$$\varphi=\frac{2\pi r}{\lambda_n}=2\pi\frac{nr}{\lambda}$$

由此可见,如果使用真空中的波长 λ 来计算光波在介质中传播时的相位改变,那么光波传播的路程不是几何路程 r,而是经过折算的等效路程 nr。换言之,光在介质中传播的几何路程 r,相当于光在真空

中传播了 nr 的几何路程。我们称光在某种介质中传播的几何路程 r 乘以介质的折射率 n 为光程,即

$$光程 = nr \qquad (16.6)$$

因此,凡遇到介质情况,计算相位差时均以光程 nr 代替介质中的几何路程 r,并统一采用真空中的波长。这样,两束相干光分别通过不同介质后,在空间相遇时的相位差为

$$\Delta\varphi = \frac{2\pi}{\lambda}(n_2 r_2 - n_1 r_1) \qquad (16.7.a)$$

式中令 $\delta = n_2 r_2 - n_1 r_1$,称为**光程差**。于是式(16.7.a)可写成

$$\Delta\varphi = \frac{2\pi}{\lambda}\delta \qquad (16.7.b)$$

可见,两波的相位差取决于光程差,而非几何路程差。

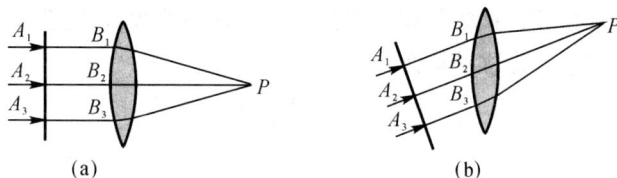

图 16.7　光通过透镜的光程

在使用透镜时,我们会明显地观察到介质对光波相位变化的影响。根据几何光学,平行光通过薄透镜后,所有光线都会聚于焦平面上,形成一亮点,如图 16.7 所示。这说明各光线虽然经过不同的几何路径传播到 P 点,但叠加结果是加强的。由此得出结论,从垂直于平行光线的波前上同相位各点,如 A_1、A_2、A_3 等出发的各光线,通过透镜会聚在焦点 P 时,相位差为零,即通过了相等的光程。就是说,尽管光线 $A_1 B_1 P$ 在空气中传播的路径比 $A_2 B_2 P$ 长,但它在透镜中传播的路径比 $A_2 B_2 P$ 短,折算成光程,两者是相等的。由此可见,透镜

可以改变光线的传播方向,但不会引起附加的光程差。

例 16.2 设双缝实验中缝间距 $d = 0.50$ mm,双缝至屏的距离 $D = 3.0$ m。若在缝 S_1 后贴一块折射率 $n = 1.50$,厚度 $e = 0.010$ mm 的透明薄膜,如图所示,用波长 500nm 的平行单色光垂直照射双缝,求中央明纹中心的位置(P 点离坐标原点的距离)x_p。

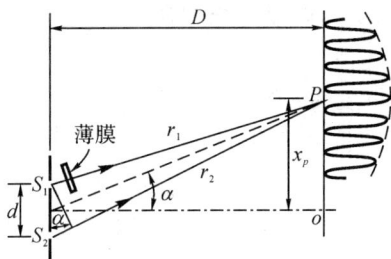

例 16.2 图

解 根据(16.6)式,两相干光束到达屏上 P 点的光程差为

$$\delta = r_2 - (r_1 - e + ne) = (r_2 - r_1) - (n-1)e$$

$$= d\frac{x}{D} - (n-1)e$$

对于中央明纹中心,总光程差为零,故得

$$x_p = \frac{(n-1)eD}{d}$$

$$= -\frac{(1.50-1) \times 0.010 \times 3.0}{0.50}\text{m} = 3.0 \times 10^{-2}\text{m}$$

中央明纹中心在 O 点上方 3.0×10^{-2}m 处。

二、等倾干涉

当扩展的单色光源照射厚度均匀的平行平面薄膜时,薄膜两表面的反射光会在无限远处产生干涉现象。如图 16.8 所示,光源上一点 S 发出的一束单色光,入射到透明薄膜上 A 处,一部分经上表面反射为光线 a,另一部分折射入膜内,其中一部分被下表面反射,再

经折射后成为光线 b，另一部分透射。光线 a 和 b 是由同一束光波分离而来的，是相干光，而且相互平行，相交于无限远处，或利用透镜聚焦于屏上。这是将入射光的振幅（能量）分解为若干部分，再相遇产生的干涉，是分振幅法干涉。

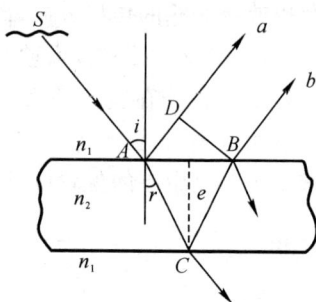

图 16.8　等倾干涉

设图 16.8 中厚度为 e 的匀厚薄膜置于介质之中，膜的折射率为 n_2，介质的折射率为 n_1，设 $n_2 > n_1$。光由光源 S 入射薄膜，在 A 点分离为两束。对于光线 a，在 A 点反射时发生半波损失，它到达 D 点的光程为 $n_1 \cdot \overline{AD} - \dfrac{\lambda}{2}$。对于光线 b，由 A 点到 C 点被反射时不发生半波损失，到达 B 点的光程为 $n_2(\overline{AC} + \overline{CB})$。$\overline{BD} \perp$ 光线 a（和光线 b）。根据折射定律

$$n_1 \sin i = n_2 \sin r$$

以及几何关系，得到 a 和 b 两条光线的光程差为

$$\delta = n_2(\overline{AC} + \overline{CB}) - (n_1 \overline{AD} - \frac{\lambda}{2})$$

$$= 2n_2 \frac{e}{\cos r} - 2n_1 e \tan r \sin i + \frac{\lambda}{2}$$

$$= 2n_2 e \cos r + \frac{\lambda}{2}$$

或　　　　　　　　$$\delta = 2e\sqrt{n_2^2 - n_1^2 \sin^2 i} + \frac{\lambda}{2}$$

等式右边除入射角 i 外，其余各量均为常量，可见光程差是随光线的入射角 i 而改变的。对入射角相同的光线来说，相干光束的光程差相同，形成同一条干涉条纹。这种干涉条纹是由以相同的倾角 i 入射的

光,经薄膜上下表面反射后,相遇相干产生的,故称**等倾干涉**。干涉条件为

$$\delta = 2e\sqrt{n_2^2 - n_1^2\sin^2 i} + \frac{\lambda}{2} = \begin{cases} k\lambda & k=1,2,3,\cdots & \text{明纹} \\ (2k+1)\dfrac{\lambda}{2} & k=0,1,2,\cdots & \text{暗纹} \end{cases}$$

(16.8)

若 $n_1 > n_2$,式(16.8)仍然适用,请读者自证。

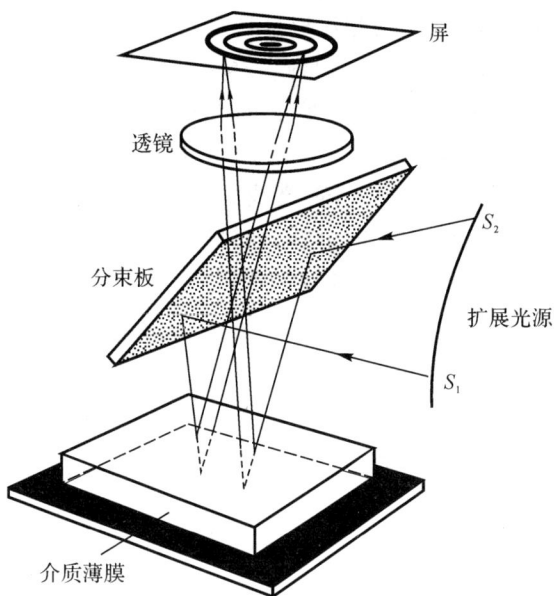

图 16.9 观察等倾干涉图样的实验装置

等倾干涉条纹定域在无限远处,通常用望远镜或用透镜聚焦于屏上进行观察,若使眼睛调视到无限远处,也能直接看到。图 16.9 是观察等倾干涉条纹的实验装置。S 是扩展光源,光线经半反半透分束板反射至薄膜上,从薄膜上、下两个表面反射的平行相干光,透过分束板,由透镜会聚于观察屏上。具有相同倾角 i 的反射光,在屏上的

交点的轨迹为一圆环,不同倾角的光线就相应形成半径不同的圆形条纹。所以,等倾干涉图样是一组明暗相间,内疏外密的同心圆环。

当薄膜厚度 e 一定时,入射角 i 越小,δ 就越大,式(16.8)给出的干涉条纹的级次 k 就越大。这说明,越靠近干涉图样中心(环纹半径越小),环纹的级次越高。

由(16.8)式可知,相邻两明条纹(或暗纹)之间,入射角之差 Δi 随膜厚 e 而变化,e 越大则 Δi 越小,即条纹越密[①]。所以,若要观察者能分辨干涉条纹,膜的厚度就不能太大(一般要小到能和波长相比拟)。

实际上,我们观察不到厚膜干涉现象的另一个更重要的原因是光的单色性问题。请参看 §16.6。

在薄膜下方的透射光,如光线 a' 和 b',相互叠加也会产生干涉,如图 16.10 所示。不难推出明暗条纹的条件为

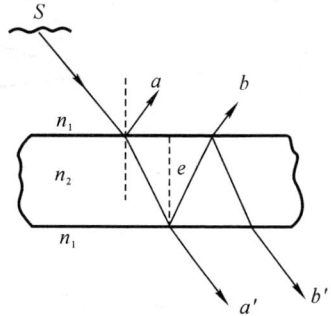

图 16.10 透射光的干涉

$$\delta = 2e\sqrt{n_2^2 - n_1^2\sin^2 i}$$
$$= \begin{cases} k\lambda & k=0,1,2,\cdots & \text{明纹} \\ (2k+1)\dfrac{\lambda}{2} & k=0,1,2,3,\cdots & \text{暗纹} \end{cases} \qquad (16.9)$$

将上式与(16.8)式进行比较,相差 $\dfrac{\lambda}{2}$ 项。可见,当反射光干涉相互加强(形成明纹)时,对应的透射光的干涉是减弱的(形成暗纹),成为互补。

---

① 对(16.8)式两边求导,令 $n_1=1$,得 $\dfrac{-e\sin i\cos i\Delta i}{\sqrt{n_2^2 - \sin^2 i}} = \Delta k\lambda$。再令 $\Delta k=1$,可得相邻两明环(或暗环)的入射角之差为 $|\Delta i| = \dfrac{\lambda}{2e\sin 2i}\sqrt{n_2^2 - \sin^2 i}$。此式表明,当薄膜厚度增大时,$\Delta i$ 变小,因而条纹越来越密。

例 16.3 白光照射到一层在空气中的肥皂膜上(折射率为 1.33),膜厚 350nm。若从薄膜法线的方向进行观察,试问反射光呈现什么颜色?

解 根据公式(16.8),反射光中干涉加强的条件为

$$2e\ \sqrt{n^2-\sin^2 i}+\frac{\lambda}{2}=k\lambda$$

则干涉加强的波长为

$$\lambda=\frac{2e\ \sqrt{n^2-\sin^2 i}}{k-\dfrac{1}{2}}=\frac{2\times 350\times 1.33}{k-\dfrac{1}{2}}\text{nm}$$

因此,反射光中各级加强的波长有

k	1	2	3
λ(nm)	1862	621	372

我们在反射光中只能观察到波长为 621nm 的红光。

若从薄膜背后与上述对称的方向上进行观察,试问透射光将呈现什么颜色?

三、等厚干涉

下面我们讨论薄膜厚度不均匀的干涉现象。为简单起见,只考虑光波在劈尖形薄膜上的干涉。

1. 劈尖膜干涉

在图 16.11 中,两片平玻璃一端接触,另一端被云母片隔开(为说明问题及易于作图,图中云母片特予放大),这时在两玻璃片之间形成夹角极小的劈尖状空气薄膜。在单色点光源 S 的照射下,光线 a 和 b 在薄膜上、下两表面反射,反射光在薄膜上表面附近相交产生干涉。可利用透镜 L 及光屏 E,或直接用肉眼观察干涉图样。

若用平行单色光垂直照射薄膜(即 $i=0$),由于 θ 很小,可近似使用(16.8)式计算两反射光的光程差 δ

$$\delta=2ne+\frac{\lambda}{2}$$

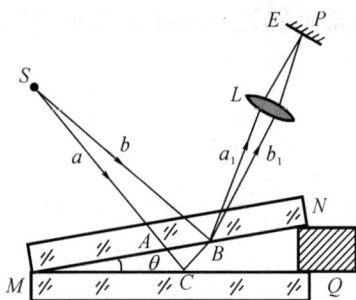

图 16.11 劈尖膜干涉

决定干涉条纹明暗的条件为

$$\delta = 2ne + \frac{\lambda}{2} = \begin{cases} k\lambda & k = 1,2,3,\cdots \quad \text{明纹} \\ (2k+1)\dfrac{\lambda}{2} & k = 0,1,2,\cdots \quad \text{暗纹} \end{cases}$$

(16.10)

　　由上式可以看出,薄膜厚度相同处的各点有同一 k 值,构成同一条干涉条纹(明纹或暗纹),即在干涉图样中同一干涉条纹下的薄膜厚度相等,故这类干涉称为**等厚干涉**,如图 16.12 所示。

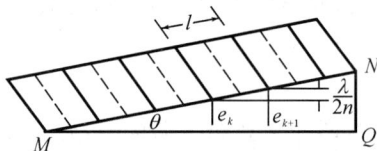

图 16.12　等厚干涉条纹

　　设相邻两明条纹(或暗条纹)对应的薄膜厚度为 e_k 和 e_{k+1},见图 16.12,则由(16.10)式可得

$$e_{k+1} - e_k = \frac{\lambda}{2n}$$

因为

$$e_{k+1} - e_k = l\sin\theta$$

式中 l 为相邻明纹(或暗纹)的距离。故

$$l\sin\theta = e_{k+1} - e_k = \frac{\lambda}{2n} \tag{16.11}$$

由此可见,条纹均匀排列,间距 l 相等且和厚度 e 无关。显然,劈尖的夹角 θ 越大,条纹间距就越小,条纹越密。当 θ 过大时,条纹过密,明暗难辨,成模糊一片,观察不到干涉现象。

与等倾干涉相似,除反射光存在干涉外,透射光也发生干涉。透射光和反射光干涉条纹的明和暗也是互补的。

2. 牛顿环

取一曲率半径相当大的平凸透镜 A,将其凸面放在一片平玻璃 B 上面,如图 16.13 所示。在两玻璃面之间便形成类似劈尖式的空气薄层。当波长为 λ 的单色光垂直入射时,在空气薄层上形成的等厚干涉条纹是一组内疏外密的同心圆环,称为**牛顿环**(见图 16.14)。

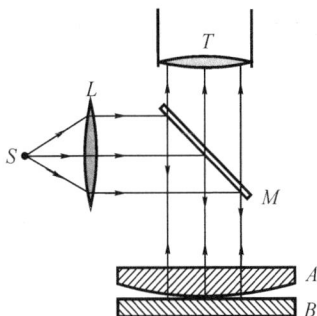

图 16.13　牛顿环实验装置　　图 16.14　牛顿杯

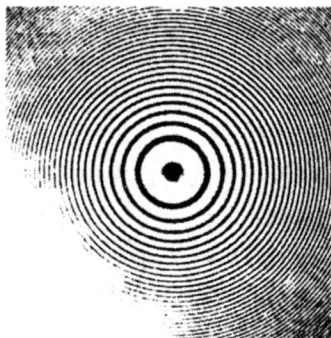

下面我们来找出各明暗条纹的半径 r、光波波长 λ 及平面透镜的曲率半径 R 三者间的关系。由图 16.15 可知,干涉环的半径和对应的空气层厚度 e 之间满足

$$r^2 = R^2 - (R-e)^2 = 2Re - e^2$$

因为 $R \gg e$,故有

$$e \approx \frac{r^2}{2R}$$

代入式(16.10),可得

明环半径

$$r=\sqrt{(k-\frac{1}{2})R\lambda}\qquad k=1,2,3,\cdots,$$

(16.12)

暗环半径

$$r=\sqrt{k\lambda R}\qquad k=0,1,2,\cdots$$

(16.13)

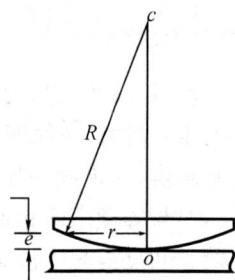

图 16.15 牛顿环半径
计算用图

在透镜与玻璃片的接触处,因为 $e=0$,两反射光线的光程差 $\delta=\frac{\lambda}{2}$,所以接触处或牛顿环的中心 O 处是一个暗斑。在实验中可以观察到这种现象。这又一次证明了光波在光疏与光密介质界面上反射时有半波损失。

同样,我们可以观察透射光线中的环形干涉条纹,它们的明暗情况与反射光线的恰好相反,是互补的。

例 16.4 折射率 $n=1.4$,楔角 $\theta=10^{-4}$ 弧度的劈尖置于空气中。在单色光垂直照射下,量出两相邻明条纹间的距离为 2.5×10^{-3}m。求单色光在空气中的波长。

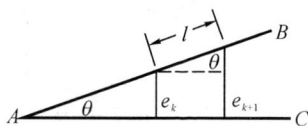

例 16.4 图

解 设第 k 级及第 $k+1$ 级明纹所在处劈尖的厚度为 e_k 与 e_{k+1},根据式(16.11)有

$$l\sin\theta=e_{k+1}-e_k=\frac{\lambda}{2n}$$

则

$$\lambda=2nl\sin\theta$$

因为 θ 很小,所以 $\sin\theta\approx\theta$,代入数值后得

$$\lambda \approx 2nl\theta$$
$$= 2 \times 1.4 \times 2.5 \times 10^{-3} \times 10^{-4} \mathrm{m}$$
$$= 7 \times 10^{-7} \mathrm{m} = 700 \mathrm{nm}$$

§16.4 干涉现象的应用

由于光波在可见光波段的干涉图样易于被人们观察检验,而且利用光波干涉进行检测,比起一般机械和电磁测量精确度高得多,使光波干涉计量方法得到广泛的应用。干涉计量术是一种精密测量技术,因为干涉条纹及其变化是与光波波长相关联的,一根头发丝粗细的长度变化或位移,包含有成千上万个波长。因此,可以利用干涉条纹的位置、形状和间距等的变化,精确测定一些物理量的微小量值。作为光学元件和光学系统的基本检测手段,干涉计量术还能测定一些难以用其他方法测定的微小量。下面列举一些具体的应用。

一、测量细丝直径 测量小角度

1. 测量细丝直径

如图 16.16 所示,将待测细丝夹在两块光学平的玻璃板一端。两板之间形成劈尖状空气薄膜。将单色光垂直照射,用读数显微镜测出相邻干涉条纹的间距 l,以及劈尖长度 L。由图可知,细丝直径 $d = L\tan\theta$

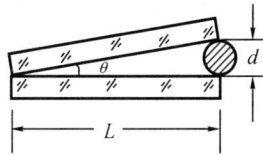

图 16.16 测量细丝直径

根据(16.11)式 $l\sin\theta = \dfrac{\lambda}{2}$。因为楔角 θ 很小,所以 $\sin\theta \approx \tan\theta$,可得细丝直径为

$$d = \frac{L}{l} \cdot \frac{\lambda}{2}$$

用同样的方法可以测定介质薄膜的厚度。如在半导体元件的生

产中，为了测定硅片上二氧化硅薄膜厚度，将薄膜制成劈尖形，测出干涉条纹的数目，即可算得膜层厚度。

2. 测量小角度

当薄膜的楔角 θ 很小时，根据 (16.11) 式 $l\sin\theta = \dfrac{\lambda}{2n}$，楔角 θ 与干涉条纹间距 l、薄膜厚度差 Δe 之间有如下关系

$$\theta \approx \sin\theta = \frac{\lambda}{2n} \cdot \frac{1}{l}$$

因此，采用干涉方法可以测量劈形透明介质的小角度，或者某工件两个几乎平行的平面间的夹角 (图 16.17)。它具有装置简单，精度高的优点。

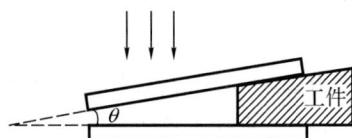

图 16.17　测量小角度

二、校准量规

机械测量中常用的量规是一块经过精密加工的钢制长方块，将上、下两表面研磨成光学平，且精确平行。它们的间距被定作长度标准，用来校准其他测量工具，如游标卡尺、螺旋测微器等。当日用量规在使用中受到磨损时，需要用标准量规进行校正。如图 16.18 所示，将标准量规 N 和日用量规 M 同时放在光学平的平面上，靠紧，并将一边对齐，上面斜覆一块光学平玻璃片。玻璃片的下表面分别与 M 和 N 量规的上表面构成两个尖劈形空气薄膜。当单色光垂直照射时，出现等厚干涉条纹。若日用量规 M 未被磨损，则两个薄膜上的干涉条纹全部对齐，如图 16.18(b) 所示。若 M 受磨损变短，则 M 上方空气层厚度较 N 上方的大，两组干涉条纹间有相对位移，如图 16.18(c) 所示。若 M 受磨损后使表面倾斜，则 M 和 N 上方两个空气尖劈的夹角不同，出现两组间距不等的干涉条纹，如图 16.18(d) 所示。

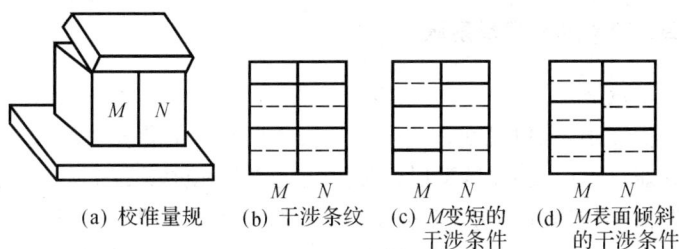

(a) 校准量规　(b) 干涉条纹　(c) M变短的　(d) M表面倾斜
　　　　　　　　　　　　　　　干涉条件　　的干涉条件

图 16.18　量规的校准

三、检查工件表面质量

利用劈尖空气薄层所形成的等厚干涉条纹,可以检测精密加工工件表面的质量。

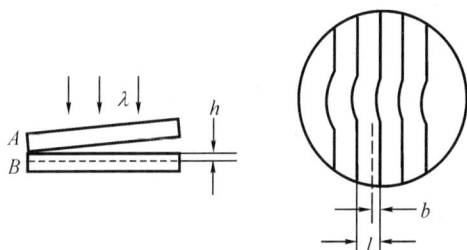

图 16.19　工件表面有刻痕

将标准平面 A 放在待测平面 B 上,如图 16.19 所示,形成劈尖空气薄膜。若 B 表面有一条刻痕,则刻痕上方的空气层厚度就较其周围大。由于同一级干涉条纹对应的气隙厚度是相同的,因此当工件表面出现凹陷时,干涉条纹就要向劈尖棱边方向弯曲。根据前面的讨论,两相邻明纹对应的薄膜厚度差 $\Delta e = \dfrac{\lambda}{2}$,所以刻痕深度 h 和条纹的偏离距离 b(图 16.19)有关系式

$$h = \frac{b}{l} \cdot \frac{\lambda}{2}$$

式中 l 为相邻明纹(或暗纹)的间距。

四、增透膜和高反射膜

1. 增透膜

我们知道，入射光在透镜及光学元件的表面上要发生反射，会损失部分能量。正入射时，反射光强度约占入射光强度的 4％。一般光学仪器需要使用许多透镜和透光元件。例如一架双筒望远镜，用六个透镜，就有十二个表面，透射光只占 60％左右。若是潜水艇的潜望镜，或是医用膀胱镜等，玻璃表面多达 30～40 个，光能损失高达 70％～80％。再加上反射产生的漫射光的干扰，使图像变得既暗又模糊，达不到预期的成像质量。为了减少有害的反射，利用干涉原理，可以在透镜表面镀一层介质薄膜，使某种波长的反射光减到最少，以提高透射能力。这种薄膜称为**增透膜**。

通常用真空喷镀方法，在透镜（折射率 $n=1.50$）表面镀一层 MgF_2（$n=1.38$）之类的透明介质薄膜，并设计合适的膜层厚度，使入射光在介质膜两个表面的两束反射光因干涉而相消（见图 16.20）。例如在户外摄影时，白光中对视觉及普通照相底片最

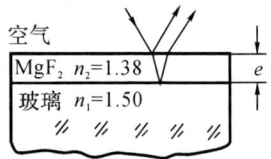

图 16.20　增透膜

敏感的波长是 550nm 的黄绿光，我们以此波长为代表计算膜的厚度。因为光线垂直入射，故（16.8）式中干涉相消的条件为

$$\delta = 2n_2 e = (2k+1)\frac{\lambda}{2}, \qquad k=0,1,2,\cdots$$

由此可得所镀 MgF_2 的膜厚 e 为

$$e = \frac{(2k+1)\dfrac{\lambda}{2}}{2n_2} = \frac{(2k+1)\dfrac{550\times10^{-9}}{2}}{2\times1.38}\text{m}$$

$$\approx (2k+1)\times10^{-7}\text{m} \qquad k=0,1,2,\cdots$$

取 $k=0$，得氟化镁增透薄膜的最小厚度 $e\approx100$nm。由于反射光中缺少黄绿光，于是看到薄膜呈蓝紫色。$n_2 e$ 称为**光学厚度**。在镀膜过程中，常常不是直接测量膜层的几何厚度 e，而是近似地根据膜层的颜

色来判断光学厚度 n_2e。

2. 高反射膜

在许多实际应用中,需要光学元件表面有高的反射率(反射光强与入射光强之比)。例如氦氖激光器中的反射镜,要求对波长 $\lambda=632.8\text{nm}$ 的光的反射率在 99% 以上。为此,可以采用镀高反射膜的方法。通常在玻璃($n=1.50$)表面镀一层硫化锌(ZnS,$n=2.35$)之类的高折射率的透明介质薄膜,选取合适的厚度,使膜层上、下两面的两束反射光干涉后加强,这样的薄膜称为**高反射膜**。由式(16.8),使反射光增强的膜厚为 e,有

$$2n_2e+\frac{\lambda}{2}=k\lambda \qquad k=1,2,\cdots$$

即

$$e=\left(k-\frac{1}{2}\right)\frac{\lambda}{2n_2}$$

所以,当 $n_2e=\dfrac{\lambda}{4},\dfrac{3}{4}\lambda,\cdots$ 时,波长 λ 的光的反射率增大。

计算表明,如果只镀 1 层高反射膜,反射率提高不太大,例如在玻璃上镀 1 层 ZnS,反射率约为 33%。为了进

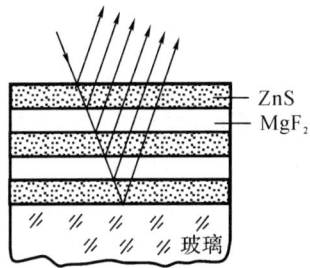

图 16.21 多层高反射膜

一步提高反射率,可以采用镀多层膜的方法。通常的多层高反射膜,是在玻璃基底上交替镀上高折射率和低折射率的薄膜,如图 16.21 所示。常用的高折射率材料为硫化锌,低折射率材料为氟化镁(MgF₂,$n=1.38$)。每层的光学厚度都是 $\dfrac{\lambda}{4}$。由计算可知,镀 3 层 MgF₂ 和 4 层 ZnS,即共有 7 层 $\dfrac{\lambda}{4}$ 膜时,反射率为 70%。镀 13 层的反射率可达 99% 以上。一般最多镀 15 层到 17 层。层数过多并不合适,因为介质膜要吸收光能,反射率不能再增加。

§16.5 迈克耳孙[①] 干涉仪

光的干涉现象的应用极其广泛,上面仅仅介绍了几个例子,在实际测量各种物理量的过程中形成了一个专门学科,称干涉度量学,并发展制造了许多光学干涉仪器。如有用来检验光学元件和光学系统的泰曼干涉仪,测量气体或液体的折射率的瑞利干涉仪,研究高速气流特征的马赫一曾德干涉仪,测量星体视直径和双星角距离的天体干涉仪等。这些干涉仪器尽管名称不一,形式多样,但基本上是以迈克尔孙干涉仪为原型,根据不同用途,添加装置和零件设计而成。特别是随着科学技术的发展,有了相干性好的光源,可以采用灵敏度高的接收器,再用计算机处理结果,使这种比较古老的干涉仪器仍有一定的生命力。在历史上,迈克耳孙干涉仪还曾对近代物理学的发展起过巨大的作用,如用干涉仪对"以太"漂移进行研究,为相对论的建立提供了实验基础;并用光波波长成功地测量了米原器的长度,从而建立了基本度量学的基准量。因此,了解迈克耳孙干涉仪的基本原理实有重要意义。

迈克耳孙干涉仪的光路图如图 16.22 所示。M_1 和 M_2 是两个镀膜的平面反射镜,其中 M_1 是固定的,M_2 可藉螺杆作微小移动。G_1 和 G_2 是两块厚度和折射率都相同的玻璃片。G_1 背面镀有半透明的金属膜,将入射光分成强度几乎相等的反射光和透射光,故称分束板。G_2 为补偿板,与 G_1 平行,并与 M_1、M_2 各成 45°角。这种装置的特点是光源、反射镜、接收器(观察者)各处一方,分得很开,可以根据需要,在光路中很方便地插入其他器件。

自透镜出射的单色平行光投射到 G_1 上,在 G_1 的镀膜面上,光束

---

① 迈克耳孙(A. Michelson,公元 1852—1931 年),美国物理学家。1907 年,他因为设计干涉仪和测量光速而荣获诺贝尔物理奖。迈克耳孙杰出的研究工作主要是精确测定光速,发明迈克耳孙干涉仪,设计迈克耳孙—莫雷实验,以及用光波确定米原器的长度。

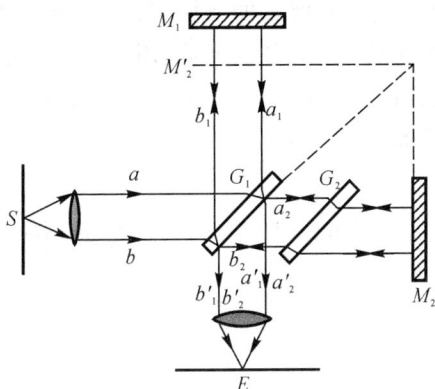

图 16.22　迈克耳孙干涉仪

a 分裂成 a_1 和 a_2 两束光(b 也一样)。光束 a_1 通过 G_1 投射到 M_1 上，反射后再透过分束板 G_1，成为光束 $a_1{}'$。光束 a_2 透过 G_2 入射到 M_2 上，反射后再透过 G_2 返回到分束板 G_1，在 G_1 上反射成为光束 $a_2{}'$。显然，光束 $a_1{}'$ 和 $a_2{}'$ 是相干的。补偿板 G_2 起补偿光程的作用，使光束 a_1 和 a_2 都有 3 次通过玻璃片，不致因路径不同而引起过大的光程差。

根据反射镜成像原理，$M_2{}'$ 是 M_2 对 G_1 的镀膜面所成的虚像，图中光束 $a_2{}'$ 可看作是从 $M_2{}'$ 反射回来的。如果平面镜 M_1 和 M_2 互相垂直，则 M_1 与 $M_2{}'$ 互相平行，这时干涉仪产生的干涉图样，就如同是由 M_1 与 $M_2{}'$ 之间的"厚度均匀的空气层"产生的，呈现圆环形等倾干涉条纹。如果 M_1 和 M_2 并非严格垂直，则 M_1 与 $M_2{}'$ 就略有倾斜，它们之间形成"劈尖空气层"，干涉后呈现一组互相平行的等厚干涉条纹。移动 M_2，相当于移动 $M_2{}'$，也就改变了 M_1 和 $M_2{}'$ 之间的厚度。厚度每改变 $\lambda/2$，便有一个干涉条纹从视场 E 中移过。数出视场中移过的条纹数 N，就能计算出 M_2 移动的距离 d，即

$$d = N \cdot \frac{\lambda}{2} \tag{16.14}$$

M_2 移动数毫米距离，条纹就要移动上万条，因此通常用光电计数装置自动记录移动条纹数 N。在实际应用中，可以利用这种装置测量

光波波长,也可以用已知波长的光源求出 M_1 移动的距离 d。1892年,迈克耳孙用镉(Cd)红光作为光源,用干涉仪测量了巴黎的标准米原器的长度,它相当于 1 553 163.5 个镉红光波长。他的工作为用波长作为长度基准奠定了基础。

§16.6 时间相干性 空间相干性

一、光的时间相干性

在§16.1中我们曾经提到,若要两束相干光波能够产生明显的干涉现象,还需要满足光程差不太大的补充条件。在用迈克耳孙干涉仪进行实验时可以发现,若两束光的光程差过大,即 M_1 和 M_2' 的距离超过一定的范围,就观察不到干涉现象,正是说明了这个问题。

我们知道,原子发光的持续时间极短,一个原子发射的光波是一个有限长的波列。设在迈克耳孙干涉仪中,光源先后发出波列 a 和 b,每个波列均被分束板分裂为两个波列,a_1、a_2 和 b_1、b_2。它们的长度皆为 L_c。显然,只有当 a_1 与 a_2、b_1 与 b_2 相遇时才能发生干涉。如果两光路的光程差不太大,如图 16.23(a)所示,则从同一波列分离出来的两波列可以相遇,这时能够发生干涉。如果两光路的光程差太大,如图 16.23(b)所示,以至 a_1 的尾部已过而 a_2 的首部尚未到达,这时同一波列分离出来的两波列不再相遇,相遇的是属于不同光波列 a 和 b 分离出来的波列,如 a_2 与 b_1,也就不能产生干涉现象。因此,当一束光波分裂为两束相干光波并再次相遇时,能产生干涉现象的光程差必须小于波列的长度 L_c。此极限长度 L_c 称为**两束相干光波的相干长度**。或者说,两列相干光波先后到达空间某点时,能产生干涉现象的时间差不能大于某一确定值 τ,τ 值为

$$\tau = \frac{L_c}{c}$$

(16.15)

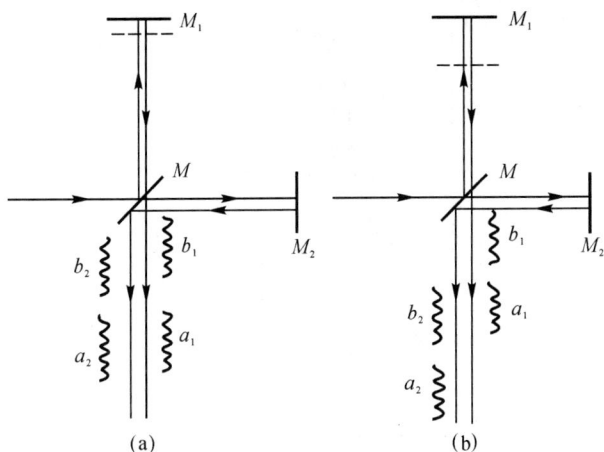

图 16.23　说明相干长度用图

是光波通过相干长度这段光程所需的时间，称为**相干时间**。光波的这类相干性称为**时间相干性**。光源的时间相干性的优劣，是用相干长度或相干时间来表征的。普通的单色光源，如低压汞灯、氪灯等，相干长度为几厘米到几十厘米，而激光光源的最大相干长度可达数百甚至数千米。

时间相干性是与光源的单色性紧密联系在一起的。实际上通常所谓的单色光波并不是只有单一波长 λ 的光，而是有一定的波长范围。图 16.24 为光源发出的谱线的强度随波长变化的曲线。一般将强度下降到 $\dfrac{I_0}{2}$ 时所对应的波长范围称为谱线宽度，用 $\Delta\lambda$ 表示。谱线宽度越窄，光源的单色性越好。可以证明，$\Delta\lambda$ 与相干长度 L_c 的关系为

$$L_c = \frac{\lambda^2}{\Delta\lambda} \tag{16.16}$$

所以**单色性高的，即 $\Delta\lambda$ 小的光源**，其相干长度 L_c 就大，亦即时间相干性好。

例 16.5　用红色滤光片从白光中得到的红光中心波长为

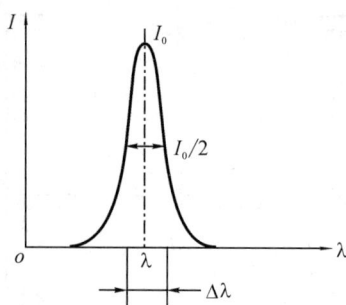

图 16.24 谱线及其宽度

650nm,波长范围 $\Delta\lambda=10$nm,将它作为光源观察薄膜干涉现象,薄膜折射率 $n=1.30$。为能观察到干涉条纹,试问薄膜的厚度不得超过多少微米?

解 能够产生干涉现象的条件是光程差必须小于所用光源的相干长度,即 $2ne < L_c$。根据(16.16)式,有

$$e < \frac{\lambda^2}{2n\Delta\lambda} = \frac{650^2}{2 \times 1.30 \times 10} \text{nm} = 16.3\mu\text{m}$$

因此,薄膜的最大厚度为 $16.3\mu\text{m}$。

二、光的空间相干性

实际光源并不是理想的线状光源,而是有一定宽度,它对干涉条纹的清晰度会产生严重的影响。在杨氏双缝实验中,如果将狭缝 S 的宽度逐渐增大,屏上的干涉条纹会逐渐变得模糊,甚至完全消失。那么光源宽度、光源与双缝间的距离以及缝间距三者之间,应满足怎样的关系才能产生干涉呢?下面我们进行一些具体的讨论。

在图 16.25 中,光源宽度为 a,可以将它看作是由许多非相干的线光源组成的。每一个线光源发出的光,经过狭缝 S_1、S_2 后成为相干光,形成各自的一组干涉条纹,位置彼此错开。因此,屏上任一点的光强,是各线光源分别产生的干涉条纹的光强的简单叠加。其结果是明暗条纹的强度分布趋于均匀。例如,从光源中心处 S_0 发出的光线,经

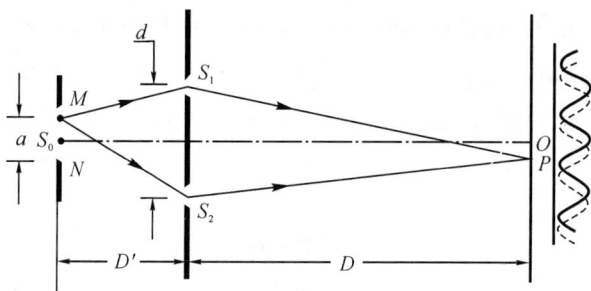

图 16.25 带状光源的双缝干涉

双缝后产生的中央明纹在屏中央 O 点处,从 S_0 上方的线光源产生的中央明纹将移到 O 点之下的 P 点。离 S_0 越远的线光源,所产生的干涉条纹的相对位移越大。如果光源上端点 M 产生的中央明纹,恰好与 S_0 的第一级暗纹的位置重合,那么 M 产生的一组干涉条纹将整体地向下移动 $\dfrac{1}{2}\dfrac{D}{d}\lambda$(即两明条纹的间隔的一半,见式(16.5))。同样,光源另一端 N 所产生的干涉条纹,将整体地向上移动 $\dfrac{1}{2}\dfrac{D}{d}\lambda$。显然,叠加后屏上各处光强呈均匀分布,不再出现干涉现象,这时的缝光源刚好变成非相干光源。对应的光源宽度,可以看作能产生干涉的光源的极限尺度。因为 $OP=\dfrac{1}{2}\dfrac{D}{d}\lambda$,且

$$\frac{OP}{D}=\frac{a/2}{D'}$$

故得
$$a=\frac{D'}{d}\lambda \tag{16.17}$$

或
$$d=\frac{D'}{a}\lambda \tag{16.18}$$

由上式可见,要观察到干涉现象,光源宽度必须小于 $\dfrac{D'\lambda}{d}$。式(16.18)限定的光源的宽度称为 **临界宽度**。在杨氏双缝实验中要求 S 为一狭缝,正是为了提高干涉效果。

　　而对具有一定宽度 a 的实际光源,在离光源为 D' 的波阵面上的

两点 S_1 和 S_2,可看作是新的光源,只有在它们的间距 d 小于 $\dfrac{D'}{a}\lambda$ 时,屏上才能观察到干涉现象。光波的这一性质称为**空间相干性**,而极限距离 d 称作**相干间隔**。光源的空间相干性的好坏是用相干间隔描述的。

思考题

16.1 在双缝干涉实验中,当双缝间距增大时,干涉条纹将如何变化?

16.2 若将杨氏双缝干涉实验装置由空气中移至水中,问屏上干涉图样有何变化?

16.3 在双缝实验中,如果将其中一条缝遮住,在屏上中心位置的光强与原零级明纹的光强之比是多少?

16.4 为什么引入光程的概念? 光程差和相位差有怎样的关系?

16.5 由两个单色光源 S_1 和 S_2 发出波长为 λ 的相干光,其中一束光通过空气$(n\approx1)$,另一束光通过厚度为 d,折射率 $n=1.5$ 的玻璃片。计算它们的光程差。

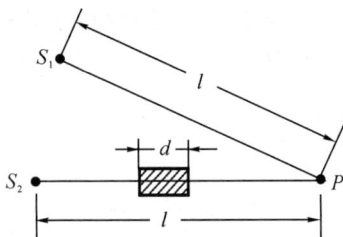

思考题 16.5 图

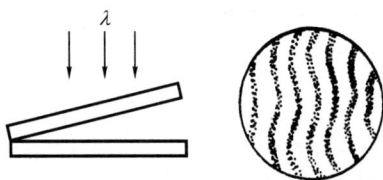

思考题 16.6 图

16.6 利用楔形空气隙所造成的等厚干涉条纹,可以测量精密加工工件表面偶然留下的一道刻痕的深度(见图)。用波长 λ 的单色光垂直照射空气尖劈,从反射光中观察到干涉条纹向偏离棱边方向弯曲。试判断工件表面有凹纹还是凸纹。

16.7 将铁丝环浸入肥皂液后取出,环内有液膜。将环面垂直放置,在白光照射下呈彩色花纹,这是什么原因? 当膜接近破裂时,上部首先出现黑斑,这又是什么原因?

16.8 在迈克耳孙干涉仪实验中:

(1)补偿板 G_2 起什么作用?

(2)若两反射镜 M_1 和 M_2 不严格垂直,且用平行光照射,将能观察到怎样的干涉图样?平移 M_2 时干涉图样将如何变化?

(3)若两反射镜 M_1 和 M_2 严格垂直,并用点光源照射装置,将能观察到怎样的干涉条纹?平移 M_2 时干涉条纹如何变化?

(4)当 M_1 和 M_2' 的距离超过一定范围时,就会观察不到干涉现象,这是为什么?

16.9 用波长为 λ 的单色光观察等倾条纹,看到视场中心为一亮斑,外面围以若干圆环。今若慢慢增大薄膜的厚度,试问观察到的干涉圆环会有什么变化?

16.10 在双缝干涉实验中,当缝光源逐渐增宽时,干涉条纹如何变化。

习 题

16.1 杨氏双缝干涉实验中,两缝中心距离为 0.60mm,紧靠双缝的凸透镜的焦距为 2.5m,屏幕置于焦平面上。

(1)用单色光垂直照射双缝,测得屏上条纹的间距为 2.3mm。求入射光的波长。

(2)当用波长为 480nm 和 600nm 的两种光垂直照射时,问它们的第三级明条纹相距多远?

16.2 在杨氏双缝干涉实验中,若用折射率分别为 1.5 和 1.7 的两块透明薄膜覆盖双缝(膜厚相同),则观察到第 7 级明纹移到了屏幕的中心位置,即原来零级明纹的位置。已知入射光的波长为 500nm,求透明薄膜的厚度。

16.3 在双缝实验装置中,双缝间距为 0.7mm,双缝到屏的距离为 100cm。当用

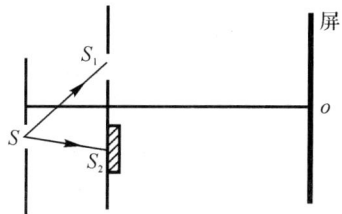

题 16.3 图

波长 500nm 的单色光垂直照射时,在屏中央 O 点处为中央明纹。现将单缝 S 向下作微小移动,使 $SS_1 - SS_2 = \lambda/2$,再在 S_2 后面贴一折射率为 1.5,厚度为 l 的透明薄膜,观察到 O 点变为第 4 级暗纹(见图)。试求

(1)薄膜的厚度 l;

(2)中央明条纹在屏上离 O 点的距离;

(3)第 2 级明条纹离 O 点的距离。

16.4 洛埃镜实验装置如图所示。缝光源 S_1 发出波长 600nm 的单色光。求相邻干涉条纹的间距。

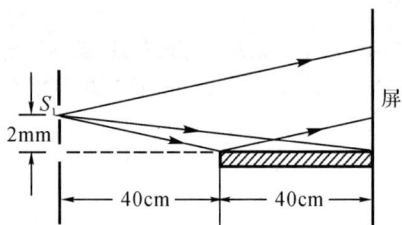

题 16.4 图

16.5 一射电望远镜的天线设在湖岸上,距湖面高度为 h。对岸地平线上方有一恒星正在升起,恒星发出波长为 λ 的电磁波。试求当天线测得第 1 次干涉极大时,恒星所在的最小角位置(作为洛埃镜干涉分析)。

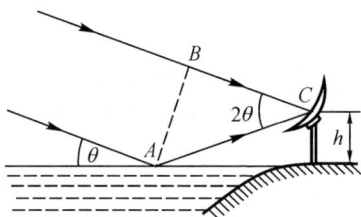

题 16.5 图

16.6 平板玻璃上有一层厚度均匀的肥皂膜。在阳光垂直照射下,在波长 700nm 处有一干涉极大,而在 600nm 处有一干涉极小,而且在这两极大和极小间没有出现其他的极值情况。已知肥皂液折射率为 1.33,玻璃折射率为 1.50,求此膜的厚度。

16.7 楔形玻璃片夹角 $\theta = 1.0 \times 10^{-4}$ rad,在单色光垂直照射下观察反射光的干涉,测得相邻条纹的间距为 0.20cm。已知玻璃折射率为 1.50,试求入射光的波长。

16.8 将折射率为 1.40 的某种透明材料制成劈尖,其末端厚度 $h = 0.50 \times 10^{-4}$m。今用波长 700nm 的红光垂直照射,并观察反射光。试问表面出现的明条

纹总数是多少？

16.9 如图所示,在折射率为1.50的平晶玻璃上刻有截面为等腰三角形的浅槽,内装肥皂液,折射率为1.33。当用波长为600nm的黄光垂直照射时,从反射光中观察到液面上共有15条暗纹。

(1)试定性描述条纹的形状;

(2)求液体最深处的厚度。

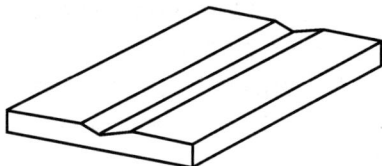

题16.9图

题16.10图

16.10 如图所示,一半径1.0m的凸透镜($n_1 = 1.50$)放在由火石玻璃($n_3 = 1.75$)和冕牌玻璃($n_4 = 1.50$)拼接的玻璃平板上。在透镜和玻璃平面间充以折射率$n_2 = 1.65$的二硫化碳液体。当用波长589nm的钠黄光垂直照射时

(1)试定性画出干涉图样;

(2)求出中心点除外,向外数第10个暗环对应的膜厚和半径r。

16.11 在牛顿环实验中,所用凸透镜的半径为1.90m。当用两种单色光垂直照射时,观测到反射光中波长$\lambda_1 = 500$nm的第5个明环和另一单色光λ_2的第6个明环重合,试求另一种单色光的波长λ_2。

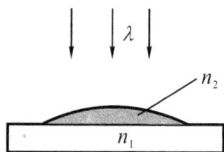

题16.12图

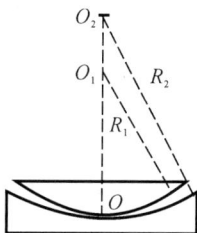

题16.13图

16.12 将一滴油($n_2 = 1.20$)放在平玻璃片($n_1 = 1.52$)上,以波长$\lambda = 600$nm的黄光垂直照射,如图所示。求从边缘向中心数,第5个亮环处油层的厚度。

16.13 图中,设平凸透镜的凸面是一标准样板,其曲率半径$R_1 = 102.3$

cm,放置在待测的凹面镜上,半径为 R_2。如在实验中,垂直入射的单色平行光的波长为 589.3nm,测得中心点外第 4 暗环的半径 $r_4=2.25$cm,则 R_2 为多少?

16.14 在照相机镜头表面镀一层折射率为 1.38 的增透膜,使太阳光的中心波长 550nm 的透射光增强。已知镜头玻璃的折射率为 1.52,问膜的厚度最薄是多少?

16.15 在迈克耳孙干涉仪的一条光路中插入一支 100mm 长的玻璃管,管内充有一大气压的空气。用波长 589nm 的单色光作光源,在将玻璃管内的空气逐渐抽完时,数得有 100 条干涉条纹移过。求空气的折射率。

16.16 迈克耳孙干涉仪可用来测定单色光的波长。当将一个反射镜平移距离 $\Delta e=0.3220$mm 时,测得干涉条纹移过 1024 条,试求该单色光的波长。

16.17 瓦斯检测器的光路图如图所示。当 A、B、C 三个气室中均为新鲜空气时,干涉条纹位于视场中一定位置处。把仪器带到矿井中,使井中气体进入中间的 B 室 A、C 两室仍为新鲜空气。由于混有瓦斯(沼气、甲烷)的气体折射率与空气不同,从而引起干涉条纹的移动。在一次实验中,用波长 589.3nm 的单色光作光源,观察到条纹移动了 98 条。已知气室长度为 10cm,求井下气体的折射率。

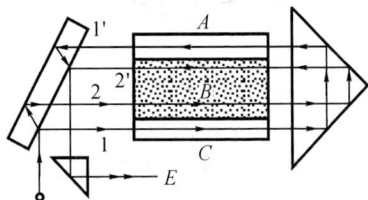

题 16.17 图

16.18 两块精密磨制的光学平玻璃板,平行放置,间距为 d,它们的相对表面镀有反射率极高的银(或铝)膜。一束波长为 λ 的单色光垂直入射,当平板间距缓缓增大时,可以观察到透射光作明暗交替的变化。这种装置称法布里—珀罗干涉仪。问平板间距为多大时透射光有极大值。

*16.19 用波长为 500nm,谱线宽度为 0.05nm 的光作为光源,应用干涉方法检测薄膜的厚度,薄膜的折射率 $n=1.30$,试问能检测的最大薄膜厚度是多少?

*16.20 在双缝干涉实验中,用波长 589.3nm 的钠光灯照射单缝,双缝中心间的距离 $d=0.50$mm。若单缝与双缝的距离 $D'=30$cm(图 16.25),问能产生干涉现象的单缝的最大宽度是多少?

第十七章　光的衍射

本章将讨论光的波动性的又一特有表现——衍射现象。首先介绍衍射现象和解决衍射问题的理论基础；然后讨论单缝和光栅的衍射，简要讨论圆孔衍射和 X 射线的衍射；最后简要介绍全息照相。

§17.1　衍射现象

一、衍射现象

水波、声波、电磁波等各种类型的波，当遇到障碍物时将偏离直线传播，这种现象称**波的衍射**。光是电磁波，同样能产生衍射现象，但由于光波波长很短，只有头发直径的几百分之一，而且普通光源大多是非单色的面光源，因此通常都表现出"直线传播"的特性。只有当障碍物大小的数量级与光波波长接近时，才发生明显的衍射现象。图17.1 是用单色光照射方孔和小圆屏的衍射图样。

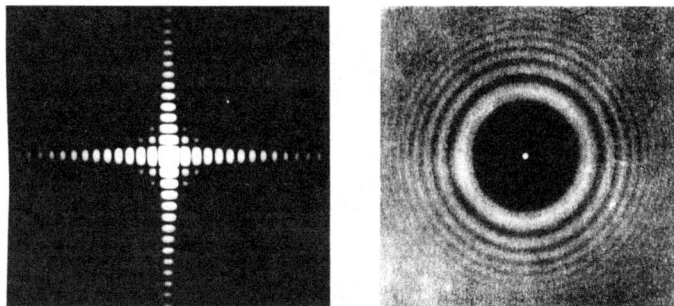

图 17.1　单色光照射下的衍射图样

二、两类衍射

能观察到显著的衍射现象的实验装置主要包括三个部分:光源、衍射屏和观察屏。按三者之间相对位置的不同,可将衍射分为两类:一类是光源和观察屏,或两者之一离开衍射屏的距离为有限远,见图17.2(a),这时出现的衍射称为**菲涅耳**(A. J. Fresnel)[①] **衍射**;另一类是光源和观察屏离开衍射屏的距离都是无限远,相当于入射光和衍射光都是平行光的情况,见图17.2(b),这类衍射称为**夫琅禾费**(J. Von Fraunhofer)**衍射**,在实验室中可以利用两个会聚透镜来实现,见图17.2(c)。在理论计算中,菲涅耳衍射是普遍的,夫琅禾费衍射只是前者的一个特例。下面我们仅限于讨论夫琅禾费衍射。

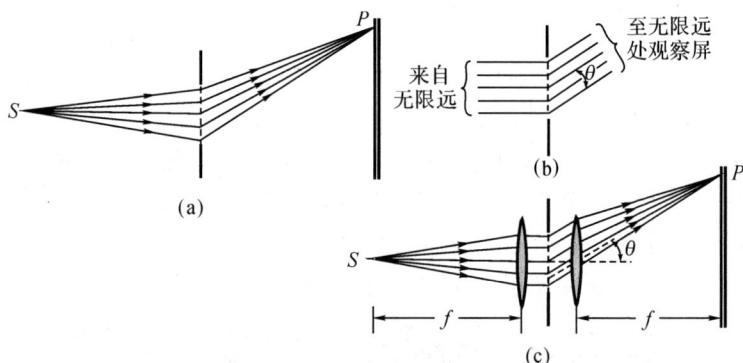

图 17.2　菲涅耳衍射与夫琅禾费衍射

---

① 菲涅耳(A. Fresnel,公元 1788—1827 年),法国物理学家和道路工程师,巴黎科学院院士,英国皇家学会会员。1818 年,在巴黎科学院举行的一次解释衍射现象的竞赛上,菲涅耳以光的惠更斯原理为基础,补充了光的干涉原理,提出了惠更斯—菲涅耳原理,他完善地解释了光的衍射现象,取得了优胜。此外,他还在发现光的偏振现象、确定反射和折射的定量关系,建立双折射理论等方面作出重大贡献。

§17.2　惠更斯—菲涅耳原理

研究衍射现象的理论基础是惠更斯—菲涅耳原理。这是菲涅耳在惠更斯(C. Huygens)原理基础上进行补充,并以严密的数学推理而成的。下面先介绍惠更斯的处理方法。

一、惠更斯原理

在图 17.3 中,一任意形状的波动在水面上传播,当遇到开有小孔的障碍物 AB 时,可以看到,穿过小孔的波是圆形的,和原来波的形状无关。就好像小孔是新的波源,通过小孔的水面波变成以小孔为中心的圆形波。17 世纪末,荷兰科学家惠更斯分析了许多类似的实验,总结出如下原理,今称**惠更斯原理**:媒质中波动到达的各点

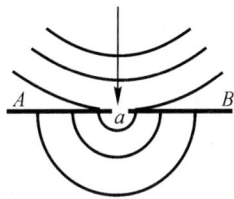

图 17.3　障碍物上的小孔成为新的波源

都可看作是发射子波的波源,在以后任一时刻,这些子波的包络面就是波在该时刻的新的波面。

例如波动在各向同性均匀媒质中传播,已知某一时刻 t 的波前,根据惠更斯原理,可以确定下一时刻 $t+\Delta t$ 的新波面,图 17.4 就是用作图法得到的平面波和球面波的新波面。图中虚线是子波源在 Δt 时间内发出的半径为 $u\Delta t$ 的球面子波,实线是新的波面。因波的传播方向与波面垂直,故平面波按原方向前进,球面波则沿径向辐射。

惠更斯原理对任何波动过程都是适用的,无论是机械波还是电磁波,无论这些波动经过的媒质是均匀的或是非均匀的。根据惠更斯原理,还可以说明波在传播中产生的衍射、反射和折射等问题。

1. 波的衍射

根据惠更斯原理,可以用作图法确定波的传播方向,从而解释衍

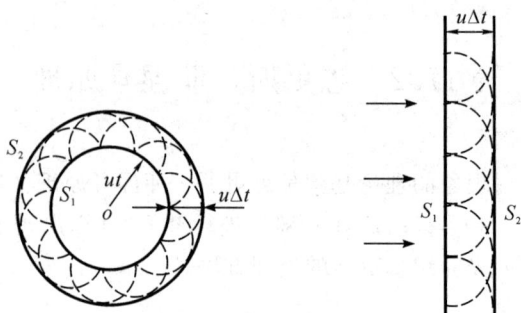

图 17.4 用惠更斯原理求新波阵面

射现象。例如一平面波在各向同性均匀媒质中传播,遇到有缝的障碍物 AB,如图 17.5 所示。t 时刻波动传播到缝口上,波阵面上各点作为新波源同时发射子波。经过时间 Δt 后,各子波扩展为半径等于 $u\Delta t$ 的球面,其中 u 为波速。与它们相切的包络面除与缝宽相等的部分仍为平面外,两端为曲面,这说明波面已不再是平面,波能绕过障碍物的边缘前进,进入几何阴影区域,产生衍射。图中画出几条波射线,表示传播的方向。

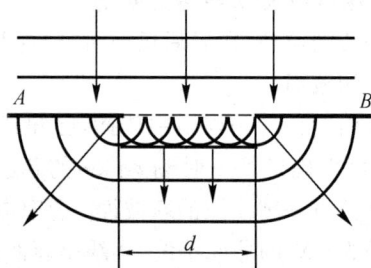

图 17.5 波的衍射

2. 波的反射和折射

应用惠更斯原理,可以解释波动从一种媒质传播到另一种媒质时,在两种媒质的分界面上产生的反射和折射现象,并可导出反射和折射定律。

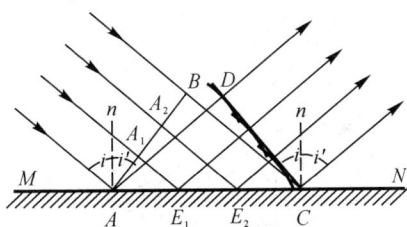

图 17.6　波的反射

（1）波的反射　设有一平面波斜射到两种媒质的分界面 MN 上（图 17.6）。在时刻 t，波前到达 AB 位置（波阵面为通过 AB 线并与图面垂直的平面），A 点在分界面上。根据惠更斯原理，A 点发出子波。此后，波阵面 AB 上 $A_1, A_2, \cdots$ 各点将相继到达界面上 $E_1, E_2, \cdots$ 各点，并先后发出子波。在时刻 $t+\Delta t$，B 点传出的波到达 C 点，此时，自 $A, E_1, E_2, \cdots$ 各点发出的子波分别是半径逐渐减小的球面子波，它们的包络面是通过 C 点和图面垂直的平面 CD，这就是该时刻新的波面，即反射波的波面。由于入射波和反射波在同一媒质中传播，波速不变，$AD = BC = u\Delta t$，又 $\angle ABC = \angle ADC = 90°$，所以 $\triangle BAC$ 和 $\triangle DCA$ 是全等的，得 $i = i'$，即入射角等于反射角。从图中还可以看出，入射线、反射线和分界面的法线共面。以上两个结论称为波动的反射定律。

（2）波的折射　当波动从一种媒质进入另一种媒质时，由于在两种媒质中传播速度不同，其相应的波速分别为 v_1 和 v_2，在分界面 MN 上会发生折射现象。在时刻 t，设入射平面波动的波阵面到达 AB 位置（图 17.7）。与波的反射情况相似，当入射波到达界面时，也向第二种媒质发射子波。在时刻 $t+\Delta t$，B 点到达界面 C 处，这时，从界面上 A 到 C 之间各点已先后发出进入第二种媒质的半径不同的球面子波，这些子波的包络面为 CD 平面，根据惠更斯原理，CD 面即为第二种媒质中折射波的波阵面。

由图可知，$i = \angle BAC$，$r = \angle ACD$，所以

$$BC = v_1\Delta t = AC\sin i$$

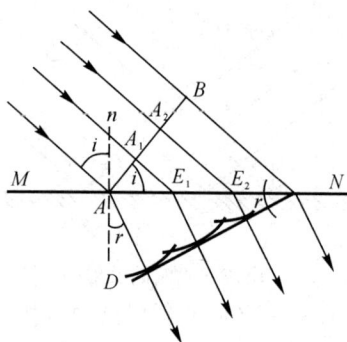

图 17.7 波的折射

$$AD = v_2 \Delta t = AC\sin r$$

得

$$\frac{\sin i}{\sin r} = \frac{v_1}{v_2} = n_{21}$$

n_{21} 为第二种媒质对第一种媒质的相对折射率。上式就是波动的折射定律。

二、惠更斯—菲涅耳原理

利用惠更斯原理,可以定性地解释波的衍射现象,但无法对各种衍射图样中的明暗条纹及其光强分布进行定量分析。1816 年,法国青年物理学家菲涅耳吸取了惠更斯原理中的子波概念,用子波相干叠加的方法处理光的衍射问题,发展成为**惠更斯—菲涅耳原理**。该

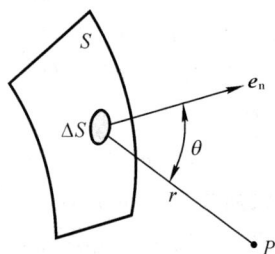

图 17.8 惠更斯—菲涅耳原理

原理可以表述如下:**波阵面 S 上的各面元,可看作是新的波源,向空间发射球面子波,这些子波是相干的。波场中任一点的振动,是各子波在该点相干叠加的结果。**根据这个原理,若已知波源发出的波在某瞬时的波阵面 S,就可以计算波动传播到空间某点 P 所引起的振动。

如图 17.8 所示,将波阵面 S 分割为许多小面元 $\mathrm{d}S$,每个面元都是发射次级子波的波源。任一面元 $\mathrm{d}S$,在波场空间中任一点 P 引起振动的振幅,与面元的面积 $\mathrm{d}S$ 成正比,与它到 P 点的距离 r 成反比,并和倾角 θ(面元 $\mathrm{d}S$ 的法线 $\boldsymbol{n}$ 和矢径 $\boldsymbol{r}$ 之间的夹角)有关,参看图 17.8。面元 $\mathrm{d}S$ 在 P 点引起振动的相位,由 $\mathrm{d}S$ 到 P 点的光程和 $\mathrm{d}S$ 处波的相位决定。将所有面元在 P 点引起的振动进行叠加,就得到 P 点的合振动。面元 $\mathrm{d}S$ 发出的子波在 P 点引起的振动可表示为

$$\mathrm{d}E_P = C\frac{\mathrm{d}S}{r}K(\theta)\cos(\omega t - \frac{2\pi}{\lambda}r + \varphi_0)$$

式中 C 为比例常数,φ_0 为新波源的初相位,函数 $K(\theta)$ 随 θ 角的增大而减小,称**倾斜因子**。菲涅耳认为,沿原波传播方向子波的振幅最大,因此当 $\theta = 0$ 时,$K(\theta)$ 可取作 1;偏离此方向时,子波振幅逐渐减小,$K(\theta)$ 将随 θ 的增大而渐渐变小;当 $\theta \geqslant \dfrac{\pi}{2}$ 时,$K(\theta)$ 应取零值,表示子波不能向后传播。P 点的合振动,等于波阵面上全部面元所发出的子波在该点的叠加,即

$$E_p = \int_S C\frac{K(\theta)}{r}\cos(\omega t - \frac{2\pi}{\lambda}r + \varphi_0)\mathrm{d}S \qquad (17.1)$$

这就是惠更斯—菲涅耳原理的数学表达式。由此可以求出 P 点处的光强。显然,上面的积分是一个比较复杂的数学问题。一般常采用菲涅耳"半波带法",将积分问题化为有限项的代数和,简易地得出一些半定量的结果;或用振幅矢量合成法代替积分。

§17.3 单缝夫琅禾费衍射

单缝夫琅禾费衍射是平行光透过一条细长的矩形直缝后,在很远的观察屏上呈现的衍射现象。图 17.9 是用线光源照射时的衍射照片。

根据惠更斯—费涅耳原理,平行光入射到单缝上时,缝面处形成

图 17.9　单缝衍射图样

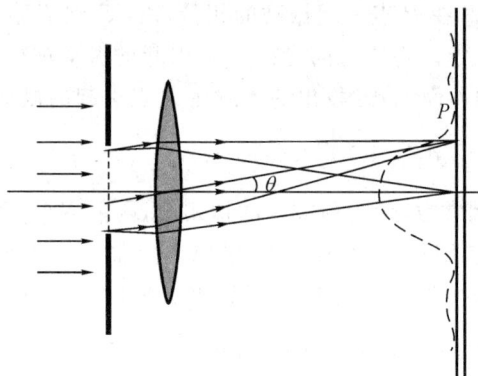

图 17.10　单缝夫琅禾费衍射

新的平面波阵面,面上各点可看作是发射子波的波源,它们向缝后各方向发射子波(见图 17.10)。因此,可以认为全部衍射光是由穿越缝口,传播方向不同的平行光束构成的,它们穿过透镜后会聚于焦平面观察屏上。这样,观察屏上的每一明暗条纹,是所有沿相应方向的子波在该处叠加的结果。为确定明暗条纹的位置,可以用上节所述的积分法进行计算,或用振幅矢量合成法求解,也可采用直观的菲涅耳半波带法得到近似的结果。下面先采用半波带法研究观察屏上的衍射图样。

一、菲涅耳半波带法

如图 17.11 所示,平行光垂直入射单缝。设缝宽为 a,缝的长度方向与画面垂直。相对于缝面的法线偏转 θ 角的一束平行光(称作衍射角 θ 的衍射光),经透镜后会聚于观察屏上 P 点。这束光中各子波射线到达 P 点的光程不相等。由图可见,缝边缘两条光线的光程差

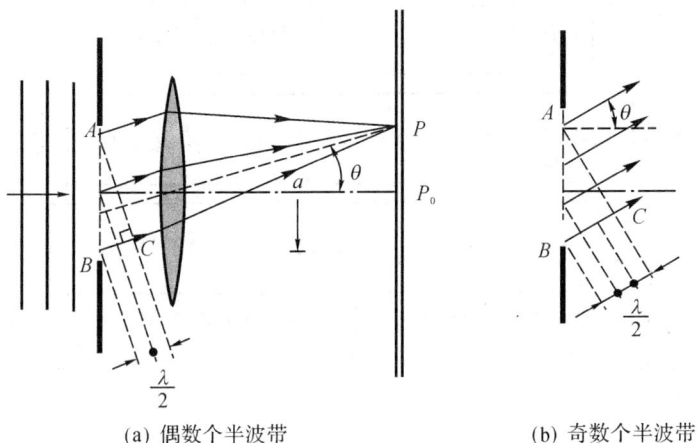

(a) 偶数个半波带 (b) 奇数个半波带

图 17.11 半波带法

为

$$\delta = BC = a\sin\theta$$

我们作一系列平行于 AC 面的平面,当 θ 为某些特定值时,这些平面将单缝处的宽度为 a 的波阵面,分割成整数 N 个宽度相等的狭带,相邻两带上位置对应的点,如每个狭带的最上点、中点或最下点发出的子波,到达 AC 面的光程差均为半个波长,即相位差为 π,这样的狭带称为**半波带**。由于从各个半波带所发出的光线的强度可以认为近似相等,因此两个相邻半波带在 P 点引起的光振动干涉相消。

对于某衍射角 θ,若 BC 恰好等于半波长的偶数倍,即单缝上波阵面 AB 可被分割成偶数个半波带(见图 17.11(a)),则所有半波带的作用成对抵消,P 点光强为零,出现暗纹;若波阵面 AB 可被分割成奇数个半波带(见图 17.11(b)),则除了相邻两个半波带在 P 点引起的光振动干涉相消外,还留下一个半波带的作用未被抵消,P 点将呈现明纹。但若对应于某个衍射角 θ,单缝 AB 被分割成整数个半波带尚有余,则屏上 P 点的光强将介于明暗之间。根据上述讨论,当平行光垂直衍射屏入射时,单缝衍射明暗条纹的位置为

$$\theta=0 \qquad\qquad 中央明纹中心 \qquad\qquad (17.2)$$

$$a\sin\theta=\pm2k\frac{\lambda}{2} \quad k=1,2,3,\cdots \quad 暗纹中心 \qquad (17.3)$$

$$a\sin\theta=\pm(2k+1)\frac{\lambda}{2} \quad k=1,2,3,\cdots \quad 明纹中心 \qquad (17.4)$$

式中 k 值为明纹或暗纹的级数。衍射图样中央最亮处为中央明纹,两侧对称分布着第一级($k=1$),第二级($k=2$),…等暗纹,两暗纹中间为明纹。

二、单缝衍射图样的特征

1. 中央明纹的光强最大

因为从单缝上各子波源发射的全部衍射光,到达中央明纹中心 P_0 的光程相同,它们相干加强,因此光强最大。其余各级明纹的亮度则随着级数的增大而迅速减弱。这是因为,衍射角 θ 越大,能够分成的半波带数目 N 越多,故余下来未被抵消的半波带面积变小(占总面积的 $1/N$),因而强度大大低于中央明纹。

2. 中央明纹的半角宽度

将两个第一级暗纹中心之间的角距离定义为中央明纹的角宽度。显然,第一级暗条纹所对应的衍射角 θ_1 是中央明纹的**半角宽度** $\Delta\theta$(见图 17.10)。在衍射角 θ_1 很小的情况下,$\theta_1\approx\sin\theta_1$,则由式(17.3)得到中央明纹半角宽度为

$$\Delta\theta_0=\theta_1\approx\sin\theta_1=\frac{\lambda}{a} \qquad (17.5)$$

各级明纹的角宽度定义为相邻两暗纹中心之间的角距离,在一定的 θ 范围内它们近似相等。

3. 衍射效应

若用一定波长的单色光照射单缝,由式(17.3)或(17.4)可见,当

缝宽减小时,光束受限制更厉害,各级衍射角增大,衍射图样向两边扩展,衍射现象显著;当缝宽增大时,各级衍射角都很小,衍射条纹向中央收拢,条纹变得又细又密,直至边界逐渐模糊以至无法分辨,最后只能观察到单一的亮纹,显示光的直线传播性质,与几何光学的结果趋于一致。可见,几何光学是波动光学在 $\frac{\lambda}{a} \rightarrow 0$ 时的极限情形。

若在(17.3)式中固定缝宽 a 值,当波长 λ 变长时,相应的衍射角 θ 也增大。因此,若用白光作为光源照射单缝,经衍射后,观察屏上将出现按波长长短排列的彩色光带,紫色靠近中央,最远为红色,形成**衍射光谱**。中央明纹中心仍为白色。

例 17.1　用波长 $\lambda = 632.8\text{nm}$ 的平行光垂直入射宽度 $a = 0.20$ mm 的单缝,一焦距 $f = 20\text{cm}$ 的透镜紧靠缝后,观察屏置于焦平面处。试求屏上中央明纹和第一级明纹的宽度。

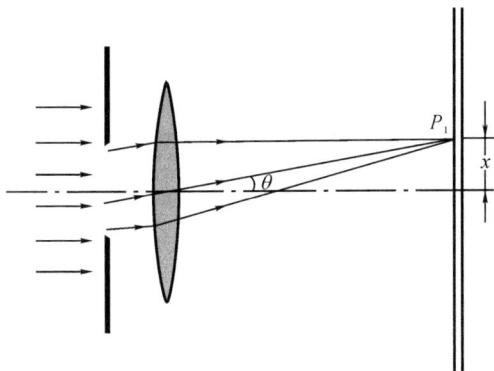

例 17.1 图

解　由(17.3)式,第一级暗纹的衍射角 θ_1 为

$$\sin\theta_1 = \pm\frac{\lambda}{a} = \pm\frac{6328 \times 10^{-10}}{0.20 \times 10^{-3}} = \pm 3.16 \times 10^{-3}$$

因为 θ_1 很小,有 $\sin\theta_1 \approx \theta_1 \approx \tan\theta_1$,所以中央明纹的宽度为

$$\Delta l_0 = 2x_1 = 2f\tan\theta_1 \approx 2f\sin\theta_1$$

$$= 2 \times 0.20 \times 3.16 \times 10^{-3}\text{m} = 1.26 \times 10^{-3}\text{m}$$

第一级明纹的宽度等于第一和第二级暗纹的间距。由(17.3)式，并取 $k=2$，则

$$\sin\theta_2 - \frac{2\lambda}{a} = 6.33 \times 10^{-3}$$

这时仍有 $\sin\theta_2 \approx \theta_2 \approx \tan\theta_2$。因此，第一级明纹的宽度为

$$\Delta l_1 = x_2 - x_1 = f(\tan\theta_2 - \tan\theta_1) \approx f(\sin\theta_2 - \sin\theta_1)$$
$$= 0.63 \times 10^{-3}\text{m}$$

可见，第一级明纹的宽度是中央明纹的一半。同理可得，当 θ 很小时，其余各级明纹的宽度均为中央明纹的一半。

三、单缝夫琅禾费衍射的光强分布

用半波带法可以近似确定衍射条纹的位置，但无法定量计算衍射图样的光强分布。下面我们根据惠更斯—菲涅耳原理，用振幅矢量叠加法导出单缝夫琅禾费衍射的光强分布公式。

1. 衍射图样的光强分布

如图 17.12 所示，一束波长为 λ 的单色平行光，垂直入射缝宽为 a 的单缝。我们将缝内波阵面等分为 n 个细长条（n 值很大），每一细条的面积很小，可看作面元 dS。各面元向各方向发射子波，其中偏转均为 θ 角的衍射光经透镜后会聚于屏上 P 点。它们到达 P 点的距离近似相等，因而在 P 点引起的光振动的振幅也近似相等，但相位不同。又因各面元的宽度相等，因此相邻面元到 P 点的光程差是恒定的，即相位差 $\Delta\varphi$ 相等。若将相位为 φ_i，振幅为 A_i 的第 i 个分振动用振幅矢量 $\boldsymbol{A}_i$ 表示，则各分振动叠加如图 17.13 所

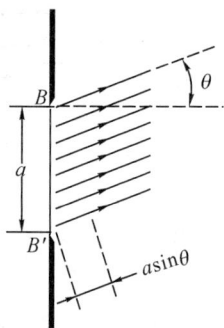

图 17.12 单缝衍射光

示。各分振动的振幅矢量首尾相接，依次转过 $\Delta\varphi$ 角，近似构成圆弧 MN。圆弧对应的弦长 A_θ 是合振幅的大小，所张的圆心角，是缝之上下边缘两面元发射的子波在 P 点的相位差 $n\Delta\varphi$。从几何关系可知，圆

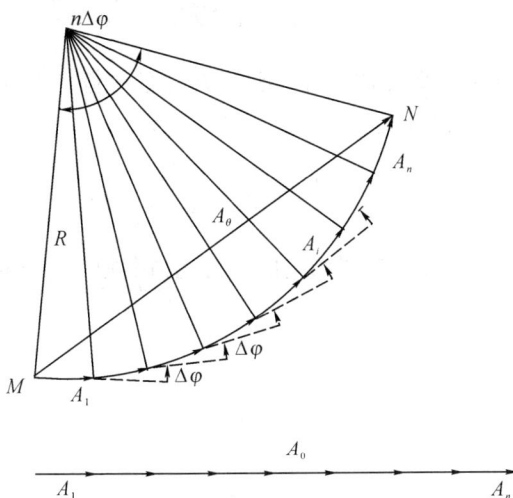

图 17.13 多个振动的叠加

弧长为

$$\overset{\frown}{MN} = R(n\Delta\varphi) \approx nA_1$$

则 P 点的合振幅 A_θ 为

$$A_\theta = 2R\sin\frac{n\Delta\varphi}{2} = 2\frac{nA_1}{n\Delta\varphi}\sin\frac{n\Delta\varphi}{2}$$

因为单缝上、下边缘 BB' 的衍射线到 P 点的光程差为 $a\sin\theta$，故有

$$n\Delta\varphi = \frac{2\pi}{\lambda}a\sin\theta$$

则 P 点的振幅为

$$A_\theta = \frac{nA_1}{\frac{\pi}{\lambda}a\sin\theta} \cdot \sin(\frac{\pi a}{\lambda}\sin\theta) = nA_1\frac{\sin u}{u}$$

式中参数 $u = \frac{\pi a}{\lambda}\sin\theta$。当衍射角 $\theta = 0$ 时，因为 $\lim\limits_{u \to 0}\frac{\sin u}{u} = 1$，于是得到 $A_0 = nA_1$。A_0 是中央明纹中心处的振幅。在图 17.13 中，将圆弧展开成一直线，其长度即为 A_0。而对应于衍射角 θ 的 P 点的振幅为

$$A_\theta = A_0 \frac{\sin u}{u} \qquad (17.6)$$

因为光强与振幅平方成正比,因此,P 点的光强 I 和中央明纹中心 P_0 点的光强 I_0 之比为

$$\frac{I}{I_0} = \frac{A_\theta^2}{A_0^2} = \frac{\sin^2 u}{u^2} \qquad (17.7)$$

图 17.14 是根据(17.7)式画出的相对光强 $\dfrac{I}{I_0}$ 随 θ 的分布曲线。

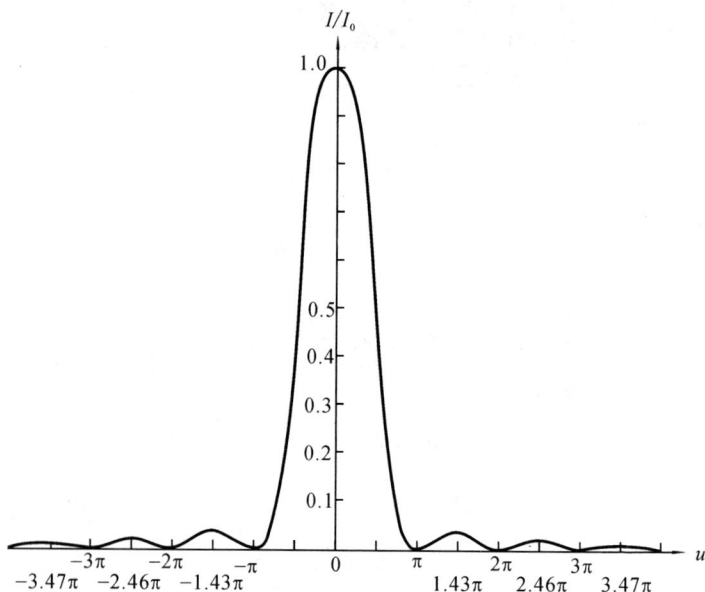

图 17.14　单缝夫琅禾费衍射相对光强分布

2.光强分布曲线的讨论

(1)中央明纹　在 $\theta = 0$ 处,$I = I_0$,对应于中央明纹中心处的光强最大。中央明纹又称零级主极大,而其余各级明纹则称第 k 级主极大。

(2)暗纹位置　在(17.7)式中,当 $u \neq 0$ 而 $\sin u = 0$ 时,为暗纹位置。由此得到暗纹所对应的衍射角 θ 满足

$$\sin\theta=\pm k\frac{\lambda}{a}, \qquad k=1,2,\cdots$$

和半波带法所得(17.3)式相同。

（3）各级明纹　各级明纹中心将出现在 $\dfrac{\mathrm{d}}{\mathrm{d}u}(\dfrac{\sin u}{u})^2=0$，即 $\tan u=u$ 的位置上。求解此方程可知，它们不在相邻两暗纹的正中点，但与由半波带法所得的结果很接近，u 值为

$$u_1=\pm 1.43\pi, \qquad u_2=\pm 2.46\pi, \qquad u_3=\pm 3.47\pi,\cdots$$

相应的各级明纹的位置为

$$\sin\theta_1=\pm 1.43\,\frac{\lambda}{a} \qquad \text{第一级明纹中心}$$

$$\sin\theta_2=\pm 2.46\,\frac{\lambda}{a} \qquad \text{第二级明纹中心}$$

$$\sin\theta_3=\pm 3.47\,\frac{\lambda}{a} \qquad \text{第三级明纹中心}$$

$$\cdots$$

各级明纹的光强与中央明纹光强之比为

$$\frac{I_1}{I_0}=4.7\%; \qquad \frac{I_2}{I_0}=1.7\%; \qquad \frac{I_3}{I_0}=0.8\%;\cdots$$

可见各级明纹的光强比中央明纹的光强小得多。

＊3. 菲涅耳积分法

光强分布公式(17.7)也可以由积分法得到。

如图 17.15 所示，一束波长 λ 的单色平行光垂直投射到单缝上。缝宽度为 a，缝长为 l，且 $l\gg a$。取单缝的中心为坐标原点 O，y 轴向上为正。将缝面处的波阵面分割成许多细长狭条，这些小面元宽度为 $\mathrm{d}y$，面积 $\mathrm{d}S=l\mathrm{d}y$。根据惠更斯—菲涅耳原理，平面波阵面上各面元是发射子波的波源，其相位相同。离中心位置 y 处的面元发射的子波，在衍射角 θ 的方向上到达屏上 P 点所引起的光振动为

$$\mathrm{d}E=C\frac{\mathrm{d}S}{r}K(\theta)\cos(\omega t-\frac{2\pi r}{\lambda}+\varphi_0)$$

$$=C\frac{l}{r}K(\theta)\cos(\omega t-\frac{2\pi r}{\lambda}+\varphi_0)\mathrm{d}y$$

式中 r 为宽度（$y\sim y+\mathrm{d}y$）的面元至 P 点的光程（参看式(17.1)），若设图中 o 点

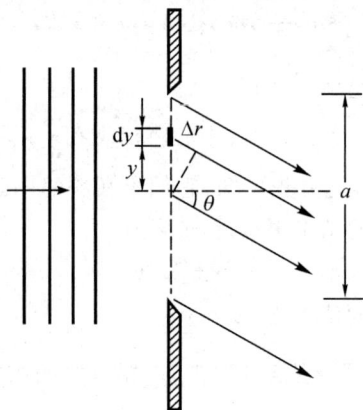

图 17.15　菲涅耳积分法计算光强

处面元发出的光波至 P 点的光程为 r_0，则两者有光程差 Δr，

$$r = r_0 + \Delta r = r_0 + y\sin\theta$$

上式可写成

$$dE = C\frac{l}{r_0 + \Delta r}K(\theta)\cos\left(\omega t - \frac{2\pi(r_0 + y\sin\theta)}{\lambda} + \varphi_0\right)dy$$

为简化运算过程，令子波波源的相位 φ_0 为零。在小角度衍射的情况下，倾斜因子 $K(\theta) \approx 1$，又因 $\Delta r \ll r_0$，故有

$$dE = C\frac{l}{r_0}\cos\left[\omega t - \frac{2\pi(r_0 + y\sin\theta)}{\lambda}\right]dy^{①}$$

为了求出来自单缝的且在 θ 方向的衍射光在 P 点引起的合振动，必须把波面上各面元的贡献全部相加。于是有

$$E = \int dE = \frac{Cl}{r_0}\int_{-\frac{a}{2}}^{\frac{a}{2}}\cos\left[\omega t - \frac{2\pi r_0}{\lambda} - \frac{2\pi y\sin\theta}{\lambda}\right]dy$$

令 $u = \frac{\pi a}{\lambda}\sin\theta$，则上式可改写成

$$E = \frac{Cl}{r_0}\int_{-\frac{a}{2}}^{\frac{a}{2}}\cos\left[\omega t - \frac{2uy}{a} - \frac{2\pi r_0}{\lambda}\right]dy$$

---

① 余弦函数中的 r 不能近似看作常数，因为可见光的波长很短，r 的微小误差会引不可忽略的相位误差。

$$= \frac{Cla}{2r_0 u}\left[\sin\left(\omega t + u - \frac{2\pi r_0}{\lambda}\right) - \sin\left(\omega t - u - \frac{2\pi r_0}{\lambda}\right)\right]$$

应用三角公式,可将上式化简为

$$E = \frac{Cla}{r_0}\left(\frac{\sin u}{u}\right)\cos\left(\omega t - \frac{2\pi r_0}{\lambda}\right)$$

式中 $\frac{Cla}{r_0}\left(\frac{\sin u}{u}\right)$ 为屏上 P 点合振动的振幅,即

$$A = \frac{Cla}{r_0}\left(\frac{\sin u}{u}\right) = A_0\left(\frac{\sin u}{u}\right)$$

其中 $A_0 = \frac{Cla}{r_0}$。已知光强与振幅平方成正比,故得

$$I = I_0\frac{\sin^2 u}{u^2}$$

此式与式(17.7)一致。

§17.4　光栅衍射

从原则上说,利用单色光通过单缝产生的衍射条纹可以测定光波的波长,但是为了得到精确的测量结果,就必须要求各级条纹分得很开,又十分明亮。然而,对单缝衍射来说,这两个要求是不可能同时达到的。因为缝宽越小,各级明纹就分得越开,但是通过单缝的光能量也越少,条纹就不明亮。因此在实际测定光波波长中,使用的不是单缝,而是本节要讨论的衍射光栅。

任何能起周期性地分割波阵面作用的衍射屏都称为**光栅**。光栅分两类,一类是透射光栅,另一类是反射光栅。透射光栅是在一块透明的板上刻上平行、等间距又等宽度的直痕,刻痕部分不透光,两刻痕之间能透光,相当于狭

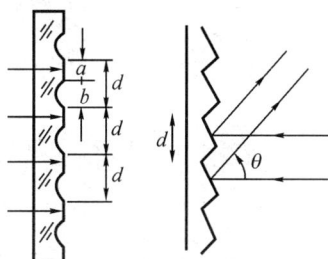

(a) 平面透射光栅　(b) 平面反射光栅

图 17.16

缝(图 17.16(a))。透光缝的宽度为 a,不透光刻痕的宽度为 b,则相邻刻痕间的距离 $d=a+b$,称为**光栅常数**。反射光栅是在镀有金属层的表面上刻画斜的平行等间距刻痕,斜面能反射光,如图 17.16(b)所示。光栅的制作是非常精密的。普通光栅在每毫米宽度内有数百条刻痕,高级的达上万条,还要求刻痕间隔均匀,深度和剖面形状一致,所以原刻光栅是非常贵重的光学元件。一般使用的是经过精密加工的母光栅的复制品。本节以透射光栅为研究对象进行讨论。

一、光栅衍射现象

用一束平行单色光入射到平面透射光栅上,经透镜会聚后,在焦平面上将出现一系列均匀排列的,又细又亮的明纹。在相邻明纹间是较宽的暗带。图 17.17 是单缝、双缝和 3、5、6、20 缝的衍射照片。与单缝衍射比较,多缝衍射图样中出现了一系列新的明纹,而且随着缝数的增多,明纹变得越来越细窄而明亮。为什么光栅的衍射图样会呈

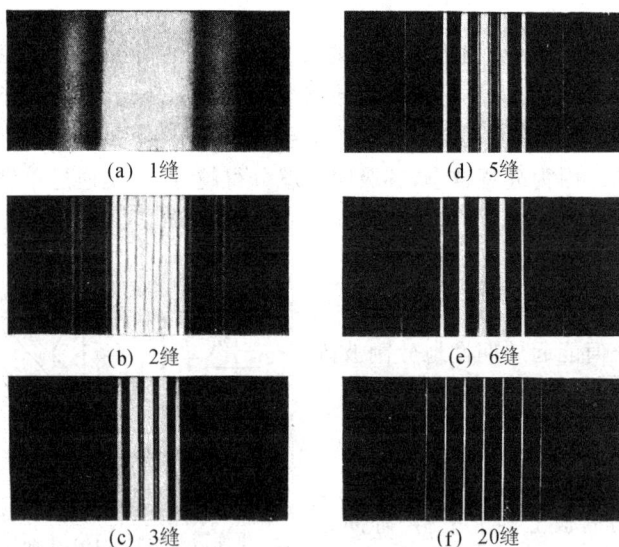

(a) 1缝

(d) 5缝

(b) 2缝

(e) 6缝

(c) 3缝

(f) 20缝

图 17.17　夫琅禾费衍射图样

现又细又亮的明条纹呢?这是因为在光栅衍射中,除了每一条缝产生衍射外,还存在各缝衍射光之间的干涉。

二、光栅衍射图样的形成

如图 17.18 所示,当平行单色光垂直照射光栅时,光栅的每一条透光缝都会引起衍射,它们在屏上形成各自的单缝衍射图样,若有 N 条缝,就有 N 个单缝衍射图样。由于缝相同,因而单缝衍射图样也完全相同,这些衍射光又都是透镜的近轴光线,在夫琅禾费衍射中,N 个单缝衍射图样在观察屏上的位置完全重合。如果这 N 束衍射光是不相干的,那么在屏上呈现的仍然是单缝衍射图样,只是各处的光强都增加了 N 倍。现在这 N 束光是相干的,所以屏上任一点 P 的光振动是来自各缝的光振动进行相干叠加的结果。各缝发出的具有相同衍射角的衍射光虽然会聚在屏上同一位置,却经历了不同的光程,所以在 P 点引起的光振动之间有相位差,它们相干叠加后在某些位置得到加强,在另一些位置则有减弱,因而在衍射极大的区域中,又分裂出若干等宽度的,明暗相间的干涉条纹,形成与单缝衍射规律和强度不同的分布。

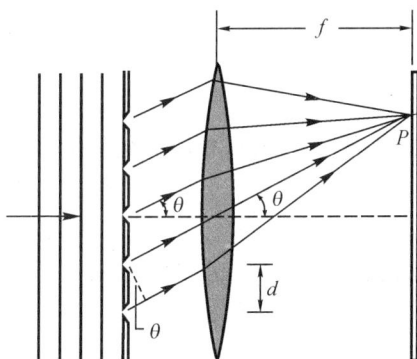

图 17.18 光栅衍射

1.主极大　光栅方程

设光栅总缝数为 N（通常缝数 N 的值很大，例如 10^4）。各单缝发出的具有相同衍射角的衍射光会聚在屏上 P 点，见图17.18。对单缝衍射应该出现明纹的方向上，由于各缝的衍射光相干叠加，有可能相互加强出现更亮的明纹，也可能相互抵消出现暗纹。显然，只有光栅上任意相邻两缝的对应点的衍射光都是相互加强时，才能在屏上产生一明亮的条纹。如图17.18所示，对于衍射角为 θ 的任意相邻两缝的两条对应光线，到达观察屏的光程差都是 $d\sin\theta$，当此光程差等于入射光波长 λ 的整数倍时，各缝的衍射光相干叠加相互加强，屏上该处的相对光强有最大值，形成明纹。这些极大值称为**主极大**，又称**光谱线**。因此，形成光栅衍射明纹的条件是

$$d\sin\theta = \pm k\lambda \qquad k = 0,1,2,\cdots \qquad (17.8)$$

整数 k 为主极大级数。$k=0$ 时为中央明纹，$k=1,2,\cdots$ 分别称为第一级，第二级，$\cdots$ 主极大明纹。式中正、负号表示各级明纹对称地分布在中央明纹两侧。方程(17.8)称为**光栅方程**。此式表明，主极大的位置与缝数 N 无关。因为衍射角 θ 不可能大于 $\dfrac{\pi}{2}$，所以可能出现的主极大级数受到了限制，最大级数 $k < \dfrac{d}{\lambda}$。

2.暗条纹

光栅缝数 N 越大，要使所有相邻两缝的衍射光都满足干涉相长的机会就越小，而各缝间衍射光干涉相消和不完全相消的机会却越来越多。其结果是在两个相邻的主极大明条纹之间出现许多暗条纹，称为**极小**。对此我们可以用振幅矢量作图法进行定性说明。

由于各缝的宽度相同，间距相等，因此对应于同一衍射角 θ，每一个缝上发出的衍射光在屏上 P 点引起的光振动的振幅矢量 A_1，$A_2,\cdots,A_N$ 的大小都近似相等，但它们的相位不同。相邻两缝光振动的相位差为 $\Delta\varphi = \dfrac{2\pi}{\lambda}d\sin\theta$。屏上 P 点处光振动的振幅矢量应等于来

自各缝光振动的振幅矢量之和。显然,在振幅矢量图上,相邻两光振动振幅矢量间的夹角就是 $\Delta\varphi$,如图 17.19(a)所示,N 个振幅矢量首尾相连,依次转过 $\Delta\phi$ 角,连接第一个矢量始端和第 N 个矢量末端的矢量 A 是合振动矢量。若各光振动相位相同,$A_1,A_2,\cdots A_N$ 沿同一方向排列,则合振动的振幅最大,即为 NA,就是主极大,见图 17.19 (b)。若各光振动振幅矢量组成一闭合多边形,见图 17.19(c),则合振动振幅为零,形成暗纹,即

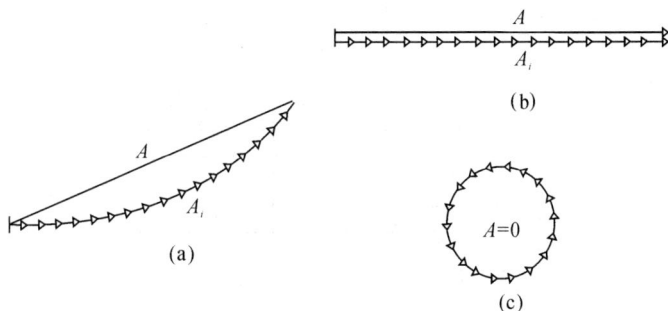

图 17.19 振幅矢量的叠加

$$N\Delta\varphi = \pm k' \cdot 2\pi \qquad (17.9.a)$$

或写作

$$Nd\sin\theta = \pm k'\lambda \qquad (17.9.b)$$

式中 $k'=1,2,\cdots$,而 $k' \neq kN$。式(17.9)又称**暗纹方程**。

我们使衍射角 θ 由零变大,看一下主极大和极小出现的情况。当 $\theta=0$ 时,正是光栅方程式(17.8)确定的零级衍射条纹所在的位置。当 θ 角逐渐变大时,能满足式(17.9.b)的常数 k' 可取 $1,2,\cdots,N-1$ 等值。当 θ 角再稍变大,就又能满足光栅方程式(17.8)中 $k=1$(即 $k'=N$)的情况,出现第一级衍射明纹。因此,式(17.8)和式(17.9)中的 k 和 k' 应分别取下列数值

$k=0, \qquad\qquad 1, \qquad\qquad\qquad\qquad 2, \qquad\cdots$
$k'=1,2,\cdots,N-1;N+1,N+2,\cdots,2N-1;2N+1,\cdots$

显然,在相邻两主极大之间存在 $N-1$ 个极小,即有 $N-1$ 个暗纹。

3.次极大

相邻两个极小之间必然还存在一个极大,是由各缝的衍射光聚焦于屏上该点因干涉不完全相消而形成的。这些位置对应于各振幅矢量叠加时既不在一直线上,又不构成闭合多边形的情况(见图17.19(a))。它们的强度比主极大弱得多,当光栅总缝数很大时,只有主极大的百分之几,称**次极大**。显然,在 $N-1$ 个极小之间有 $N-2$ 个次极大。

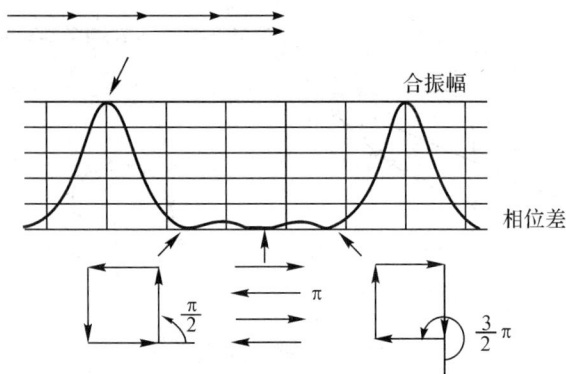

图 17.20 四缝衍射的光强分布

图17.20是以4缝衍射为例画出的光强分布示意图。各点合振动的振幅大小由4个光振动振幅矢量相加决定。当相邻两缝引起的光振动的相位差分别为 $\frac{\pi}{2}$,π 和 $\frac{3}{2}\pi$ 时,合振动振幅为零,出现极小值。因此在两个主极大之间出现三个极小和两个次极大。

次极大的相对强度很小,使我们难于觉察出来,在两个主极大之间实际上是一片较暗的背景。一般来说,光栅常数很小,因此相邻主极大之间的角距离可以相当大,又因为单位长度上狭缝数很多,次极大很多,以致主极大变得又细又亮,成为光栅衍射条纹的重要特征。

4.单缝衍射的影响

根据光栅各缝间的多光束干涉,我们得到了形成主极大和暗纹的条件,但尚未考虑单缝衍射的影响。如前所述,光栅上每条狭缝射出的衍射光,在屏上同一位置形成相同的单缝衍射图样,因此,光栅衍射中干涉条纹的光强是受单缝衍射光强分布控制的。那么就有可能出现这样的情况,满足光栅方程的衍射角 θ,也同时满足单缝衍射的暗纹条件。也就是说,在缝间干涉加强的某些角位置上,按照衍射条件,每条单缝在此方向的衍射光强均为零,这样,就使有可能出现的主极大衍射条纹消失,成为暗纹。这种现象称为**缺级**。若第 k_1 级单缝衍射极小和第 k_2 级光栅衍射主极大重合,则有

$$a\sin\theta=k_1\lambda, \qquad (k_1=1,2,\cdots)$$

$$d\sin\theta=k_2\lambda, \qquad (k_2=0,1,2,\cdots)$$

显然,当单缝宽度和光栅常数成简单整数比时,就可能出现缺级现象,所缺的主极大级次由光栅常数 d 和缝宽 a 的比值决定,有

$$k_2=\frac{d}{a}k_1, \qquad (k_1=1,2,\cdots) \tag{17.10}$$

例如,当 $d=2a$ 时, $k_2=\pm2,\pm4,\cdots$ 等级次的主极大缺级。这一现象进一步说明了,光栅衍射是单缝衍射与多光束干涉的综合结果。

图 17.21 大致画出了 $N=1,2,3,4$ 的多缝衍射强度分布。可以看出,干涉条纹的强度分布受到单缝衍射强度的调制,干涉极大值的包络线是单缝衍射的强度分布线。

如果实验中使用的光栅缝数很多,每条缝的宽度很小,那么单缝衍射的中央明纹区域会变得很宽,这时实际观察到的光栅衍射图样,主要是各缝衍射光在中央明纹区域内的干涉条纹。

回顾 §16.2 中的双缝干涉实验,实际上光通过每条缝也有衍射现象。由于缝宽 a 很小,双缝的中心间距 $d\gg a$,实验中出现的干涉条纹主要来自双缝的两束中央衍射光束的相互干涉。但是,此时的中央明纹极宽,扩展到屏上整个区域,因此干涉条纹的强度受到单缝衍射光强的影响不显著。为了不使问题复杂化,当时没有考虑单缝自身的衍射,这并非说明没有衍射效应,恰好相反,在杨氏双缝干涉中是考虑了衍射最严重的情形。因此,双缝干涉同样是衍射和干涉的综合结果。

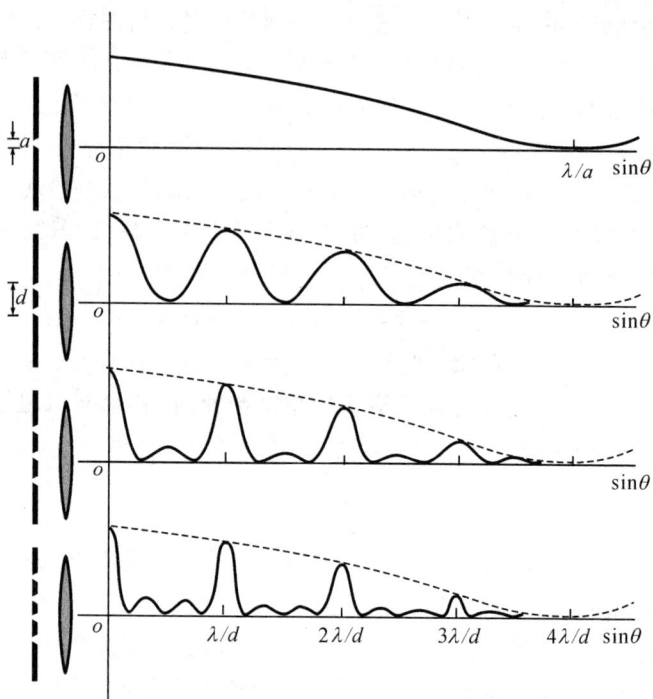

图 17.21 单缝与多缝衍射的强度分布

*二、光栅衍射的光强分布

下面我们用振幅矢量叠加法讨论光栅衍射条纹的强度分布。

设光栅有 N 条缝,如前所述,屏上 P 点的光振动是各缝引起的光振动相干叠加的结果。各缝光振动振幅可认为近似相等,即 $A_1 = A_2 = \cdots = A_N$。对应于衍射角为 θ 的 P 点,相邻两缝光振动的相位差为 $\Delta\varphi = \dfrac{2\pi}{\lambda} d\sin\theta$。这 N 个光振动矢量的叠加,与求单缝衍射光强分布的方法类似,图 17.22 中每个光振动构成了以 O 中心,R 为半径的圆的等长弦,所对应的圆心角均为 $\Delta\varphi$。由几何关系可得

$$A = 2R\sin\frac{N\Delta\varphi}{2}$$

$$A_i = 2R\sin\frac{\Delta\varphi}{2}$$

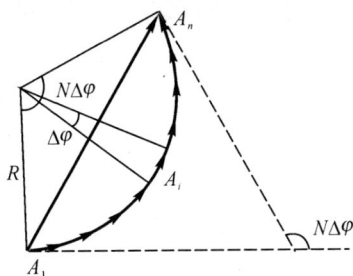

图 17.22　推导光栅强度公式的矢量图

式中 R 为圆半径。因此 P 点的合振幅为

$$A = \frac{A_i \sin \dfrac{N\Delta\varphi}{2}}{\sin \dfrac{\Delta\varphi}{2}}$$

根据式(17.6)，$A_i = A_0 \dfrac{\sin u}{u}$，于是有

$$A = A_0 \frac{\sin u}{u} \cdot \frac{\sin \dfrac{N\Delta\varphi}{2}}{\sin \dfrac{\Delta\varphi}{2}} \tag{17.11}$$

则 P 点的光强为

$$I = I_0 \left(\frac{\sin u}{u}\right)^2 \cdot \left(\frac{\sin \dfrac{N\Delta\varphi}{2}}{\sin \dfrac{\Delta\varphi}{2}}\right)^2 \tag{17.12}$$

式(17.11)和式(17.12)就是 N 缝夫琅禾费衍射的振幅分布公式和光强分布公式。

式(17.12)中的 I_0 代表单缝衍射时中央明纹的光强，$(\sin u/u)^2$ 是**单缝衍射因子**，表征了单缝衍射对条纹光强的影响，因子 $(\sin \dfrac{N\Delta\varphi}{2}/\sin \dfrac{\Delta\varphi}{2})^2$ 来源于 N 个振动的叠加，体现了多光束干涉的作用，称为**干涉因子**。我们可以通过求干涉因子的极值得到主极大条件，即令

$$\frac{\mathrm{d}}{\mathrm{d}\varphi}\left[\frac{\sin N\dfrac{\Delta\varphi}{2}}{\sin \dfrac{\Delta\varphi}{2}}\right]^2 = 0$$

得到

$$\Delta\varphi = \pm 2k\pi \qquad (k = 0, 1, 2, \cdots)$$

或

$$d\sin\theta = \pm k\lambda, \qquad (k = 0, 1, 2, \cdots)$$

此即光栅方程式(17.8)。

三、光栅光谱

由光栅方程(17.8)式可知,对给定光栅常数的光栅,除中央零级明纹外,不同波长的同一级衍射主极大的位置均不重合,波长越短,衍射角就越小,越靠近中央。若入射光是具有连续谱的复色光,对同一级(同一个 k 值)而不同波长的各衍射条纹,将形成按波长顺序排列的彩色光带,紫色靠近中央,红色在最远端,称为**光栅光谱**。在较高级次处,相邻级的衍射谱线间会出现重叠。级次越高,重叠越严重。

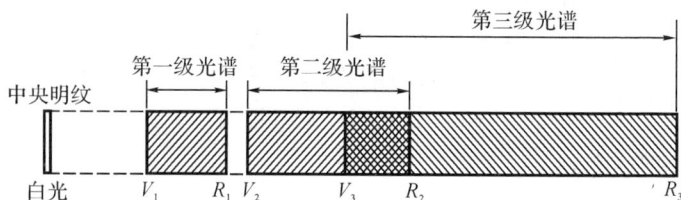

图 17.23　衍射光谱

各种物质都有各自的特征光谱,测定其光栅光谱中各谱线的波长及相对强度,可以确定发光物质的成分和含量。原子、分子的光谱是反映其内部结构和运动规律的主要信息,利用光栅衍射测定和分析谱线的精细结构,是人们研究物质内部结构的重要手段之一。

四、光栅的分辨本领

光栅是一种精密的分光元件,表征光栅性能的主要指标之一是分辨本领。光栅的分辨本领是指把波长靠得很近的两条谱线分辨清楚的本领。通常把恰能分辨的两条谱线的平均波长 λ,与这两条谱线波长差 $\Delta\lambda$ 之比,**定义为光栅的分辨本领**,用 R 表示

$$R = \frac{\lambda}{\Delta\lambda} \qquad\qquad (17.13)$$

$\Delta\lambda$ 越小,即能被分辨的两条谱线的波长差越小,光栅的分辨本领就越大。光栅衍射条纹的第 k 级主极大的两侧,分别是 $(kN-1)$ 和 $(kN+1)$ 级暗纹。若要分辨波长为 λ 和 $(\lambda+\Delta\lambda)$ 的两条谱线,则波长为 $(\lambda+\Delta\lambda)$ 的第 k 级谱线应恰好与波长为 λ 的第 $(kN+1)$ 级暗纹相重合(称为瑞利判据,详见§17.5)。根据光栅方程(17.8)和暗纹公式(17.9),有

$$d\sin\theta = k(\lambda + \Delta\lambda)$$
$$Nd\sin\theta = k'\lambda = (kN+1)\lambda$$

可以解得

$$\boxed{R = \frac{\lambda}{\Delta\lambda} = kN} \qquad\qquad (17.14)$$

由此可知,光栅的分辨本领和总缝数 N 及衍射级次 k 成正比,而与光栅常数无关。

例 17.2 以每毫米有 500 条栅纹的衍射光栅观察钠光谱线($\lambda = 590\text{nm}$),缝宽 a 和刻痕宽度 b 之比为 $1:2$。试问:(1)平行光垂直入射于光栅时最高能看到第几级光谱线?观察屏上总共可能出现几条光谱线?(2)平行光以 $30°$ 斜入射时,最高能看到第几级光谱线?

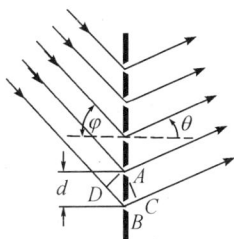

例 17.2 图

解 (1)按题意,光栅常数 $(a+b) = \frac{1}{500} \times 10^{-3}\text{m} = 2 \times 10^{-6}\text{m}$。因为衍射角最大不能超过 $\pi/2$,由光栅方程得

$$k = \frac{(a+b)}{\lambda}\sin\frac{\pi}{2} = \frac{2 \times 10^{-6}}{590 \times 10^{-9}} = 3.39$$

取整数 $k=3$,得最高可能看到第 3 级谱线。假如没有缺级现象,那么在零级衍射条纹左右各有三条谱线,总共有七条谱线。但由题知 $a:(a+b)=1:3$,由(17.10)式得

$$k_2 = \frac{a+b}{a} k_1 = 3k_1 \qquad (k_1 = 1, 2, \cdots)$$

即衍射光谱线第 3，6，9，…级缺级。故观察屏上实际呈现的谱线是 0 级、±1 级和±2 级，共五条。

（2）斜入射时，图中两条光线的光程差除 BC 外应再加上入射前的光程差 DB，因此总光程差是

$$\delta = DB + BC = d\sin\varphi + d\sin\theta = d(\sin\varphi + \sin\theta)$$

则由光栅方程得

$$k = \frac{d(\sin\varphi + \sin\theta)}{\lambda}$$

式中 k 的最大值相应于 $\theta = \pi/2$，因此

$$k_{max} = \frac{d(\sin 30° + 1)}{\lambda} = \frac{2 \times 10^{-6}(0.5 + 1)}{590 \times 10^{-9}} = 5.08$$

取整数，最高能看到第五级。

与垂直入射时比较，此时整个衍射图样将向下平移。请读者列出屏上实际呈现的全部谱线。

例 17.3 用光栅常数 $d = \frac{1}{1000}$mm，宽度 $l_0 = 10$cm 的光栅检测波长为 400nm 的紫光谱线，发现第二级光谱由双线组成。求光栅在第二级的分辨本领以及双线的最小波长差。

解 光栅在第二级的分辨本领

$$R = kN = k\frac{l_0}{d} = 2 \times 10^5$$

双线的波长差 $\Delta\lambda$ 为

$$\Delta\lambda = \frac{\lambda}{R} = \frac{400}{2 \times 10^5}\text{nm} = 2 \times 10^{-3}\text{nm}$$

§17.5 圆孔衍射 光学仪器的分辨本领

一、圆孔夫琅禾费衍射

一般光学仪器,如望远镜、显微镜以及人眼的瞳孔等大多是圆形的。因此,讨论光波对圆孔的衍射更具有实际的意义。

在夫琅禾费衍射实验装置中,若用平行光照射衍射屏上的小圆孔,在观察屏上将呈现如图 17.24 所示的一组明暗相间的同心圆环,中心是个亮斑,称为**爱里**(A.G. Airy)**斑**。理论计算表明,大约有84％的光能量集中在中央明区,其第一暗环(即爱里斑边缘)对圆孔中心的张角 θ_0 为

$$\theta_0 = 1.22\frac{\lambda}{D} \qquad (17.15)$$

式中 λ 是入射光波的波长,D 为圆孔直径。由上式可以看出,圆孔越小,衍射现象越显著。

二、光学仪器的最小分辨角

在几何光学中,平行光经过理想的透镜聚焦后可以成为无限小的亮点。从几何光学的观点来看,理想的光

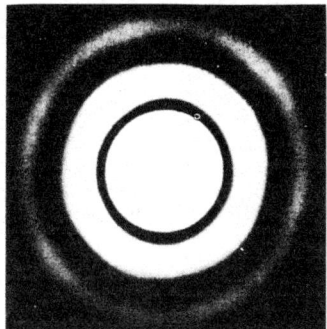

图 17.24 圆孔衍射

学仪器成像时,只要有足够的放大率,就能把物体的任何细节放大到清晰可见的程度。但实际上,用望远镜分辨远处两个靠近的物体,或用显微镜观察生物切片的精细结构时,超过一定的限度,放大倍数再增加,清晰程度也无法提高。这是因为光的波动本性所产生的衍射效应的缘故。

波动光学指出,透镜相当于小圆孔,一个点光源发出的光经透镜

聚焦后所成的像不再是一个点,而是一个有一定大小的衍射亮斑。对于两个物体发出的光,例如两颗很接近的恒星(所谓双星),星光透过望远镜透镜后聚焦成两个圆斑,如果圆斑重叠太多,就无法分辨是双星还是单个恒星。重叠到什么程度是方能分辨的极限呢?人们通常采用**瑞利(Rayleigh)判据**来决定。这个判据规定,当一个爱里斑的边缘(即第一级暗环)正好落到另一个爱里斑的中心时,是两个物点刚能分辨的极限,如图 17.25 所示。这时两个爱里斑重叠部分中心的光

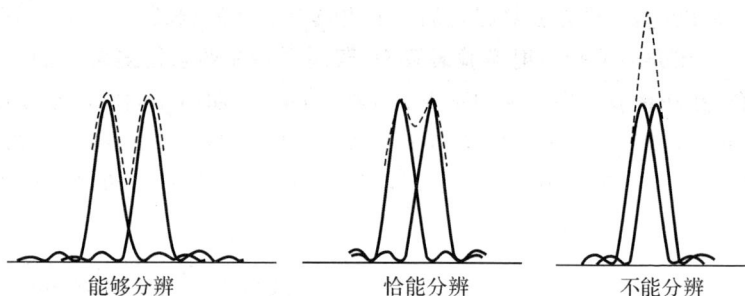

能够分辨　　　　　　　恰能分辨　　　　　　　不能分辨

图 17.25　瑞利判据

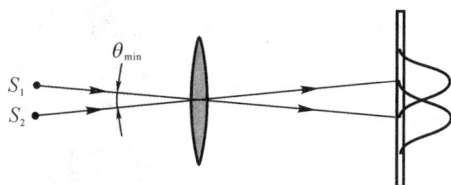

图 17.26　最小分辨角

强,约为每个爱里斑中心处光强的 80%。大多数人的视觉能毫无困难地辨别这种合成衍射图样是由两个光"点"构成的。在此标准下,两物点对透镜中心的张角 θ_{min} 称为该光学仪器的最小**分辨角**,如图17.26所示,它应该等于爱里斑的角半径。根据(17.15)式有

$$\theta_{min} = \theta_0 = 1.22\frac{\lambda}{D} \tag{17.16}$$

通常将最小分辨角的倒数定义为**望远镜的分辨本领或分辨率** R

$$R = \frac{1}{\theta_{\min}} = \frac{D}{1.22\lambda}$$ (17.17)

上式表明,分辨率的大小取决于仪器的孔径 D 和光波的波长 λ。其他光学仪器的分辨率有类似的表达式,这里不作讨论,读者可参阅有关书籍。

由(17.17)式可见,要提高光学仪器的分辨本领,一是加大孔径,目前世界上最大的天文望远镜的孔径已达 6m;二是采用波长较短的射线。波长为 0.1nm 电子束的电子显微镜,可分辨相距约 3nm 的两个物点,而一般光学显微镜能分辨的间距仅约 3×10^2nm,人眼在明视距离(250mm)时能分辨的间距为 6.3×10^4nm。可见电子显微镜能分辨的间距是光学仪器的百分之一,是人眼的二万分之一。

例 17.4 氦氖激光器发射波长为 632.8nm 的激光,出射口光阑直径为 1mm,求激光束的衍射发散角。

解 激光束受出射口的限制要产生衍射效应,使光束发散,在观察屏上形成有一定大小的爱里斑。光束的发散角可以用第一级极小的角半径 θ_0 表征,由(17.15)式

$$\theta_0 = 1.22\frac{\lambda}{D} = 7.7 \times 10^{-4}\text{rad} \approx 2.7'$$

这种光束在 10km 外将形成半径为 7.7m 的光斑。

例 17.5 在离地面为 $h = 200$km 高的卫星上用照相机摄影,若要求能分辨地面上相距 $l = 50$cm 的两物点,问照相机镜头的光阑直径至少要多大?设感光波长为 550nm。

解 根据题意,最小分辨角为

$$\theta_{\min} = \frac{l}{h} = \frac{0.50}{200 \times 10^3}\text{ rad} = 0.25 \times 10^{-5}\text{rad}$$

由(17.16)式,照相机镜头的光阑直径 D 至少为

$$D = 1.22\frac{\lambda}{\theta_{\min}} = 1.22\frac{0.55 \times 10^{-6}}{0.25 \times 10^{-5}}\text{ m} = 0.27\text{m}$$

§17.6 X射线在晶体上的衍射

1895年,伦琴(W. K. Röntgen)[①] 发现了一种新的射线,称为**伦琴射线或 X 射线**。产生 X 射线的 X 光管的装置如图 17.27 所示。电子从热阴极 K 射出,在数万伏高压的强电场作用下获得高速,撞击由钼,钨或铜等金属制成的阳极 A,产生 X 射线。它被认为是一种波

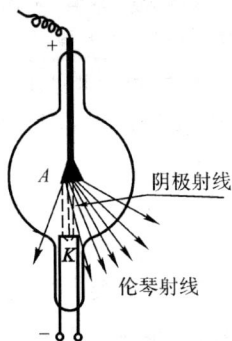

图 17.27   伦琴射线管

长很短的电磁波(0.1nm～1nm),但当时未能在实验上得到证实。因为对于这样短的波长,用通常的光学光栅很难观察到衍射现象。例如对于波长 $\lambda = 0.1$nm,光栅常数 $d = 300$nm 的光栅,第一级极大出现

---

① 伦琴(W. K. Röntgen,公元 1845—1923 年),德国物理学家。19 世纪末,阴极射线研究是物理学的热门课题。德国维尔茨堡大学的伦琴教授也对这个问题感兴趣。他是一位治学严谨、造诣很深的实验物理学家。1895 年 11 月 8 日,一个偶然事件吸引了他的注意,当时实验室内一片漆黑,放电管用黑纸包着,他突然发现一米远处的小桌上有一块亚铂氰化钡做成的荧光屏发出闪光。他移近荧光屏继续试验,只见荧光屏的闪光仍随放电过程断续出现。他将不同物品放在放电管和荧光屏之间,发现效果很不一样,有的起阻挡作用,有的挡不住。伦琴深入研究这一现象,认为这是一种本质上与阴极射线不同的新射线,将它称为 X 射线,因为当时确实无法确定这一新射线的本质。伦琴因此项重大发现于 1901 年荣获诺贝尔首届物理学奖。

在 0.019°的角位置上,它离中央极大太近,无法进行测量。除非使用光栅常数与 X 射线波长相接近的光栅,即每毫米要有百万条以上的刻痕,对于如此精密的光栅,人工是无法制作的。

1912 年,德国物理学家劳厄(M. Von Laue)[①] 根据对晶体结构的初步了解,提出天然晶体也许可以作为三维光栅的设想。不久在实验上首次观察到了 X 射线的衍射图样(见图 17.28),底片上出现了

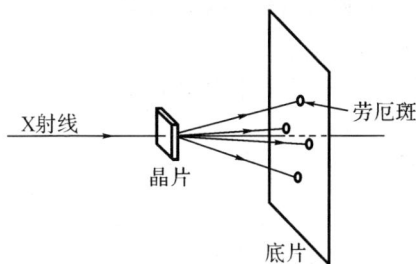

图 17.28 X 射线衍射实验示意图

许多按一定规律分布的斑点,称为**劳厄斑**。劳厄的重大发现证实了 X 射线的波动性质,并且第一次证明了晶体内部原子的排列是具有周期性的。

一、布喇格公式

英国物理学家布喇格父子(W. H. Bragg,W. L. Bragg)[②] 最先注

---

① 劳厄(M. Von Laue,公元 1879—1960 年),德国物理学家。1912 年,劳厄提出了一个非常卓越的思想:既然晶体的相邻原子间距和 X 射线波长的数量级是相同的,那么 X 射线通过晶体就会发生衍射。当时,曾在伦琴实验室研究过 X 射线的两位物理学家着手从实验上证实劳厄的思想,他们发现,底片上出现规则排列的黑点,排列的形状与晶体光栅的几何形状有关。实验初步证实了把晶体结构看成是空间点阵的正确性。劳厄在 1914 年被授予诺贝尔物理学奖。

② 布喇格父子(W. H. Bragg,公元 1862—1942 年,W. L. Bragg,公元 1890—1971 年),英国物理学家。对于晶体 X 射线衍射现象的解释,应当主要归功于布喇格父子。劳厄与布喇格父子的开创性工作已成为晶体结构分析的基础,是固体物理学发展史中一个重要的里程碑。为正确认识晶体的微观结构与宏观性质的关系提供了基础。布喇格父子在 1915 年荣获诺贝尔物理学奖。

意到劳厄的发现，重复了劳厄的实验，并首次用 X 射线在晶体上的衍射测定了食盐的结构，从而开创了 X 射线晶体结构测定的方法。图 17.29 所示为氯化钠晶体的晶格模型，两种离子排列成立方点阵，相邻的氯离子(Cl^-)或钠离子(Na^+)相距 $a_0 = 0.563$nm，称为**晶格常数**。单晶晶体对 X 射线是很理想的光栅。

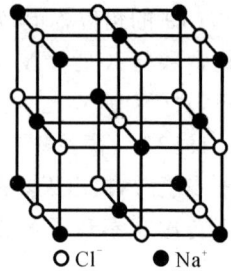

○ Cl　● Na^+

图 17.29　氯化钠晶体的晶格模型

1913 年，布喇格父子用很简便的方法解释了 X 射线在晶体上的衍射，并得到了干涉加强应满足的条件，即**布喇格公式**。在图 17.30 中，一束单色平行的 X 射线以掠射角 θ 入射到晶面上，使晶体中原子（或离子）内的电子作受迫振动而成为

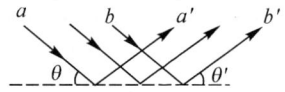

图 17.30　X 射线在一个晶面上的散射

新的波源，向各方向发射子波，称为**散射**。它相当于可见光入射光栅狭缝而向各方向发射衍射光的情形。晶体中各原子发射出来的散射光在空间叠加，类似于光栅各缝的多光束干涉。晶格常数相当于光栅常数。

但是晶体点阵是三维的，晶体中各原子的散射光的叠加，比光栅各缝的多光束干涉复杂得多。对此我们可以作如下分析。图 17.31 是简单立方晶格的截面图，小圆点表示晶体点阵中的原子（或离子）。首先考虑同一晶面上各原子的散射光的叠加。对于零级主极大，由于各散射光的光程差为零，因此零级加强的散射光必定出现在反射方向（见图 17.30），即 $\theta = \theta'$。而在其他方向上的散射光因晶面间干涉时受到削弱，实际上不必考虑。然后再研究各平行的晶面间各反射光的叠加，在图 17.31 中，设相邻晶面的间距为 d，则上、下两原子层所发出的反射光的光程差为

$$AC + CB = 2d\sin\theta$$

显然，干涉加强的条件为

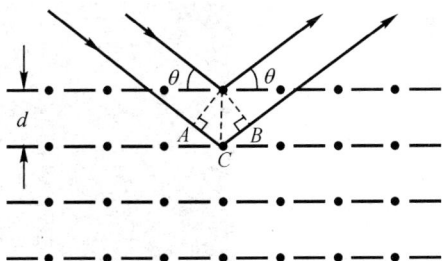

图 17.31　X 射线在一组晶面上的散射

$$2d\sin\theta=k\lambda, \qquad k=1,2,\cdots \tag{17.18}$$

上式称为晶体衍射的**布喇格公式**。

布喇格公式和光栅方程形式上类似,但实质上有很大区别。首先,光栅方程中的衍射角 θ 是衍射光与光栅面法线间的夹角,而布喇格公式中的 θ 角是入射光与晶面间的

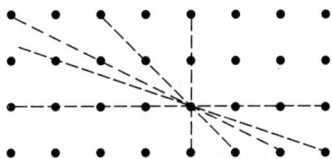

图 17.32　通过一个原子的多个晶面

掠射角。其次,由于晶体中原子作周期性排列,构成空间点阵,因此晶体内部有许多晶面族,它们有不同的取向和间距,如图 17.32 所示。于是,对于给定波长和入射方向的 X 射线,能满足布喇格公式的晶面族可能有多组,如 $2d_1\sin\theta_1=k_1\lambda$, $2d_2\sin\theta_2=k_2\lambda$,…。然而对于普通光栅只有一个光栅光程。第三,用一定波长的可见光波入射普通光栅,总有衍射主极大存在。但是对于给定波长和入射方向的 X 射线却不然,很可能没有一组晶面族能够满足布喇格公式。这时必须仔细转动晶体,找到合适的掠射角,才有可能出现主极大。

由布喇格公式可知,若用已知晶面间距的晶体作光栅,则可测定 X 射线的波长,对 X 射线的光谱进行分析;反之,如果 X 射线的波长为已知,即可确定晶体的内部结构。

二、劳厄法

在图 17.28 的实验示意图中,用连续波长的 X 射线照射在位置固定的单晶体上。对于许多晶面族,当掠射角为 θ 时,总有满足布喇格公式的某些波长产生相长干涉,并在感光底片上出现若干亮斑,即劳厄斑,它们对称分布在入射几何光点四周(见图 17.33 照片)。根据劳厄斑的位置分布和强度差别,可以分析单晶结构。

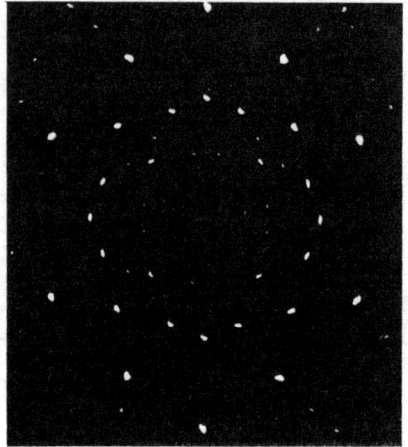

图 17.33 劳厄斑

此外,还有用晶体粉末代替单晶体而获得 X 射线谱的粉末法。若将某一波长的 X 射线照射在无规则取向的无数个小晶体上,总有相当数量的晶体与 X 射线所构成的掠射角 θ,对于该波长能满足布喇格公式,形成衍射亮斑。分析衍射图样,便可确定晶体结构。

§17.7 全息照相

全息照相是由英国科学家伽伯(D. Gabor)[①] 在 1948 年提出来的。为了提高电子显微镜的分辨本领,他设想了一种不使用透镜的两

---

① 伽伯(Dennis. Gabor,公元 1900—1979 年),匈牙利裔英国科学家。因发现全息术原理,荣获 1971 年度诺贝尔物理学奖。伽柏在柏林工业大学学习时主修工程,但对物理有特殊爱好。取得博士学位后工作在电气工程专业,在西门子公司发明了高压石英汞灯。1934 年到英国一家公司的研究室工作,对该公司制造电子显微镜需要提高分辨率很感兴趣,全息术的基本构思就在这里形成。他曾这样说:"在进行这项研究时,我站在两个伟大的物理学家的肩膀上,他们是劳伦斯·布拉格和泽尔尼克"。

步成像法,用汞灯作光源,成功地拍摄了第一张全息照片。由于当时没有强的相干光源,以及遇到一些技术上的困难,直到 20 世纪 60 年代初激光问世以后,才使全息技术在光学领域得到迅速发展和广泛的应用。

一、全息照相的记录和再现

普通照相是根据几何光学原理,将来自三维物体表面各点的光波,经过透镜变换,成像在感光底片上。虽然底片上的各个感光点与物体上各点一一对应,但记录下的只是到达该点的光的强度,对物体表面的高低不平,尽管到达底片的光程(即相位)不同,底片却无法将它们记录下来,失去了物体表面深度的确切信息,同时也失去了从不同方位去观察物体的可能性,经过曝光和冲印处理,在照相纸上显现的只是物体的平面像。

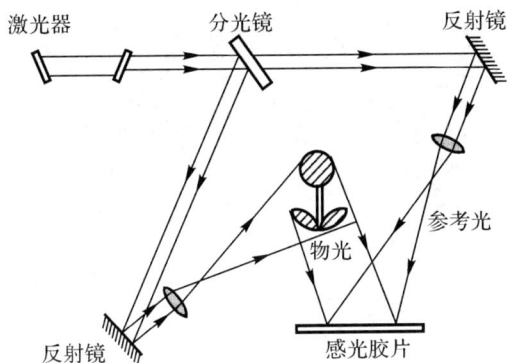

图 17.34　全息记录实验装置示意图

全息摄影的原理和方法与普通照相截然不同(图 17.34 是实验装置原理图)。在感光底板上既记录来自物体上各点的光波强度,还记录它们的相位,即把物体的光波的全部信息记录在二维底板上。然后设想利用所记录的信息产生原来的光波,再现逼真的原物的三维图像。因此,全息摄影过程有两个步骤:第一步是"记录"过程,第二步是"再现"过程。

1.全息记录

记录过程的实验示意图如图17.35所示。从光源发出的激光被分束器分成两束,一束用来照射被摄物体,经物体反射后照射到感光底板上,这部分称为**物光**;另一束直接射向感光底板,称为**参考光**。这两部分光在感光底板上相遇叠加,形成复杂的干涉条纹。这种复杂的干涉图可以看作是不同栅距,不同方位的光栅的复合。它们的形状、间隔反映了物光的相位分布,而条纹的对比度则反映了物光的振幅大小。因此,感光底板上记录的是物光波的振幅和相位的全部信息,记录下来的干涉条纹图样称为**全息图**(见图17.36)。再经显影定影后就得到一张全息照片。

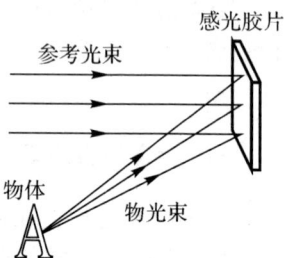

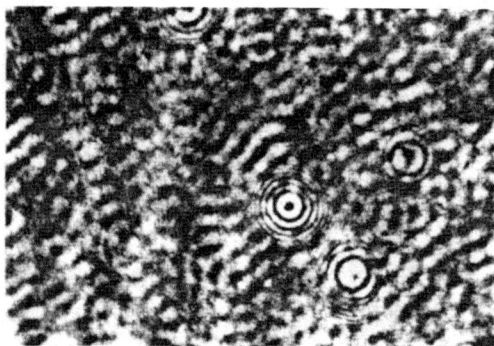

图 17.35 全息记录原理

图 17.36 全息图

2.物光波再现

全息照片要再现物像时,必须用一束相干光单独照射全息图(见图17.37),它可以是和参考光束波长及传播方向完全相同的光束,也可以是不同的相干光束,但以前者照射效果最好。透过全息底片有三列衍射波,它们是全息图上所有的"光栅"产生的衍射波的叠加。在沿原物光传播方向重现了原来的物光波,它是原始物体光波的精确翻版,故在被摄物体的原位置看到一个与原物相同的虚像,栩栩如生,这是+1级衍射光波。沿照明光传播方向的直接透射光为零级衍射光。-1级衍射光波形成物体的实像,位于虚像的另一侧,两者呈对称分布,称为共轭物体的像。

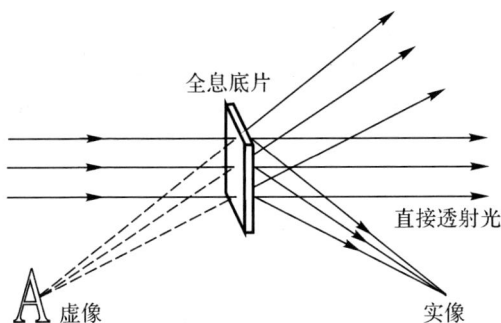

图 17.37　全息照相的再现

*二、全息照相的基本原理

为简单起见,我们讨论在 x 直线上记录一维全息图。设参考光束为平面余弦波,投射到图 17.35 所示的感光底板上。参考光束在底板平面上的振动方程为

$$E_R(x,t) = A_R(x)\cos[\omega t + \varphi_R(x)]$$

式中 A_R 和 φ_R 分别是其振幅和相位,它们都是坐标的函数。为数学处理方便起见,我们将上式用复数表示,而取其实数部分,即

$$E_R(x,t) = A_R(x)\exp i(\omega t + \varphi_R(x)) = R(x)\exp i\omega t$$

其中不含时间 t 的因子　　$R(x) = A_R(x)\exp i\varphi_R(x)$

称为复振幅,它与各点光振动的振幅和相位有关。

对于物光束,它到达底板上各处的振幅和相位都不相同,是各点位置的函数,因此物光束在底板平面上的复振幅分布为

$$O(x) = A_0(x)\exp i\varphi_0(x)$$

式中 A_0 和 φ_0 为实振幅和相位。底板上各处振动的合振幅 $A(x)$ 是两束光的复振幅之和,即

$$A(x) = O(x) + R(x)$$

因此,在全息底板上记录下来的光强分布为

$$I(x) = |O(x) + R(x)|^2$$
$$= |O(x)|^2 + |R(x)|^2 + O(x)R^*(x) + O^*(x)R(x)$$

全息照相术的要求是，底板显影后各点的透射率 $t(x)$ 与记录过程中曝光时的光强分布 $I(x)$ 成线性关系，即

$$t(x) = \beta_0 + \beta I(x)$$

式中 β_0 和 β 都是常数。常数项 β_0 可不加考虑，因为它只表示一匀强的背景，而不影响透射率 $t(x)$ 的分布，故有

$$t(x) = \beta(A_0^2 + A_R^2 + O(x)R^*(x) + O^*(x)R(x))$$

由上式可见，经过处理的全息图中，含有物光波（第三项）和物光共轭光波（第四项）的全部信息。

在再现过程中，要设法将物光波 $O(x)$ 从全息图中提取出来。为此，用一束和原参考光束相同的平面单色光波照射全息底片，如图 17.37 所示。这样，从全息图透射出来的光波在全息图平面上的复振幅分布为

$$D(x) = R(x)t(x)$$
$$= \beta(A_0^2 + A_R^2)R(x) + \beta A_R^2 O(x) + \beta R^2(x)O^*(x)$$

等式右边第一项为零级透射波，它基本上没有物光波的信息；第二项为 $+1$ 级衍射波，是一个与物光波相似的波，形成虚像；第三项为 -1 级衍射波，形成实像，是物光波的共轭波。这个分析可以推广到三维情况。

三、全息照相的若干应用

全息照相以它特殊的记录方式记录了物体所发射的光波的全部信息，使全息术具有极其广泛的应用。

1. 全息显微术

普通高倍率显微镜无法同时观察有深度分布的悬浮粒子，特别对不停运动的微生物极难跟踪测量。全息术可以克服这个困难，用短脉冲激光在一张底片上相继记录一系列全息图。再现时，可用显微镜对各全息图的三维再现像层层聚焦，按记录时的顺序逐次观察粒子的运动状态及瞬时分布。

2. 全息干涉计量

利用两次曝光或连续曝光，可以将物体的微小形变、高速运动，

如风洞中流体的流动、容器内爆炸过程等记录在同一张底片上。再现时可以同时获得多个互相交叠而略有差别的物体波的像。多个像的光波发生干涉,分析干涉条纹,可以推算出物体变化的具体信息。

3. 全息信息储存

在制作全息照片时,改变参考光束方向,可以将不同物体摄制在同一张底片上。再现时,只要偏转照明光束,就能将各物体互不干扰地显现出来。一张全息底片可以储存许多信息,如储存文字、图片或其他资料等,因此全息照片正发展作为信息存储器,信息存储量比目前使用的其他存储器高一到两个数量级。

4. 全息光学元件

全息光学元件是一种用干涉方法制作的薄型光学元件,如全息透镜、全息光栅等。它和普通光学元件相似,有成像、分光和分束等功能,但具有重量轻,制作方法简单等优点。

思考题

17.1 声波能绕过建筑物传播,但对可见光波却观察不到明显的拐弯现象,这是为什么?

17.2 光的衍射和干涉有何本质上的不同?

17.3 在单缝夫琅禾费衍射实验中,若缝宽变窄或入射光波长变长,衍射图样将发生什么变化?

17.4 若将单缝夫琅禾费衍射的整个实验装置放在水中,设入射光在真空中的波长为 λ,水的折射率为 n,试将水中的衍射图样与空气中的进行比较,说明发生了什么变化?

17.5 在单缝夫琅禾费衍射实验中,屏上第三级暗纹对应的缝间的波阵面,可被划分为几个半波带?

17.6 图中分别画出光的干涉或衍射的光强分布曲线(纵坐标为相对强度,横坐标为 θ)。试分别指出它们属于哪一种光学现象。

17.7 解释光栅光谱产生缺级的原因。已知某光栅的光栅常数 d 和缝宽 a 满足 $d=4a$,问有哪些级次的主极大衍射条纹消失?并大致画出强度分布曲线。

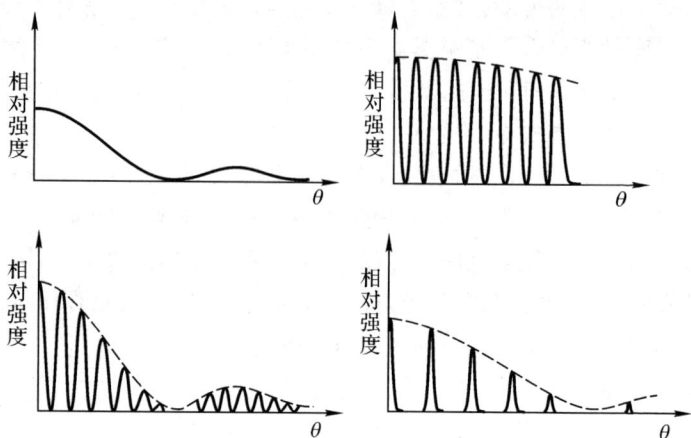

思考题 17.6 图

17.8 假如人眼能感知的电磁波段不是 500nm 附近,而是在毫米波段,而人眼瞳孔的孔径仍保持 4mm 左右,那么人们所看到的外部世界将是一幅怎样的景象?

17.9 波长为 λ 的 X 射线,投射在方位任意放置的晶体上,一般说来不一定能产生强的 X 射线衍射。但在下列情况下将有强的衍射现象出现,试解释之:

(1)晶体是单晶体,但入射的不是单一的波长,而是连续分布的波长;

(2)晶体是颗粒状的粉末,但入射的是单一波长的 X 射线。

习 题

17.1 波长 $\lambda = 632.8\text{nm}$ 的单色平行光垂直入射缝宽为 0.20mm 的单缝。紧靠缝后放置焦距为 60cm 的会聚透镜,观察屏置于焦平面上。试求屏上中央明纹的宽度。

17.2 用波长 $\lambda = 589.3\text{nm}$ 的钠黄光作单缝夫琅禾费衍射实验的光源。使用焦距为 100cm 的透镜,测得第一级暗纹离中心的线距离为 1.0mm。求单缝的宽度。

17.3 在单缝夫琅禾费衍射实验装置中,单缝宽度为 0.50mm,透镜焦距为 50cm。若用平行白光垂直照射单缝,在观察屏上离中心 1.5mm 处出现明条纹,试问此明纹呈现什么颜色?

17.4　在单缝夫琅禾费衍射实验中,若单色平行光斜向入射单缝,试证明衍射中央明纹的半角宽度为

$$\Delta\theta = \frac{\lambda}{a\cos\varphi}$$

式中 a 为缝宽, φ 为入射光与衍射屏法线的夹角。

17.5　波长 $\lambda = 500\mathrm{nm}$ 的单色平行光,以角 $\varphi = 30°$(与衍射屏的法线间的夹角)入射单缝衍射屏。测得第二级暗纹出现在衍射角 $\theta = 30°15'24''$ 处。试求单缝的宽度。

17.6　波长 $480\mathrm{nm}$ 的单色平行光垂直照射一双缝,两缝宽度均为 $a = 0.080\mathrm{mm}$,缝间距 $d = 0.40\mathrm{mm}$,紧靠缝后放置焦距 $f = 2.0\mathrm{m}$ 的透镜,观察屏置于透镜焦平面处。求:

(1)在屏上单缝衍射中央亮纹范围内,双缝干涉亮纹的数目;

(2)双缝干涉条纹的间距 Δx。

17.7　一块每厘米刻有 6000 条刻线的光栅,用白光垂直照射。计算第一级和第二级衍射光谱之间的角距离。

17.8　汞灯发出波长为 $546\mathrm{nm}$ 的绿色平行光,以与光栅面的法线成 $i = 30°$ 夹角斜向照射透射光栅。已知光栅每毫米有 500 条刻线,求谱线的最高级次,以及在屏上呈现的全部衍射谱线,并和光线垂直入射时作比较。

17.9　一透射光栅总缝数 $N = 4$,光栅常数和缝宽之比 $d:a = 2:1$。用波长 λ 的单色平行光垂直照射。试画出衍射极大和极小的分布图(以 $\sin\theta$ 为横轴,相对光强 I/I_0 为纵轴)。

17.10　利用一个每厘米有 4000 条刻痕的光栅,可以观测到多少个完整的可见光谱?

17.11　为了测定一个给定的光栅的光栅常数,用氦氖激光器的红光($\lambda = 632.8\mathrm{nm}$)垂直照射光栅,已知第一级明纹出现在 $38°$ 的方向,试问:

(1)这个光栅的光栅常数是多少?

(2)若用此光栅对某单色光进行同样的实验,测得第一级明纹出现在 $27°$ 方向,问这单色光的波长为多少? 对该单色光最多可看到第几级明条纹?

17.12　波长 $600\mathrm{nm}$ 的单色光垂直入射到一光栅上,相邻的两明条纹分别出现在 $\sin\theta = 0.20$ 与 $\sin\theta = 0.30$ 处,第四级缺级。试问:

(1)光栅上相邻两缝的间距有多大?

(2)光栅上狭缝可能的最小宽度等于多少？

(3)按上述选定的 a、b 值，试列举光屏上实际呈现的全部级数。

17.13　波长为 λ 的单色平行光斜向入射光栅，与光栅面法线的夹角 $i=45°$。已知光栅常数和缝宽之比 $d:a=3:2$，试问哪些级次的衍射谱线可能缺级。

17.14　当用白光照射衍射光栅时，观察到第二级和第三级光谱彼此部分地重叠。试问第三级光谱的紫色边界($\lambda=400\text{nm}$)和第二级光谱中的哪一波长的谱线相重叠？

17.15　用波长 $\lambda=589.3\text{nm}$ 的单色平行钠黄光作光源，垂直照射总缝数 $N=491$ 条的光栅，在第二级谱线中，刚能分辨出有两条谱线。试问此谱线的波长差 $\Delta\lambda$ 是多少？

17.16　在氢和氘混合气体的发射光谱中，波长为 656nm 的红色谱线是双线，双线的波长差为 1.8Å。为能在光栅的第二级光谱中分辨它们，光栅的刻线数至少需要多少？

17.17　试按下列要求设计光栅：当白光垂直照射时，在 30° 衍射方向上观察到波长为 600nm 的第二级主极大，且能分辨 $\Delta\lambda=0.05\text{nm}$ 的两条谱线，同时在该处不出现其他谱线的主极大。

17.18　为使望远镜能分辨角间距为 $3.00\times10^{-7}\text{rad}$ 的两颗星，其物镜的直径至少应多大？(可见光中心波长为 550nm)

17.19　用人眼观察远方的卡车车前灯。已知两车前灯的间距为 1.50m，一般环境下人眼瞳孔直径为 3.0mm，视觉最敏感的波长为 550nm，问人眼刚能分辨两车灯时卡车离人有多远？

17.20　在理想情况下，试估计在火星上两物体的线距离为多大时刚好被地球上的观察者所分辨：

(1)用肉眼；

(2)用 5.08m 孔径的望远镜。已知地球至火星的距离为 $8.0\times10^7\text{km}$，人眼瞳孔的直径为 3.0mm，光的波长为 500nm。

17.21　一束 X 射线含有 0.095nm 到 0.13nm 范围内的各种波长，以掠射角 $\theta=45°$ 入射到晶体上。已知晶格常数 $d=0.275\text{nm}$。试问晶体对哪些波长的 X 射线产生强反射？

17.22　已知晶体的晶格常数为 3.0Å，X 光在晶体上衍射时，在掠射角为 30° 的方向上出现第一级谱线，试求此 X 射线的波长。

第十八章　光的偏振

偏振现象是一切横波所具有的共同特性,光的偏振现象则进一步揭示了光的横波性质。本章主要讨论光在介质界面上反射和折射时的偏振现象,以及光在各向异性晶体中传播时的双折射现象。

§18.1　偏振光和自然光

我们知道,波可以分为纵波和横波两大类,在某些传播过程中,它们的表现是迥然不同的。例如,在机械波的传播方向上放置一个狭缝,对纵波来说,不论狭缝的位置如何,纵波总能通过。然而对横波来说,当狭缝与质点的振动方向平行时(图 18.1(a)),横波可以穿过狭缝继续传播;但当缝长与振动方向垂直时(图 18.1(b)),横波则不能

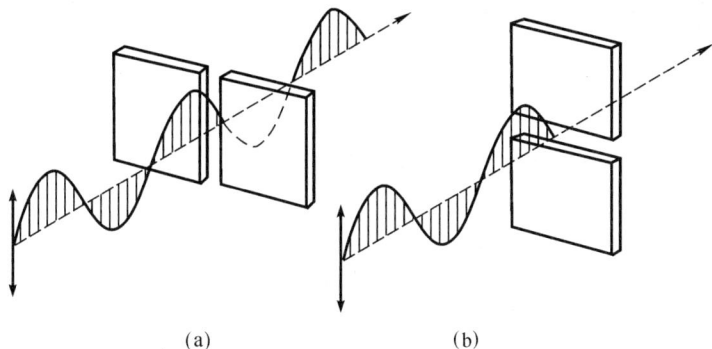

(a)　　　　　　　　(b)

图 18.1　机械波的偏振现象

穿过。这说明,横波的振动方向对于波的传播方向是不对称的。我们将这种不对称性称作**偏振**。可见,只有横波才具有偏振现象,它是区别于纵波的最显著的特性。

19 世纪初,人们从实验中已经注意到光波的横波性,在麦克斯韦电磁场理论建立后,进一步从理论上证明了光波是电磁波,光波的电场矢量 E 和磁场矢量 H 的振动方向互相垂直,并分别与波的传播方向垂直。实验和理论的一致使人们更深入的认识到,光的横波性是偏振现象的根源。

与前面几章相同,我们以电磁波中电场强度矢量 E 代表光波,并称之为**光矢量**。光波在传播过程中,在垂直于传播方向的平面内,光矢量可能有各种不同的振动状态,例如光矢量 E 可以始终沿某一方向振动,也可以随机地不断改变方向,甚至绕传播方向以光频率旋转。光矢量的这种振动状态称为**光的偏振态**。按照偏振状态的不同,可将光束分为五类:线偏振光、圆偏振光、椭圆偏振光、部分偏振光和自然光。下面将分别说明它们的光矢量 E 在垂直于光传播方向的平面内的状态。其中圆偏振光和椭圆偏振光将在§18.5 中讨论。

一、线偏振光

光波在传播过程中,若空间各点的光矢量都沿同一个固定的方向振动(如图 18.2(a)中 x 方向),我们称这种光波为**线偏振光**。又因

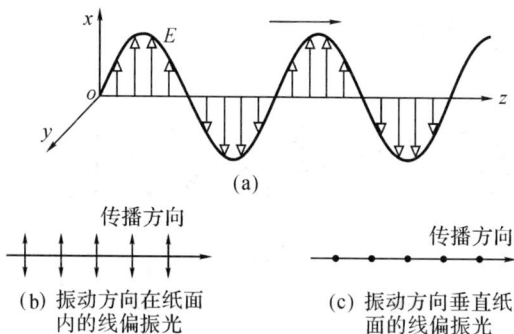

(a)

(b) 振动方向在纸面
内的线偏振光

(c) 振动方向垂直纸
面的线偏振光

图 18.2　线偏振光

为光矢量的振动始终限制在同一平面(例如 xz 平面)上,故又称**平面偏振光**。由光矢量 E 的振动方向和传播方向决定的平面称为**振动**

面。我们在图中用黑点表示垂直于纸面的光振动,用短线表示平行于纸面的光振动。在图 18.2(b)中,线偏振光的振动面与图面一致,图 18.2(c)中的振动面与图面垂直。

二、自然光　部分偏振光

在§16.1中曾经提到,虽然普通光源中每个原子每次发射的都是一列有限长的偏振光波,但是光源发射的总光波是由大量互相独立的受激原子(或分子)随机发射的波列组成的,其电场矢量的方向和相位是随机出现、瞬息万变,没有哪一个方向上的振动比其他方向占优势,使空间任一点的光振动方向相对于传播方向呈对称分布,如图 18.3(a)所示。这种振动面在空间各个方向高速随机变化的光称为**自然光**。

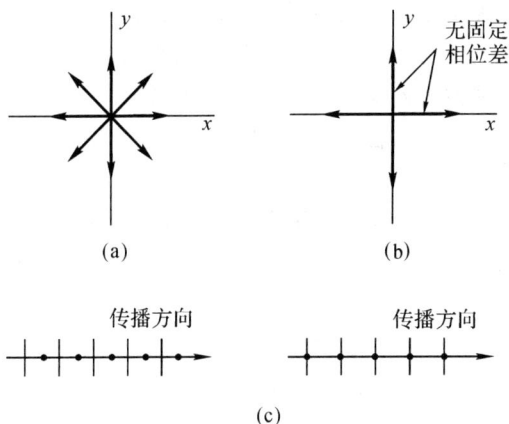

图 18.3　自然光

设自然光沿 z 轴方向传播,我们可以在与 z 轴垂直的平面上任意选取两个互相垂直的 x 轴和 y 轴。若将每个原子发射的偏振光的光振动投影到 x、y 方向上,则在这两个方向上的平均振幅应该相等(见图 18.3(b))。因此,可以将自然光看作是由两个振动方向互相垂直、相互间没有固定相位差、等振幅的线偏振光组合而成的。一般用黑点和短线画成均等的分布来表示自然光,如图 18.3(c)所示。

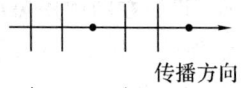

　　介乎自然光和线偏振光之间还有一种偏振光,它的振动在各个方向上的振幅不相同,称为**部分偏振光**。在图 18.4 上,用短线和黑点的疏密程度表示该振动方向的振动强弱。

图 18.4　部分偏振光

§18.2　起偏和检偏　马吕斯定律

一、起偏和检偏

　　一般光源发出的光大多是非偏振光。获得偏振光的主要途径是设法将自然光变为偏振光,称为**起偏**。凡是能够将非偏振光变为偏振光的光学器件称为**偏振器**,或**起偏器**。用适当的偏振光学器件检验一束光是否偏振光称为**检偏**,这种光学器件称**检偏器**。

　　实验发现,有些物质对于入射光的两个互相垂直的光振动分量有明显不同的吸收本领,这种选择吸收的特性称为**二向色性**。例如 1mm 厚的电气石薄片,几乎能将入射光中某一方向的光振动全部吸收,而对垂直于该方向的光振动吸收很少。因此,可以利用具有二向色性的特殊物质制成偏振器,或称偏振片。当自然光照射到偏振片上时,它只让某一特定方向的光振动通过,这个方向称为**偏振化方向**。一般在偏振片上标有记号"↕",以表示该方向为偏振片允许通过的光振动方向,即偏振化方向。通常使用的偏振片,是将长链聚合分子(如高碘硫酸奎宁)按同一方向排列在聚乙烯醇的透明薄膜上,采用特殊工艺制成的。这样的偏振片虽然有一定的反射和附加损失,但因成本低廉,面积大又轻便而被广泛使用。本章讨论中涉及的偏振片,是指垂直于偏振化方向的光振动完全被吸收,而平行于偏振化方向的光振动完全透过的理想偏振片。透过理想偏振片的光是线偏振光。

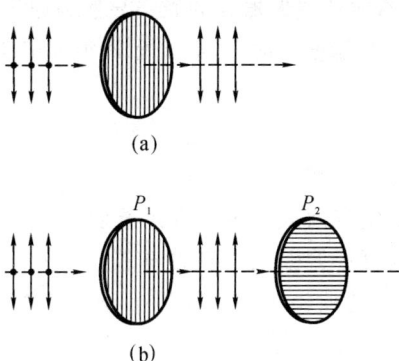

图 18.5 起偏和检偏

图 18.5(a)是自然光通过偏振片选择吸收后得到线偏振光的示意图,这时,偏振片为起偏器。偏振片也可以用来鉴别某一光束是否是线偏振光,即作为检偏器使用。图 18.5(b)中偏振片 P_1 是起偏器,透过 P_1 的线偏振光入射到偏振片 P_2 上,如果 P_2 的偏振化方向与 P_1 的平行,则这束偏振光能够完全透过;如果 P_2 的偏振化方向与 P_1 正交,则不能通过。因此偏振片 P_2 这时用作检测入射光是否为偏振光,它是个检偏器。如果以光的传播方向为轴连续旋转偏振片 P_2,将出现透射光强度随旋转角度变化,由零逐渐变为最大,再由最大逐渐变为零的现象。如果射向 P_2 的不是偏振光,而是自然光或是部分偏振光,则所观察到的就不是上述现象了。倘若是自然光,从 P_2 出射的光强当然不会随 P_2 的旋转而变化;倘若是部分偏振光,当旋转偏振片 P_2 时,透过它的光强会有变化,但不会出现光强为零的情况。这就是偏振片的检偏。

二、马吕斯定律

如前所述,我们可以将自然光看作为振动方向互相垂直、振幅相等、互相独立的两束线偏振光,因此当光强为 I_0 的自然光入射到理想的偏振片上时,由于偏振片的起偏振作用,只透过平行于偏振化方向振动的光波,透射的线偏振光的光强显然为原来的一半。那么当线偏振光入射理想的偏振片时,入射光和透射光光强之间的关系又将如何呢?

图 18.6 是迎着光传播方向进行观察。设入射的偏振光的振幅为 A_0,其振动方向与偏振片的偏振化方向成 α 角。将光振动分解为平行和垂直于偏振化方向的两个分量,其中平行分量的振幅为 $A = A_0\cos\alpha$,入射光的这个部分能够全部通过偏振片,所以透射光的光强 I 为:

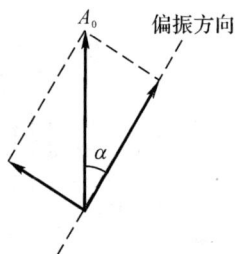

图 18.6 马吕斯定律

$$\frac{I}{I_0} = \frac{A^2}{A_0^2} = \cos^2\alpha$$

$$I = I_0\cos^2\alpha \qquad (18.1)$$

上述结果称为**马吕斯**(E. L. Malus)**定律**,是马吕斯在 1809 年由实验归纳得到的。

例 18.1 光强为 I_0 的一束自然光,经过两块偏振片,它们的偏振化方向间的夹角为 30°。求透射光的强度。

解 光强为 I_0 的自然光,透过第一块偏振片后,出射的偏振光的光强为原来的一半

$$I_1 = \frac{I_0}{2}$$

根据马吕斯定律,再经过第二块偏振片后的光强 I 为

$$I = \frac{I_0}{2}\cos^2\alpha = \frac{3}{8}I_0$$

§18.3 反射和折射时的偏振现象 布儒斯特定律

一、由反射和折射产生部分偏振光

自然光在两种媒质分界面(如玻璃、水与空气间的界面)上反射或折射时,会产生部分偏振光。这也是马吕斯在 1809 年发现的。例如我们通过偏振片注视水面,当旋转偏振片时,看到光强随之变化,但不趋于零。这说明水面的反射光属于部分偏振光。若观察雨后初霁天边的彩虹,转动偏振片,也会看到光强的变化,这是因为水滴上的反射和折射产生了部分偏振光。

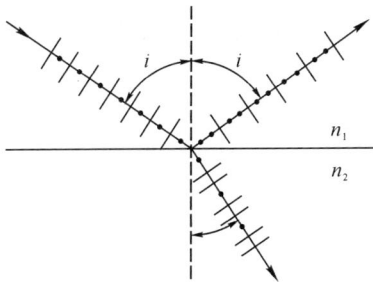

图 18.7　反射和折射产生部分偏振光

如图 18.7 所示,当一束自然光入射两种介质界面时(如空气与玻璃),按前所述,可将自然光分解为振动方向分别平行和垂直于入射面的两束偏振光,这两种成分光强相等。实验表明,反射光中垂直振动的光强较强,而折射光中平行振动的光强较强,即经过媒质界面的反射或折射,反射光和折射光都已成为部分偏振光了。

二、布儒斯特定律

若改变自然光对两种媒质界面的入射角,反射光和折射光的偏振化程度都将随之改变。布儒斯特(D. Brewster)在 1812 年发现,当入射角为某一特定值 i_0 时,反射光成为线偏振光,其振动方向垂直入射面,而折射光为具有最大偏振化程度的部分偏振光,它除了具有全部平行振动的成分外,还有最少量的垂直振动成分,如图 18.8 所示。这时,反射光和折射光的传播方向互相垂直,即

$$i_0 + r = 90°\qquad(18.2)$$

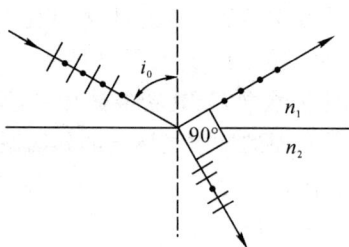

图 18.8 起偏振角

根据折射定律

$$\frac{\sin i_0}{\sin r} = \frac{n_2}{n_1}$$

由上述两式可得

$$\tan i_0 = \frac{n_2}{n_1}\qquad(18.3)$$

或

$$\tan i_0 = n_{21}$$

式中 $n_{21} = \dfrac{n_2}{n_1}$,是媒质 2 对媒质 1 的相对折射率。式(18.3)称为**布儒斯特定律**。这个特定的入射角 i_0 称为**布儒斯特角**,也称**起偏振角**。对于空气($n_1 = 1.03$)和玻璃($n_2 = 1.50$)的界面,$i_0 \approx 56.3°$;空气和水($n_2 = 1.33$)的界面,$i_0 \approx 53.1°$。

根据布儒斯特定律,当自然光以布儒斯特角入射时,经过一次反射和折射后,反射光虽然是线偏振光,但光强很弱,只占入射光中垂

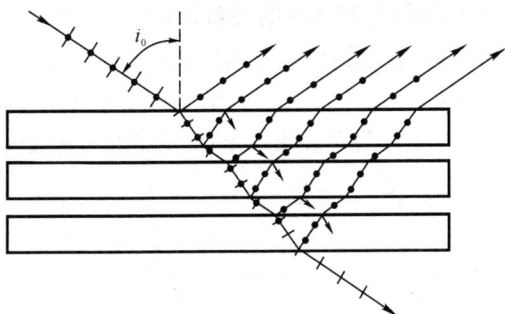

图 18.9 利用玻璃片堆产生全偏振光

直于入射面光振动光强的 15％左右,即约占入射光总光强的 7.5％。
而折射光为部分偏振光,偏振化程度也不高,光强却很强。为了增强
反射光的强度和提高折射光的偏振化程度,可以将许多平行的玻璃
片重叠成玻璃片堆(见图 18.9)。使自然光以布儒斯特角入射后,连
续地通过许多玻璃片,当光从一块玻璃片透过而进入次一块玻璃片
时,因发生反射和折射,使得反射光的垂直于入射面的振动成分得到
加强;与此同时,随着垂直入射面的振动成分逐步由反射光分离出
去,折射光的偏振化程度得到相应的提高。经多次反射、折射后,透射
光接近于完全偏振光,并且与入射光在同一方向上。

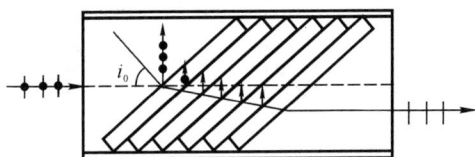

图 18.10 用玻璃片堆制成的偏振器

利用玻璃片、玻璃片堆,石英片、石英片堆或透明塑料片堆等的
起偏振原理,都可以获得偏振光,同样也可以用以检验偏振光。通常
将玻璃片堆装在圆筒内,使玻璃片表面的法线与圆筒轴线成布儒斯
特角 i_0,便可成为性能良好的偏振器(见图 18.10)。

图 18.11 为一种外腔式气体激光器,激光管两端镜片磨制成一定

的角度,使镜片的法线与管轴间的夹角为布儒斯特角,称布儒斯特窗。当光束在两镜面间来回反射,以布儒斯特角经过界面时,垂直于入射面振动的光被陆续反射,见图 18.11,最后只有平行于入射面振动的光可以在激光器内发生振荡而形成激光,使输出的光为线偏振光。

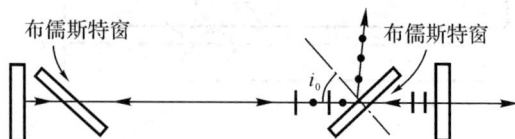

图 18.11 激光器中的布儒斯特窗

*三、散射光的偏振现象

当光束通过均匀的透明介质时,从侧面是观察不到光束的。若光束通过不均匀的透明介质,如存在悬浮微粒、密度起伏等,从侧面观察时也能看到这束光。由于介质的不均匀,使一部分光束偏离入射方向的现象称为**光的散射**。实验发现,散射光是完全偏振光或部分偏振光。

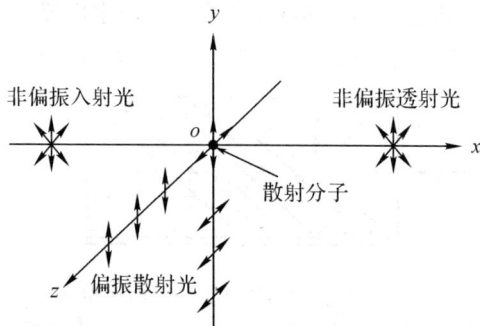

图 18.12 散射光的偏振现象

如图 18.12 所示,自然光沿 x 轴入射到 O 处的散射微粒,微粒中的电子开始作受迫振动,成为发射子波的波源。如果微粒的线度比光波波长小,则微粒中振动的综合效应相当于振荡偶极子的辐射。我们可以将散射微粒的这种受迫振动分解为两部分,即在 yoz 平面内的两个轴线方向互相垂直的振荡电偶极子的振动,其辐射是平面偏振的。沿 y 轴方向,检测不到轴线沿 y 轴的电偶极子的辐射;沿 z 轴方向,检测不到轴线沿 z 轴的电偶极子的辐射。对于沿 x 轴的透射光和向后的散射光,由于两个偶极子在这两个方向上的辐射是相同的,因此检测不到任何偏振效应。此外,在与 yoz 平面倾斜的任何方向上的辐射都是部分偏振光。

按照偶极子辐射的公式(参看中册 266 页),散射光强度与频率四次方成正比,即与波长四次方成反比,因此蓝色光波的散射强度远大于红色光波,约在 10 倍左右。在晴空万里的白天,正是因为地球大气层对太阳光的散射,在散射光中蓝色占优势,使我们看到了蔚蓝色的天空。日出、日落时,阳光穿过厚厚的大气层(约为正午时直射大气层厚度的 35 倍),透射光是入射光中除去大部分蓝色散射光后剩下的部分,因此是红色的。如果地球上没有大气,那么即使在白天,天空也是一片漆黑,太阳就像一个耀眼的亮斑镶嵌在黑色的背景中。

§18.4　光的双折射

一、双折射现象

由反射、折射产生的偏振光都发生在两种光学各向同性媒质的界面上,如水与空气、玻璃与空气等。光波在这类媒质中的传播速率和传播方向与偏振状态无关。但是当自然光入射到光学各向异性的媒质(晶体)中时,将产生一系列的特殊现象。1669 年巴塞林纳斯(E. Bartholinus)发现,通过方解石观察物体时,物体的像是双重的(图 18.13)。这是由于自然光进入方解石晶体后分裂成两束光,沿不同的方向折射,因此称这种现象为**双折射**。除了立方系晶体(例如岩盐)以外,光线进入一般晶体都产生双折射现象。

1.寻常光和非常光

仔细研究光波进入晶体后出现的双折射现象,发现其中一束光服从通常的折射定律,称为**寻常光线**,简称 o 光;另一束光则不服从折射定律,传播方向一般不在入射面内,称为**非常光线**,简称 e 光。若用偏振片检查这两束光,发现两者都

图 18.13　方解石的双折射现象

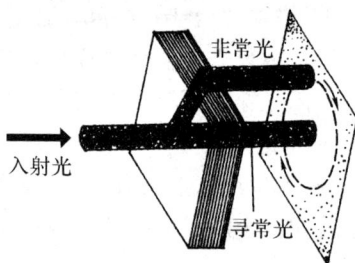

图 18.14　寻常光和非常光

是线偏振光,它们的振动方向几乎互相垂直。当光线垂直入射晶体表面时,如果以入射光为轴转动晶体,寻常光线沿原方向传播不变,而非常光线则发生偏折,并绕轴转动,如图 18.14 所示。

应该指出,只有在晶体内部才有 o 光和 e 光的区别,它们有不同的表现。到了晶体之外,它们只是振动方向不同的两束线偏振光而已,传播中性质全无差异。

2.晶体的光轴与光线的主平面

如果改变入射光的方向,我们还会发现,晶体内并非任何方向上都有 e 光和 o 光两束折射光,其中有一特定方向,当光束沿此方向传播时不发生双折射,这一方向称为**晶体的光轴**。图 18.15 所示为解理成等边平行六面体的方解石晶体,顶角 A 和 B 由三个钝角组成,AB 连线就是光轴方向。需要强调的是,光轴是指晶体内部存在的某个特

殊的方向,而不是晶体内的某一条直线,与其平行的所有直线都是光轴。

只有一个光轴的晶体称为**单轴晶体**,如方解石、石英等。有些晶体不止一个光轴,如云母、蓝宝石、硫磺等具有两个光轴方向,这种晶体称为**双轴晶体**。

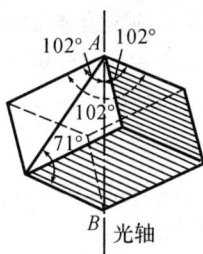

图 18.15 方解石的光轴

为了确定晶体中 o 光和 e 光的振动方向,将 o 光光线和 e 光光线分别与光轴组合,构成两个平面,称为 o **光的主平面**和 e **光的主平面**。实验和理论均指出,o 光的振动方向垂直于 o 光的主平面;e 光的振动方向平行于 e 光的主平面。一般情况下这两个主平面并不重合,但非常接近。所以 o 光的振动方向与 e 光的几乎互相垂直。可以证明,当入射面包含光轴时,晶体内 o 光和 e 光的主平面完全重合,且和入射面重合,见图 18.16。

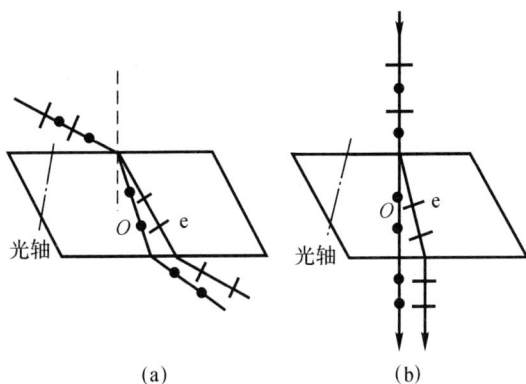

图 18.16 主平面(在纸面上)

二、双折射现象的解释

光在晶体内传播时产生双折射现象,其原因在于晶体具有规则结构。晶体中的原子排列有序,构成各种阵式,称为**点阵**,沿不同方向原子排列的密度各不相同,从而导致所谓各向异性。晶体的各向异性表现在许多方面,例如晶块在某些方向强度较低,容易沿该方向分裂;如对晶体通电,测得沿不同方向的电阻数值有很大差异;若将晶体置于外磁场中,发现晶体沿某些方向比其余方向更易磁化等等。若在晶体内测量光速,我们会发现,由双折射产生的 o 光和 e 光的表现大不相同。

双折射现象的实验结果,可以从晶体的点阵结构和麦克斯韦电磁场理论推得。但早在光的电磁理论建立之前,惠更斯就利用惠更斯原理和惠更斯作图法解释了双折射现象。虽然惠更斯方法没有深入到光波与物质相互作用的本质,也缺乏理论上的严密性,但对双折射作出的这一有限范围内的初步说明,及所得到的结论与电磁理论和实验事实是符合的。这里我们应用惠更斯原理只对光波在单轴晶体中的双折射现象作定性说明。

1. 单轴晶体中光波的波面

在§17.2 中介绍了用惠更斯作图法解决了光波从一种媒质进入另一种媒质时传播的方向问题,从而证明了折射定律,媒质折射率是光在真空中的传播速度 c 与媒质中传播速度 v 的比值,即 $n = \dfrac{c}{v}$。在各向同性的媒质中,无论折射光沿什么方向传播,以及光矢量沿什么方向振动,相应的折射率均相同,是一常数,因此在各向同性媒质中子波的波面是一球面。而在各向异性晶体中,光的传播速度的大小跟光矢量振动方向与光轴的取向有关,相应的折射率不是常数,子波的波面也不是球面,这就是光的双折射现象的起因。

按照惠更斯原理,光波进入晶体后,波面上各点都可看作发射子波的光源。由于晶体是各向异性的,晶体内子波源将向四周发射两组子波。对于 o 光,因为光矢量垂直于 o 光的主平面,无论 o 光沿什么方向传播,其振动方向始终与光轴垂直,因此 o 光在各方向传播速率相同,都是 v_o,它遵守折射定律,折射率为常数,记作 n_o。o 光的波面与各向同性媒质中的波面一样,是一球面(见图 18.17(a))。而对于 e

光,其光矢量在包含光轴的主平面内,因此 e 光振动方向与光轴的夹角随传播方向变化,这样,e 光的传播速度也随传播方向而异,e 光不遵守折射定律,其折射率也不是常数。e 光的波面是以光轴为轴的旋转椭球面(见图18.17(b))。由于在光轴方向上 o 光和 e 光的传播速率相同,因此两子波的波面在光轴处相切。在垂直光轴的方向上,两光束的传播速率相差最大,波面也相距最远(见图18.17(c))。

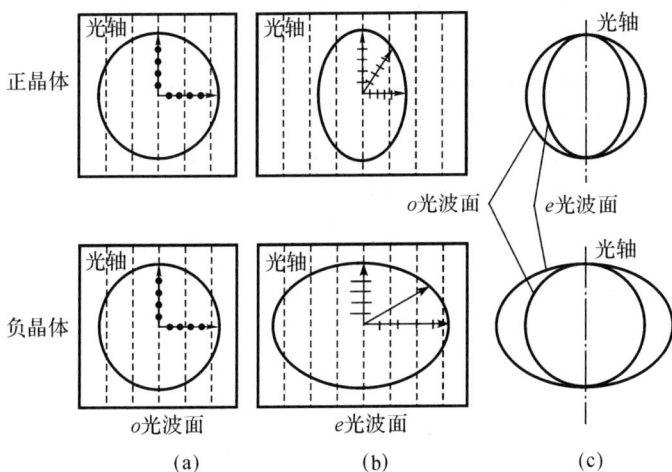

图 18.17　e 光和 o 光的波面

2. 主折射率

对于 e 光,因为不遵从折射定律,所以不能简单地用一个折射率来反映它的折射规律。通常把真空中的光速 c 与 e 光沿垂直光轴方向的传播速度 v_e 之比称作 e 光的主折射率 n_e,即 $n_e = \dfrac{c}{v_e}$。n_o 和 n_e 总称为晶体的主折射率。在其余方向上,e 光的折射率介于 n_o 和 n_e 之间。表18.1中列出几种双折射晶体的主折射率。

单轴晶体分为两类,凡是 $v_o > v_e$,即 $n_e > n_o$ 的晶体,例如石英、冰、金红石(TiO_2)等称为**正晶体**(如图18.17上图所示);反之,$v_o < v_e$,即 $n_e < n_o$ 的晶体,例如方解石、电气石、白云石等,称为**负晶体**(如

图 18.17 下图所示)。

表 18.1 对钠光 λ＝589.0nm 的主折射率

晶 体	n_o	n_e
冰	1.309	1.313
石 英	1.544	1.553
纤维锌矿	2.356	2.378
方 解 石	1.658	1.486
白 云 石	1.681	1.500
菱 铁 矿	1.875	1.635

3.晶体中的 o 光和 e 光的传播

下面我们将再次应用惠更斯原理,对单轴晶体中的几种特殊情况,用作图法确定 e 光和 o 光在晶体内的传播方向。

(1)平行光束斜入射在负晶体表面上,光轴在入射面内且与晶面斜交(图 18.18)。

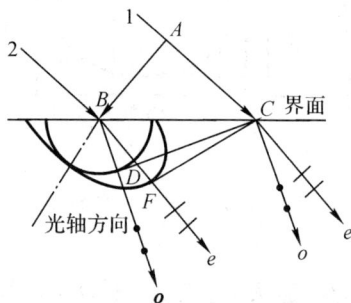

图 18.18 作图法确定光的传播方向(1)

入射光到达晶体表面时的波阵面为 AB。在光线 1 由 A 点传播到 C 点的时间间隔内,光线 2 从 B 点发射的子波,其中 o 光的波阵面到达图中球面位置,e 光的波阵面到达椭球面位置。作晶面上各点所发射的子波波阵面的包络面。则球面的包络面 CD 为 o 光波阵面,椭球面的包络面 CF 为 e 光波阵面。从 B 点连接到切点 D 和 F 的方向就是 o 光和 e 光的传播方向。两束光的传播方向不同,出现双折射现象。用作图法从图中可以看到,o 光的传播方向与波阵面垂直,而 e

光的传播方向与波阵面并不垂直；o 光振动方向垂直于主平面，而 e 光振动方向平行于主平面。

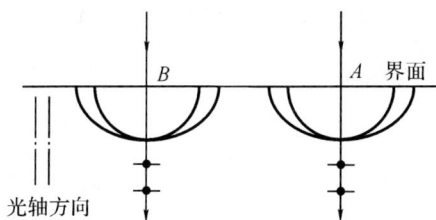

图 18.19　作图法确定光的传播方向(2)

(2)平行光正入射负晶体表面，光轴在入射面内且垂直于界面（图 18.19）。

正入射时，入射光波阵面上 A、B 两点同时到达界面，同时发出子波。此时，o 光和 e 光都沿原方向即沿光轴方向传播，传播速度都等于 v_o，且 o 光和 e 光的波阵面重合，不发生双折射现象。

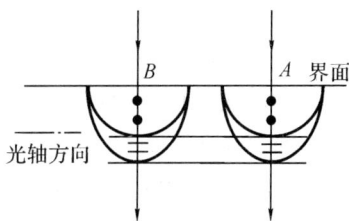

图 18.20　作图法确定光的传播
　　　　　方向(3)

(3)平行光正入射负晶体表面，光轴在入射面内但平行于界面（图 18.20）。

这时 o 光和 e 光的传播方向一致，并不偏折，然而两者传播速度不同，波阵面不重合。在这种情况下两束光虽然没有分开，但仍有双折射现象存在。对于负晶体，e 光在前，o 光在后。

(4)平行光斜入射晶体表面，光轴垂直入射面且与界面平行（图 18.21）。

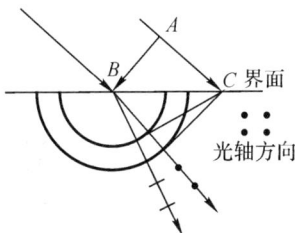

图 18.21　作图法确定光的传播
　　　　　方向(4)

这时由 B 点发出的 o 光和 e 光的子波的波阵面在入射面上的截线为同心圆,o 光、e 光分别以 v_o,v_e 速度传播。在这种特殊情况下,两折射线均遵守折射定律,相应的折射率为 n_o 和 n_e。

三、晶体光学器件

1.偏振棱镜

利用晶体的双折射特性可以制成不同类型的光学偏振器件,获得高质量的偏振光。偏振棱镜的基本原理是,利用 o 光和 e 光这两束全偏振光折射规律的不同,将它们分离开来。

(1)尼科耳棱镜

将一块天然的方解石经过研磨,使具有特定的顶角,然后剖成两块直角棱镜,再用折射率 $n=1.550$ 的加拿大树胶黏合,便制成图 18.22(a)所示的尼科耳(W. Nicol)棱镜。图(b)为棱镜的剖面 $ACMN$,光轴位于图面中。若入射光也在此平面内,则平面 $ACMN$ 为 o 光和 e 光的共同主平面。方解石对 o 光的折射率 $n_o=1.658$,方解石对此方向上 e 光的折射率 $n_e=1.486$。自然光沿平行于棱边 AM

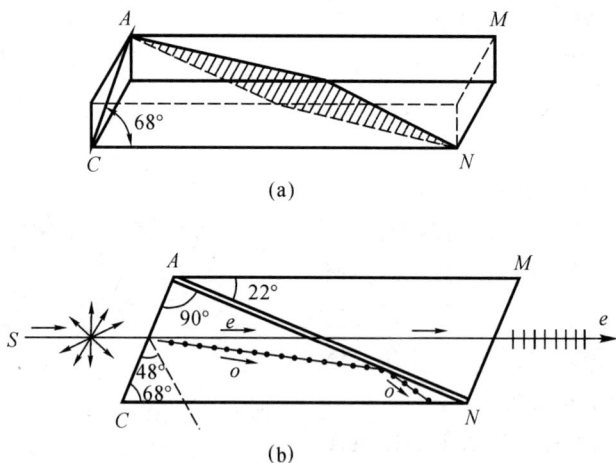

(a)

(b)

图 18.22　尼科耳棱镜

方向入射到第一块棱镜端面上,这时入射角为 22°。进入棱镜后分成寻常光线 o 与非常光线 e。o 光以约 76° 角入射加拿大树胶层,因入射角超过临界角,o 光在界面上发生全反射,并为涂黑的 NC 面吸收。而 e 光射到树胶层上不发生全反射,从棱镜另一端射出,因而获得一束完全偏振光。由于尼科耳棱镜只允许某一振动方向的光通过,所以它既可以用作起偏器,也可以用作检偏器。

(2)渥拉斯顿棱镜

渥拉斯顿(W. Wollaston)棱镜亦由两块方解石直角棱镜组成,但其光轴相互垂直,见图 18.23。自然光垂直入射到晶面上,在第一

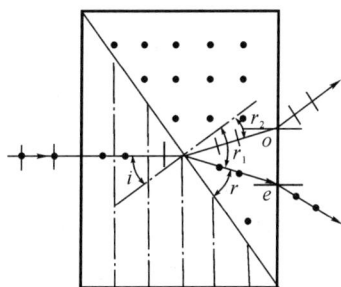

图 18.23　渥拉斯顿棱镜

棱镜中两种光都不发生偏折,分别以速率 v_o 和 v_e 沿原方向传播。它们进入第二棱镜后,由于两棱镜的光轴互相垂直,在第一棱镜中的 o 光到了第二棱镜中成了 e 光。又因方解石的 $n_o > n_e$,这样,第一棱镜中 o 光进第二棱镜时,是由光密媒质进入光疏媒质,折射角 r_1 大于入射角 i,折射线远离界面的法线;同样,第一棱镜中的 e 光进入第二棱镜后成了 o 光,是由光疏媒质进入光密媒质,折射角 r_2 应小于入射角 i,折射线靠近界面的法线。两束偏振光在第二棱镜中被分开了。当它们透过棱镜另一端面进入空气时,又一次产生由光密媒质向光疏媒质的折射,使两束光分得更开,于是得到两束振动方向互相垂直的偏振光。

2. 波晶片

双折射现象的另一重要应用是制作波晶片。这种光学器件是从

晶体中切割下来的一块厚度均匀的平板(图18.24),它的两个表面都与晶体的光轴平行。波晶片可使光束的两个互相垂直的振动分量间产生一个附加的相位差,以改变偏振光的偏振状态,它是一种应用很广泛的晶体光学器件。

当一束线偏振光垂直入射时,进入晶片后分解为 o 光和 e 光,它们沿同一方向前进,但传播速度不同。透过波晶片后,出射的光波中含有两束线偏振光,两者的振动方向互相垂直。o 光和 e 光在晶片中经历的光程不同,因而产生附加相位差。对负晶体,e 光比 o 光的相位超前;对正晶体则相反。如果入射的是自然光,情况则完全不同,由双折射

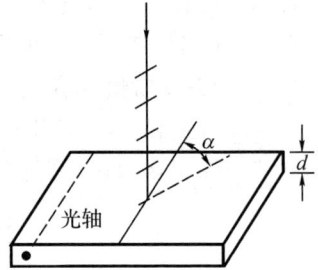

图 18.24　波晶片

现象产生的 o 光和 e 光之间不存在确定的相位关系,叠加后仍相当于自然光,在晶体中传播的以及由晶体出射的仍然是自然光。

设波晶片的厚度为 d,对 o 光的折射率为 n_o,对 e 光的折射率为 n_e,两束光通过晶体后的光程差 δ 为

$$\delta = |n_o - n_e| d \tag{18.4}$$

相应的相位差为

$$\Delta\varphi = \frac{2\pi}{\lambda}\delta = \frac{2\pi}{\lambda}|n_o - n_e|d \tag{18.5}$$

适当地选择厚度 d,可以使两光束之间产生任意数值的相位差。实际中最常用的是具有某种特定 $\Delta\varphi$ 值的波晶片,主要有下列几种:

(1)四分之一波片($\frac{\lambda}{4}$ 片)。凡能使 o 光和 e 光通过波晶片后引起 $\frac{\lambda}{4}$ 光程差,或 $\frac{\pi}{2}$ 相位差的波晶片称为**四分之一波片**。$\frac{\lambda}{4}$ 片的最小厚度为

$$d_{(\frac{1}{4})} = \frac{\lambda}{4|n_o - n_e|} \tag{18.6}$$

（2）二分之一波片（$\frac{\lambda}{2}$ 片）。凡能使 o 光和 e 光通过波晶片后产生 $\frac{\lambda}{2}$ 光程差,或 π 相位差的波晶片称为**二分之一波片**。$\frac{\lambda}{2}$ 片的最小厚度为

$$d_{(\frac{1}{2})} = \frac{\lambda}{2\,|n_o - n_e|} \tag{18.7}$$

显然,上述光程差随波长而异,所以 $\frac{\lambda}{4}$ 片、$\frac{\lambda}{2}$ 片或 λ 片是对特定波长而言的,不能通用。

例 18.2 用方解石制作 1/4 波片,方解石的主折射率差值为 $n_o - n_e = 0.172$,对波长 632.8nm 的红光,试问波片的最小厚度是多少。

解 波片的最小厚度为

$$d = \frac{\lambda}{4\,|n_o - n_e|} = \frac{632.8 \times 10^{-9}}{4 \times 0.172}\,\text{mm} = 9.20 \times 10^{-4}\,\text{mm}$$

可见波片的厚度非常小,制作起来是十分困难的。实际的 1/4 波片采用较厚的晶片,使其产生的光程差为

$$\delta = \frac{\lambda}{4} + k\lambda$$

式中 k 为整数。光程差增加 $k\lambda$（相位差增加 $2k\pi$）其使用效果与真正的 1/4 波片没有区别。对 1/2 波片一般也作同样处理。

§18.5 椭圆偏振光

在机械振动一章中我们曾讨论到,当一个质点同时参与两个相互垂直的简谐振动时,若频率相同,相位差保持恒定,则合振动的轨迹一般为椭圆。椭圆对称轴的长、短和方位决定于分振动的振幅和相位。在某些特殊条件下,椭圆将变成圆或直线。

实验发现,自然光在各向异性晶体中将产生双折射现象,但是所

得到的两束偏振光(o 光、e 光)虽然频率相同,振动方向互相垂直,却

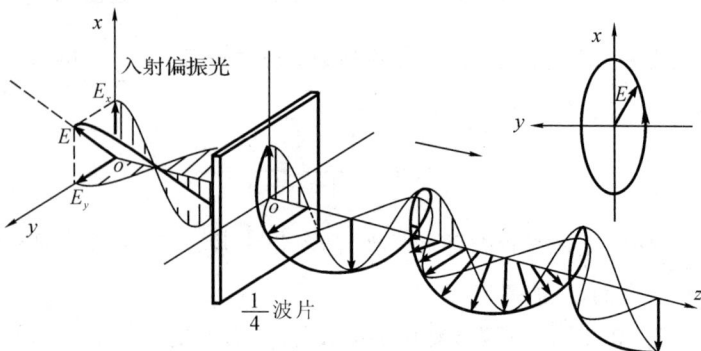

图 18.25 椭圆偏振光

没有恒定的相位差。显然,这样的两个光振动不可能合成为一个具有周期规律变化的合光振动。若使自然光通过起偏器成为线偏振光,再垂直投射到波晶片上,经晶片分解出来的 o 光和 e 光射离晶片后,则将成为两束沿同一方向传播、振动方向互相垂直、并有恒定相位差的偏振光。它们在传播过程中,合矢量 **E** 端点的轨迹在垂直于传播方向的平面上的投影一般是椭圆(见图 18.25)。由于合成光矢量的振动对传播方向是不对称的,因此称为**椭圆偏振光**。

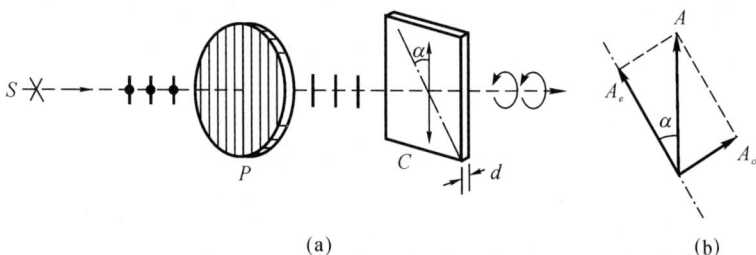

(a)

(b)

图 18.26 获得椭圆偏振光的装置

图 18.26(a)表示一种获得椭圆偏振光的装置。P 是偏振器,波晶片 C 的光轴与晶面平行,与入射偏振光的振动方向成 α 角。偏振光进入波晶片后分解为两束偏振光,光矢量相互垂直,它们的振幅分别

为 $A_o = A\sin\alpha$,$A_e = A\cos\alpha$,如图 18.26(b)所示。穿过厚度为 d 的晶片后,两束光的相位差为 $\Delta\varphi = \varphi_o - \varphi_e = \dfrac{2\pi}{\lambda}(n_o - n_e)d$。若为负晶体,则 e 光的相位超前 o 光。进入空气后,两束光的传播速度又回复相同,但保持固定的相位差。选择不同厚度的波晶片,可以得到不同的相位差,两光束的合成情况也有所不同。一般情况下为不同形态的椭圆偏振光。

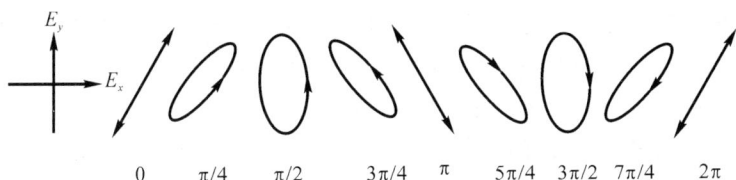

图 18.27　各种相位差时的椭圆偏振光及其旋转方向

图 18.27 为迎着传播方向观察时,合成光矢量 E 末端在垂直于传播方向的平面上的投影。标明的 $\Delta\varphi$ 是 E_x 超前 E_y 的相位差。显然,当 $A_o = A_e$,而 $\Delta\varphi = \pi/2$ 或 $3\pi/2$ 时,椭圆偏振光变为圆偏振光,即波晶片的光轴方向与偏振片 P 的偏振化方向成 45°角,且波晶片为四分之一波片。如果波晶片 C 为二分之一波片,仍保持 θ 为 45°角,则 o、e 光透过波晶片后的相位差为 π,且振幅相等。此时,线偏振光通过波晶片后仍为线偏振光,但振动方向旋转了 90°。随着相位差的不同,合矢量 E 的旋转方向也发生变化,因此,椭圆偏振光和圆偏振光还可按合成光矢量旋转方向的不同,分为右旋和左旋两种。若迎着光的传播方向观察,合矢量 E 按顺时针方向旋转,称这种光为**右旋椭圆偏振光**。反之,沿逆时针方向旋转的称为**左旋椭圆偏振光**。

一般又可将线偏振光、圆偏振光和椭圆偏振光归为一类,称为**完全偏振光**。

§18.6　偏振光的干涉及其应用

一、偏振光的干涉

根据光的相干条件,振动方向一致,有相同频率和固定相位差的两束偏振光才能发生干涉。那么如何获得两束相干的偏振光呢?在前面的讨论中我们知道,一束线偏振光经过双折射晶体后被分解为两束频率相同,有固定相位差,而振动面互相垂直的偏振光,它们能够合成为椭圆偏振光,但不能产生干涉。若使这两束光再经过一块偏振片,将它们在某一方向的分振动分解出来,就可得到两束同方向振动的相干偏振光。如果入射的是自然光,就需要先用一块偏振片起偏,然后将获得的线偏振光通过晶片和第二块偏振片。下面就两块偏振片不同的相对位置,分两种情况进行讨论。

　　1.两偏振片的偏振化方向正交

如图 18.28 所示,单色自然光垂直入射,设经起偏器 P_1 射出的

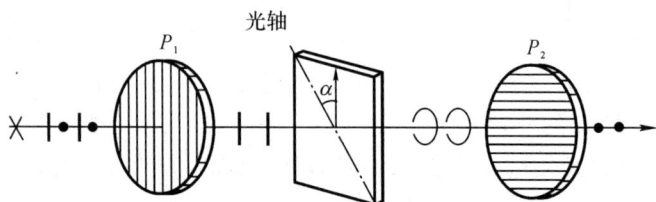

图 18.28　偏振光干涉的装置

偏振光的振幅为 A,进入晶片后,o 光和 e 光的振幅分别为 A_{o1} 和 A_{e1},并具有一定的相位差。两束光入射偏振片 P_2 后,各只有一部分能够通过,它们的振幅为 A_{o2} 和 A_{e2}。从图 18.29 可得

$$A_{e2} = A_{e1}\cos\beta = A\cos\alpha\cos\beta$$

$$A_{o2} = A_{o1}\cos\alpha = A\cos\beta\cos\alpha$$

即　　$A_{o2} = A_{e2}$。

从图中可见,由于两次投影的结果,从偏振片 P_2 透射出的两个光矢量的振动沿同一直线,但方向相反,相当于存在数值 π 的附加相位差。所以两束偏振光的总相位差为

$$\Delta\varphi_\perp = \frac{2\pi}{\lambda}|n_o - n_e|d + \pi \qquad (18.8)$$

当相位差 $\Delta\varphi_\perp = 2k\pi$ 时,$k=1,2,3,\cdots$ 为相长干涉,透射光强度最大。当 $\Delta\varphi_\perp = (2k+1)\pi$ 时,相位差 $k=1,2,3,\cdots$ 为相消干涉,透射光强度为零。

图 18.29　两偏振片的偏振化方向垂直

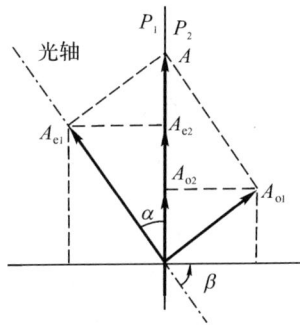

2. 两偏振片的偏振化方向平行

若将偏振片 P_2 旋转 π/2 角,使两者的偏振化方向互相平行,不难从图 18.30 得到,这时两束透射光的振幅 A_{o2} 和 A_{e2} 分别为

$$A_{e2} = A_{e1}\cos\alpha = A\cos^2\alpha$$

$$A_{o2} = A_{o1}\sin\alpha = A\sin^2\alpha$$

两束光的相位差为

图 18.30　两偏振片的偏振化方向平行

$$\Delta\varphi_\parallel = \frac{2\pi}{\lambda}|n_o - n_e|d \qquad (18.9)$$

显然,当 $\Delta\varphi_\parallel = 2k\pi$ 时为相长干涉;$\Delta\varphi_\parallel = (2k+1)\pi$ 时为相消干涉,但透光强度一般不为零。因为两束偏振光的振幅不相等。只有在 $\alpha = 45°$ 时,光强极小值才为零。

偏振光的干涉在实际中有着广泛的应用。如偏光显微镜就是根据偏振光的干涉原理设计的,它因视场清晰,更能分辨细微的差别而优于普通光学显微镜,成为金相学、矿物学等方面一种重要的研究测

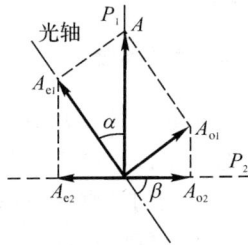

试手段。

二、显色偏振

两束相干偏振光的相位差是随晶片厚度 d 变化的。用单色自然光垂直入射图 18.26 实验装置,当晶片厚度均匀时,屏上将呈现一片强度分布均匀的亮光,没有干涉条纹。旋转图 18.26(a)中的晶片,即改变 α 角,强度发生变化。若用白光照射,可能有某几种波长的光满足相长干涉条件,几种波长的光满足相消干涉条件,对其他波长的光则有不同程度的加强和减弱,因此屏上出现对应的色彩。若旋转晶片或检偏器 P_2,出射光的颜色也随之变化,这种现象称为**显色偏振**,所呈现的颜色称**干涉色**。两偏振片正交时所呈现的颜色与平行时不同,彼此互为补色。

如果晶片厚度不均匀,则通过不同厚度处的两束偏振光有不同的相位差,屏上出现等厚干涉条纹。当用白光照射时,将出现彩色干涉条纹。

显色偏振对鉴定双折射现象的灵敏度极高。当某一物质的 n_o 和 n_e 相差很小时,用直接观察的方法难以辨认出双折射性质。但若利用显色偏振现象,将样品置于两个偏振器之间,在白光照射下,只要观察屏上出现彩色,就可以确定样品具有双折射性质。

§18.7 人为双折射

一些光学各向同性的固体、液体及气体,在外界作用下也会呈现各向异性,从而显示双折射性质。这种双折射现象称人为双折射。

一、光弹性效应

一些非晶体物质如塑料、玻璃、环氧树脂等,在机械应力的作用下会变为光学各向异性物质,出现双折射。这种现象称为**光弹性效**

应,这样的材料称光弹性材料。光弹性效应业已广泛用来研究机械结构的应力分布。一般的机械部件以及水坝等受力后内部应力情况难以测定,给设计工作造成极大困难。我们用光弹性材料制成与工件形状相同的模型,并施加与实际工作时相似的模拟力,应力使模型产生一定程度的各向异性。然后将模型置于正交偏振片之间,取代波晶片。由实验可知,在一定的应力范围内,光弹性材料中 o 光和 e 光的折射率之差与应力 p 成正比,即

$$|n_o - n_e| = kp \qquad (18.10)$$

式中 k 为与材料有关的比例常数。模型上各点因 n_o 和 n_e 不同而引起 o 光和 e 光不同的相位差 $\Delta\varphi$,屏上出现反映这种差别的干涉图样(图18.31)。分析干涉条纹的分布,即能定性甚至定量地了解工件在工作时各点应力的分布情况。这种简单、准确的测试应力的方法非常有效,并已发展成为专门的学科——光测弹性学。

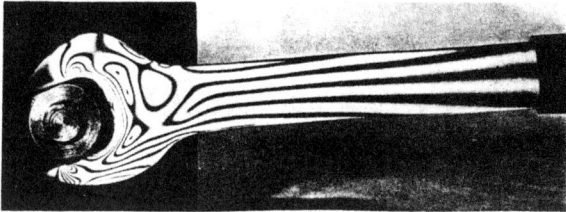

图 18.31 光弹性效应

除了由外力引起应力外,物体在制造过程中还可能因冷却不均匀或其他原因产生应力。例如用玻璃制作的透镜、棱镜等光学元件,必须仔细退火才能将内部应力全部消除,在安装时也要特别注意,避免因产生双折射现象而影响光学仪器的性能。如何测知和改变其内部应力情况,一般均需依赖上述方法。

二、电光效应

有些物质在电场作用下也会具有或改变双折射性质,通称**电光效应**。电光效应有克尔效应和泡克耳斯效应两种。

1. 克尔效应

1875 年,克尔(J. Kerr)发现,某些各向同性介质,如水、硝基苯($C_6H_5NO_2$)、硝基甲苯($C_7H_7NO_2$)等,在外电场作用下产生了双折射现象,称为**克尔效应**。

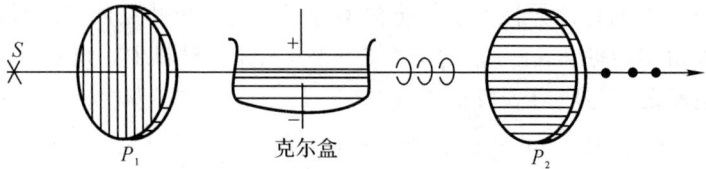

图 18.32 克尔效应

图 18.32 是观察克尔效应的实验示意图。在两正交的偏振片间放置盛有某种液体的玻璃盒,盒内装有一对产生电场的电极,此盒称为克尔盒。电极间未加电压时,光束不能通过这对正交的偏振片,当极板间加上适当的高电压,发现有光透过 P_2,液体显示各向异性。实验表明,o 光和 e 光的折射率之差与极板间场强的平方成正比

$$|n_o - n_e| = KE^2 \tag{18.11}$$

K 为克尔系数,与液体种类以及入射光的波长有关。设电极板长度为 l,则 o 光和 e 光的相位差

$$\Delta\varphi = \frac{2\pi}{\lambda}|n_o - n_e|l = \frac{2\pi}{\lambda}KE^2l \tag{18.12}$$

改变场强 E 之值,可改变通过克尔盒的透射光的偏振状态和光强。

克尔效应弛豫时间极短,双折射性质随电场变化的出现和消失只需约 10^{-9}s 的时间。所以克尔盒可用作控制光束"通"与"不通"的电光开关、电光调制器(用电讯号改变光强)等。它在高速摄影、光速测量、脉冲激光等方面都有着广泛的应用。

常用的克尔盒使用的硝基苯是有毒液体,且极易爆炸。近年来,随着电光开关和电光调制器的广泛应用及要求的提高,克尔盒逐渐被具有电光效应的晶体所代替。

2. 泡克耳斯效应

1893 年,泡克耳斯(F. Pockels)发现,有些晶体,特别是压电晶

体,在外加电场作用下,原有的双折射性质会发生变化,这种现象称为**泡克耳斯效应**。

泡克耳斯效应的弛豫时间更短,一般小于 10^{-9}s。它的主要特点是晶体折射率的变化与外加电场强度成线性关系。目前常用的晶体是磷酸二氢钾(KH_2PO_4,简称 KDP 晶体)。泡克耳斯效应不仅克服了克尔盒的缺点,而且更灵敏,在同样情况下所需的场强也比克尔盒低 $\frac{1}{5} \sim \frac{1}{10}$。

将某些透明物质置于外磁场中时也会变为各向异性,出现双折射性质,称为**磁致双折射效应**,亦称**科顿—穆顿**(Cotton—Mouton)**效应**。

§18.8　旋光现象

法国物理学家阿喇果(F. J. Arago)在 1811 年发现,当线偏振光沿着石英晶体光轴方向通过晶体时,虽然并没有发生双折射,透射光仍然是一束线偏振光,但是它的振动面却相对入射光的振动面旋转了一个角度(图 18.33),这种现象称为**旋光现象**。至今为止,已经发现有数千种物质具有旋光性,我们称之为**旋光物质**。

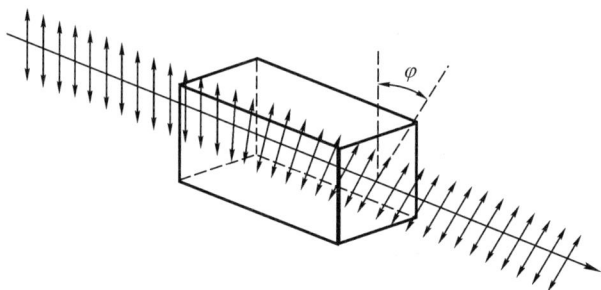

图 18.33　旋光效应

旋光现象很容易用实验演示:当光束入射到一对正交的偏振片时,没有透射光。若将一块石英晶块放入两偏振片之间,使晶块的光轴方向平行于光的传播方向,这时在屏上可以观察到微弱的透射光。说明透过石英晶块的线偏振光的振动方向,已不是严格地平行于第一块偏振片的偏振化方向,线偏振光的振动面发生了旋转。

实验还发现,旋光物质的振动面的旋转有左旋和右旋两类。迎光观察,若振动面按顺时针方向旋转的称右旋物质,反之则为左旋物质。例如葡萄糖为右旋物质,果糖为左旋物质,石英兼有右旋和左旋两种。

对一定波长的偏振光,通过旋光物质后,振动面转过的角度 φ 与旋光物质的厚度 l 有关,即

$$\varphi = \alpha l \tag{18.13}$$

式中比例系数 α 称为旋光率,与物质性质及入射光的波长等有关。例如对 1mm 厚的石英晶片,红光通过后振动面约转过 15°,紫光则转过约 50°,其他色光介于两者之间。因此在复色光照射下,不同波长的光矢量将旋转不同的角度。

若旋光物质为溶液,则 φ 还与其浓度 c 有关,即

$$\varphi = \alpha c l \tag{18.14}$$

量糖计就是利用旋光现象测量糖溶液浓度的仪器。

思考题

18.1　请列举几种获得偏振光的方法。

18.2　为了使驾驶员既能看清自己的车灯所照亮的路面,又不被迎面驶来的汽车灯光所晃眼,可以采用给汽车的挡风玻璃和车灯装上偏振片的方法。试问这些偏振片的偏振化方向应该怎样设置。

18.3　观察一束入射到两种透明介质分界面上的光束,发现只有透射光而无反射光。试说明这束光是怎样入射的,以及它具有的偏振状态。

18.4　什么是寻常光线和非常光线?它们的光振动方向与各自的主平面有什么关系?

18.5 如图所示,当光线沿光轴方向入射双折射晶体,而光轴又与晶面成斜交时,是否会出现双折射现象?

18.6 双折射晶体中的非常光线,其传播速度是否可以用关系式 $v_e = \dfrac{c}{n_e}$ 来确定(n_e 是非常光的折射率)?

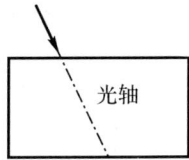

思考题 18.5 图

18.7 一束线偏振光垂直入射 1/4 波片,请说明下列各种情况的透射光的偏振状态

(1)光振动平行于光轴或垂直于光轴;

(2)光振动与光轴的夹角为 $\pi/4$;

(3)光振动与光轴的夹角 α 为一般值(除上述特殊值外)。

18.8 用什么方法可以区分 1/4 波片和 1/2 波片?

18.9 空气中的声波能否成为圆偏振波?雷达波能否成为圆偏振波?

18.10 用什么实验方法可以鉴别入射光是(1)自然光,(2)线偏振光,(3)部分偏振光,(4)圆偏振光。

18.11 在杨氏双缝实验装置中,以单色光照射小孔 S,观察屏上出现干涉条纹。

(1)若在 S 后放置一偏振片 P,试问屏上干涉条纹是否发生变动?

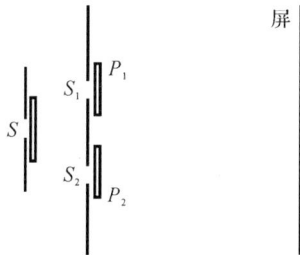

思考题 18.11 图

(2)若在双孔 S_1 和 S_2 后各放置一块偏振片 P_1 和 P_2,它们的偏振化方向互相垂直,且与 P 的偏振化方向各成 45°角。试问屏上干涉条纹又将如何变化?

*18.12 一束右旋椭圆偏振光垂直入射到方解石制成的 1/4 波片上,椭圆的长轴在 y 轴方向并与 1/4 波片的光轴方向一致。试确定透射光的偏振状态。

习　题

18.1 两块偏振化方向互相垂直的偏振片 P_1 和 P_2 之间放置另一偏振片 P,其偏振化方向与 P_1 的偏振化方向成 30°角。若以光强为 I_0 的自然光垂直入射 P_1,求透过偏振片 P_2 的光强(设偏振片都是理想的)。

18.2 一束自然光投射到两片叠合在一起的偏振片上,若透射光强度为

(1)最大透射光强的 1/3,

(2)入射光强的 1/3,则这两个偏振片的偏振化方向之间的夹角为多大?

18.3 用一束线偏振光与自然光的混合光束垂直照射偏振片。当转动偏振片时,测得透射光强的最大值是最小值的 5 倍。求入射光中线偏振光和自然光的光强之比。

18.4 根据图示的各种情况,试画出反射光线和折射光线,及其偏振状态。图中 i_0 为布儒斯特角,i 为一般角。

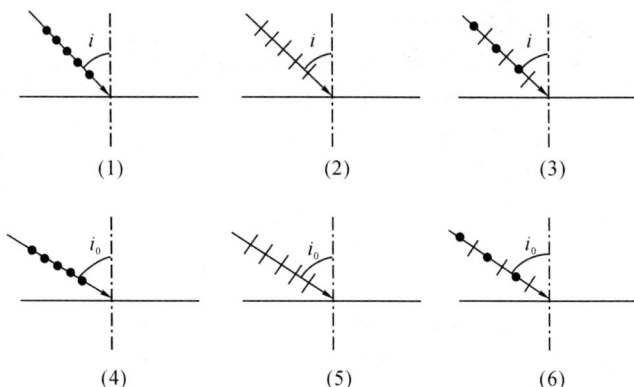

题 18.4 图

18.5 一束自然光入射到折射率为 1.72 的火石玻璃上,设反射光为线偏振光,则光在火石玻璃中的折射角为多大?

18.6 利用布儒斯特律可以测定不透明介质的折射率。今测得釉质的布儒斯特角 $i_0=58°$,试求它的折射率。

18.7 用方解石切割成一个正三角形棱镜。光轴垂直于正三角形截面,如图所示。当自然光以入射角 i 入射棱镜时,e 光在棱镜内折射线与棱镜底边平行,试问该入射光的入射角应为多少?并画出 o 光的光路。已知 $n_e=1.486$,$n_o=1.658$。

18.8 洛匈棱镜是由两块方解石直角三棱镜黏合而成的。棱镜 A 和 B 的光轴分别平行和垂直于截面,如图所示。自然光垂直入射棱镜 A,试画出 o 光和 e 光的传播方向及光矢量的振动方向。

18.9 用石英晶片制作用于钠黄光($\lambda=589.3nm$)的 1/4 波片,求其最小厚度。已知石英的两个主折射率为 $n_e=1.553$,$n_o=1.541$。

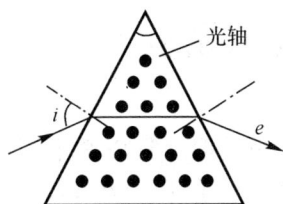

题 18.7 图

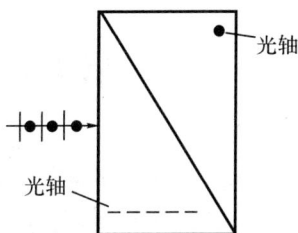

题 18.8 图

18.10 一束强度为 I_0 的线偏振光垂直入射到一块方解石晶片上,晶体的光轴平行于表面,入射光的振动面与光轴的夹角为 30°。

(1)试问透射出来的寻常光和非常光的强度为多少?

(2)当用钠黄光($\lambda = 589.3$nm)入射时,若要产生 90°的相位差,试问晶片应有多厚?

18.11 在两偏振化方向相互正交的偏振片 P_1 和 P_2 之间放置一块方解石晶体,其光轴平行于晶体表面,且与两偏振片的偏振化方向间的夹角均为 45°。

(1)当一束波长 400nm 的紫光垂直入射偏振片 P_1 时,在偏振片 P_2 后无透射光出现,试问该晶片至少有多厚?

(2)若使两偏振片的偏振化方向相互平行,欲使这束紫光仍不能透过偏振片 P_2,则晶体的厚度应为多少?

18.12 两块偏振化方向相互正交的偏振片之间放置着一片 1/4 波片。当自然光垂直入射时,旋转波片,问在什么位置时透射光强最大?

18.13 试说明:一束圆偏振光(1)垂直入射到 1/4 波片上,透射光的偏振态;(2)垂直入射到 1/8 波片上,透射光的偏振态。

18.14 一束圆偏振光经过一片(理想的)偏振片后,透射光强度为 I,求入射光的强度。

*18.15 波长为 589nm 的左旋圆偏振光垂直入射到石英制成的波晶片上,片厚 5.56×10^{-2}cm。试决定出射光的偏振状态。

18.16 某溶液中含有左旋糖,测得 15cm 长的溶液能使钠黄光振动面转过 25.6°,求糖溶液的浓度。已知糖溶液的旋光率 $\alpha = 51.4(°)$cm^2/g。

第十九章　几何光学

光是一种电磁波,可见光谱是电磁波谱的一部分。光波的传播可由麦克斯韦方程组描述,在一定物理状况的条件下,方程的解将给出场中各点的 E 和 B,即光波在每一点的振幅、偏振态和相位等。麦克斯韦的电磁场理论对于已知的光学效应的解释,达到了近乎完美的地步。但是,在麦克斯韦电磁场理论建立前,对于当光的波长比光波遇到的物体小得多时,许多光学现象的信息已通过一种更简单的**几何光学**的方法获得,后来证明了这种方法近似于麦克斯韦理论的结果。

几何光学是光学中最古老又极具活力的一个部分,主要研究光通过透镜、棱镜、反射镜等光学元件组成的光学系统时如何传播的问题。由于几何光学方法比较简单,对一般情况来说,它导出的结果已足够精确,或可作为初步近似而有重大指导意义,因此几何光学至今仍是设计光学仪器和安排光学系统的主要理论依据。

§19.1　几何光学基本定律

一、几何光学的基本定律

在一些特殊情况下,当光的波长比光传播所通过的物理系统(如障碍物和孔径物)的线度小得多时,忽略边缘效应,光可以认为是直线传播的,我们把这种特殊情况的光学现象称为**几何光学**。对于几何光学,遵循以下三条基本定律:

1.直线传播定律

光在均匀介质中沿直线传播。

2. 反射定律

在两种介质的分界面上,入射光线与介质表面的法线组成的平面称**入射面**,入射光线与法线的夹角为入射角 i。反射光线位于入射面内,在法线的另一侧,与法线的夹角为反射角 i',且入射角等于反射角

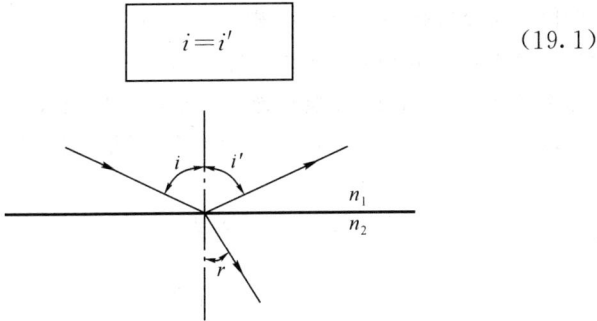

$$i = i' \qquad\qquad (19.1)$$

图 19.1   光束在两种介质界面处的反射与折射

3. 折射定律

在两种介质的界面上,入射光部分地被折射,折射线也位于入射面内,它与法线成 γ 角,斯涅耳(W. Shell)发现:

$$n_1 \sin i = n_2 \sin r \qquad\qquad (19.2)$$

称斯涅耳定律。式中 n_1 和 n_2 分别是入射侧介质和折射侧介质的折射率。

反射定律和折射定律可以根据麦克斯韦方程组推得,但由于数学运算繁复,我们不作这样的讨论,而在第十七章中已经应用以几何作图法为基础的惠更斯原理进行了推导。下面我们将换一种新的方式说明关于光线的基本定律。

二、费马原理

在光学性质均匀的介质中,即在空间各点折射率 n 相同的物质

中,光以直线传播。在不均匀的介质中,折射率 n 从一点到另一点不断地改变,光线被连续地折射而形成曲线。此外还可能发生衍射现象。法国数学家费马(Pierce de Fermat)在 17 世纪 60 年代提出了一条确定光线径迹的原则(不考虑衍射现象),称费马原理。

在§16.3 中,我们已经定义了均匀介质中的光程 l,它表示几何路程 r 与介质折射率 n 的乘积,即 $l=nr$。

对不均匀介质,折射率 n 是空间的函数,对 A 和 B 两点间的任意路径 L 来说,这时必须把光线经过的几何路径分成许多小的线元 $\mathrm{d}r$,每一线元 $\mathrm{d}r$ 处的 n 可以认为不变,于是元光程 $\mathrm{d}l$ 为

$$\mathrm{d}l = n\mathrm{d}r$$

连接 A 和两点间的任意路程的总光程 l 应等于元光程之和,即

$$l = \int_A^B n\mathrm{d}r$$

费马原理的完整表述是:**光沿着光程为极值的路径传播**,也就是说,**实际的光程为所有可能的光程中的极小值,极大值或恒定值。**

光程为极值的条件相当于积分的变分为零,即

$$\delta \int_A^B n\mathrm{d}r = 0$$

上式为费马原理的数学表达式。

根据费马原理,我们很容易得到反射和折射定律。

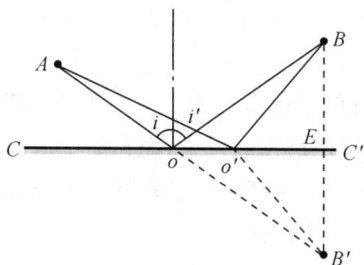

图 19.2 由费马原理导出反射定律

在图 19.2 中,光线从 A 点发出,经镜面 CC' 反射后到达 B 点。

下面我们分析除服从反射定律的路径 AOB 外的任意路径 $AO'B$。现从 B 点作反射面 CC' 的垂线，并取其延长线 $BE=EB'$。将 O 点和 O' 点分别与 B' 点相联结。显然，从 A 点出发到达 B 点的任意一条路径的长度，$AO'B$ 等于 $AO'B'$，AOB 等于 AOB'。对它们进行比较，其中直线 AOB' 是最短的一条。这就说明了遵守反射定律的光程为最短。

可以证明，当光线在折射率分别为 n_1 和 n_2 的两种均匀物质的分界面上折射时，光程也满足极值条件。在图 19.3 中，光线从 A 点出发经折射到达 B 点，其中任意一条路径 AOB 的光程为

$$l = n_1 AO + n_2 OB$$

$$= n_1 \sqrt{a^2 + x^2} + n_2 \sqrt{b^2 + (d-x)^2}$$

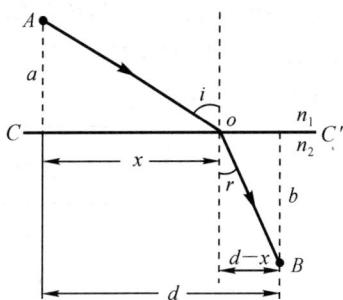

图 19.3 由费马定理
导出折射定律

式中各符号的意义已示于图中。光程 l 为极值的条件是 $\dfrac{\mathrm{d}l}{\mathrm{d}x} = 0$，于是有

$$\frac{n_1 x}{\sqrt{a^2 + x^2}} - \frac{n_2(d-x)}{\sqrt{b^2 + (d-x)^2}} = 0$$

对照图 19.3，上式可改写成

$$n_1 \sin i = n_2 \sin r$$

这就是斯涅耳定律。说明满足极值条件的光程也满足折射定律。从二阶导数的符号很容易证明该光程有极小值。

由于费马原理只关系到路径，并未涉及方向，这就说明了光路具有可逆性。

费马原理是关于光线传播的普遍规律，在理论上可以取代实验的几何光学三定律而作为几何光学的基础。费马原理本身不涉及光的本性问题，它是大量事实总结出来的光线的"行为准则"。费马原理是可以由光的电磁理论加以证明的。

§19.2 全内反射

当光从折射率较大的介质(光密物质)进入折射率较小的介质(光疏物质)时,光线折离法线。在此情况下,存在一入射角 θ_c,相应的折射角等于 $90°$,即折射线掠过分界面。由斯涅耳定律 $n_1\sin\theta_c = n_2\sin90° = n_2$,得到

$$\sin\theta_c = \frac{n_2}{n_1} \qquad n_1 > n_2 \qquad (19.3)$$

因此当以大于临界角的入射角,由折射率较大的介质射向折射率较小的介质时,没有折射光线存在,这一现象称为**全内反射**。

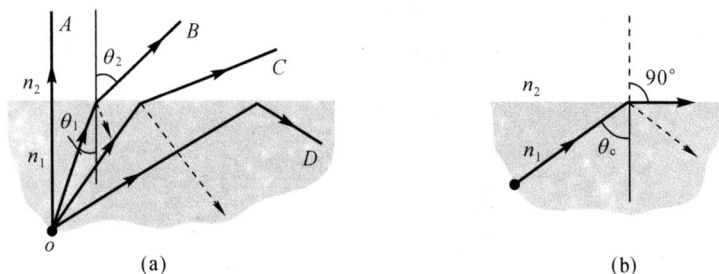

(a)   (b)

图 19.4　全内反射

光纤

当入射光在两种介质的界面上发生全内反射时,没有透射,不损耗能量,因此在许多光学仪器中常利用这种现象来改变光的传播方向,或使像倒转。在纤维光学和集成光学这一新的光学领域中,用全内反射来传导光能。

光纤由两种均匀透明的同轴圆柱状介质组成,如图 19.5 所示。内部为折射率 n_1 的圆柱体,称芯线,外层为折射率 n_2 的圆筒,称包层,且 $n_1 > n_2$。只要光线在芯线和包层界面处的入射角大于临界角,

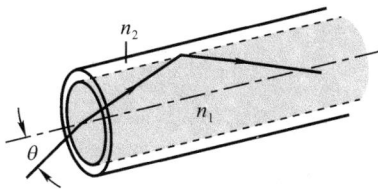

图 19.5 光纤结构示意图

就会在芯线内发生全反射,使光束由一端传输到另一端。

在实际应用中,把数以万计的光纤组成光纤束,用来传递光学图像。一般单根光纤直径小于 $10\mu m$,光纤束线径不超过几毫米。各种医用或工业用内窥镜就是由这种光纤构成的。由于通过光纤的单色光具有能量损耗低、抗电磁干扰性能强、频带宽、通信容量大、保密性好、经济性好等优点,近年来光纤在通信领域的应用已有很大的发展。

§19.3　反射成像

一、平面镜反射成像

将点光源 P(即物)置于反射镜前方相距 S 处。根据反射定律,从 P 上发射的每条光线都可以画出在平面镜上的反射光线。如果把这些光线反向延长,它们相交于镜后的 P' 点,P' 在镜后的距离 S' 与 P 在镜前的距离 S 相等,见图 19.6(a),P' 为 P 的像。

像可以是实像或虚像。实像是指光确实通过像点;在虚像的情况中,光似乎是从像点发射出来,实际上光并未通过这个像点。平面镜形成的像是虚像。

图 19.6(b)中 P 点发出的两条光线,一条垂直射到 a 点,另一条投射到镜面上任意点 b。直角三角形 Pab 与 $P'ab$ 全等,因此

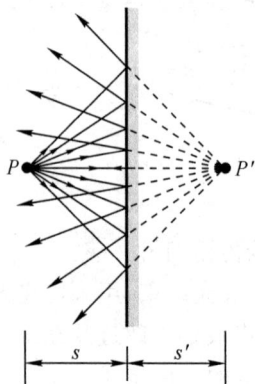

图 19.6(a)　镜面上的反射
光似乎从镜后 P' 射出

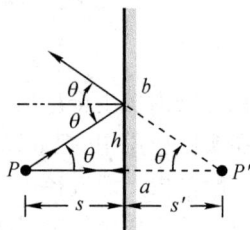

图 19.6(b)　物距与
像距相等

$$S = -S'$$

(19.4)

式中负号表示 P' 与 P 位于平面镜两侧。平面镜中像与物的不同处在于左右互相对换。

二、球面镜反射成像

1. 镜像公式

下在我们考虑球面镜反射成像的情况。在图 19.7 中,点光源 P 发出的光线投射到曲率半径为 R 的凹球面镜上,通常将球面顶点 O 和曲率中心 C 的连线称为**光轴**。与光轴靠得很近的光线称为**傍轴光线**,它们全部被反射到 P' 附近而形成 P 的像。非傍轴光线使像模糊,此效应称**球面像差**[①]

在图 19.8 中,从 P 点发出的一条光线与光轴成 α 角,从镜面反

----

　① 为了减少球面像差,镜子的孔径要做得十分小。对于张角小于约 10° 的孔径,球面像差是可以忽略的。如果将球面改为抛物面,处于光轴上的点状物的球面像差可以避免。

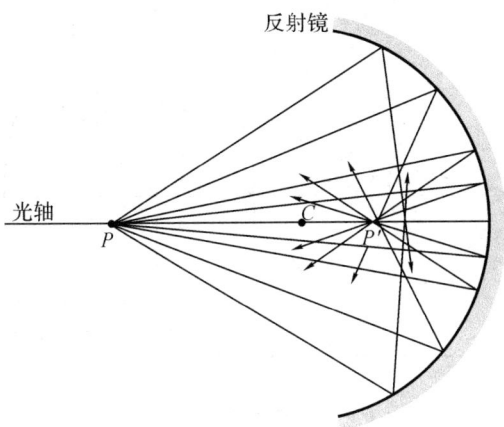

图 19.7 凹球面镜上光线的反射

射后与光轴相交于 P' 点，P' 是 P 的像，是一个实像。距离 S 称为物距，S' 称为像距。根据平面几何定理，三角形的外角等于不相邻的两个内角之和，对于三角形 PAC 和 PAP'，有 $\beta = \alpha + \theta$ 和 $\gamma = \alpha + 2\theta$。消去 θ，得

$$\alpha + \gamma = 2\beta \qquad (19.5)$$

对于近轴光线，这些角都很小，因而有 $\alpha \approx l/S$、$\beta = l/R$、$\gamma = l/S'$，代入上式得

$$\frac{1}{S} + \frac{1}{S'} = \frac{2}{R} \qquad (19.6)$$

假设点 P 离镜很远，即 $S \gg R$，将 $S = \infty$ 代入式(19.6)，得 $1/S = 0$，因而 $S' = R/2$。这意味着来自无限远处点物的光线，从镜面反射后与光轴相交于 F 点，距顶点 V 的距离为 $R/2$，该点称为反射镜的**焦点**。**任何平行于光轴传播的光线被镜面反射后都通过焦点。**顶点到 F 的距离称为反射镜的**焦距** f。对凹球面镜显然 $f = R/2$，于是可将式(19.6)改写为

$$\boxed{\frac{1}{S} + \frac{1}{S'} = \frac{1}{f}} \qquad (19.7)$$

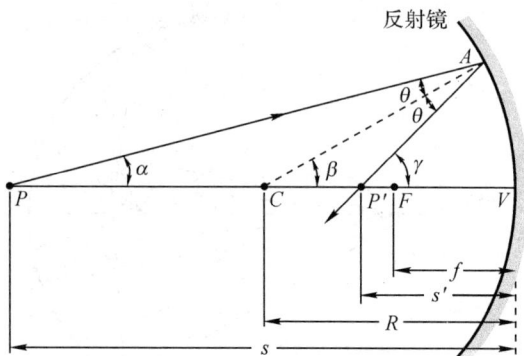

图 19.8 球面镜光线反射的几何关系

上式为球面镜的镜像公式。若将光线方向逆转,就可使物和像的角色互换。

上式对近轴光线都是成立的。在实际情况中,我们可以在镜的前方放一个足够小的圆形光栏来保证满足这一条件。

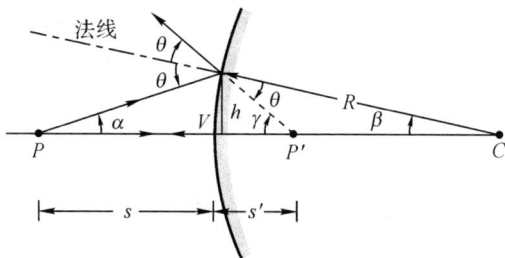

图 19.9 凸面镜光线反射的几何关系

虽然式(19.7)是对凹球面镜的情况推出的,即点光源被放置在球面镜的曲率中心以外,但该式对图 19.9 所示的凸面镜情况也成立。

2.作图法 横向放大率

有一定大小的物体的像可用称作光线图的作图法确定。如在图19.10中一直立物 PQ,图中画出从 Q 点发出的几条典型光线。光线(1)平行于光轴,经凹面镜反射后,反射光经过焦点 F。光线(2)通过

焦点 F，经镜面反射后平行于光轴。光线(3)通过球心，经镜面反射后沿原路反射回来。光线(4)射到镜面的顶点上，因为反射角和入射角相同，因此相对 PV 轴，反射光与入射光对称分布，这 4 条光线称为主光线。所有这些光线会聚到 Q' 后再发射，因此 Q' 为 Q 的像。从 P' 到 Q' 上的各点，是物体上从 P 到 Q 的各点的对应的像。我们利用任意两条主光线，都可以通过作图法确定像的位置。同时，像的位置也可通过求解镜像公式(19.7)确定。

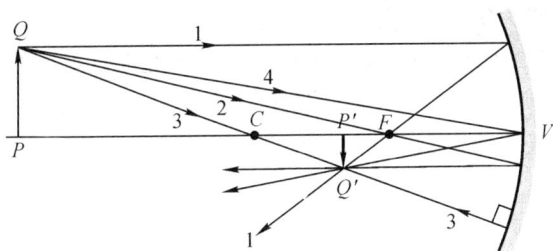

图 19.10　主光线图

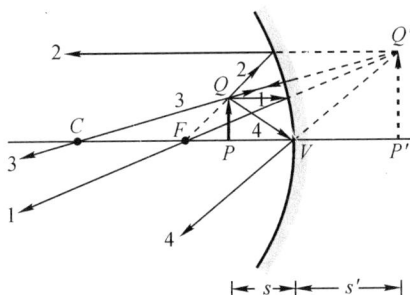

图 19.11　物在焦点和镜之间形成虚像

球面镜产生的像可以是正立的**正像**或倒立的**倒像**，取决于物的位置。在图 19.10 中的物距 S 大于焦距 f，像是倒立的，是实像；在图 19.11 中物距 S 小于焦距 f，则凹面镜产生正像，是虚像。上述作图法对凸面镜同样适用。

通常将像和物沿与轴垂直方向的线度之比定义为**横向放大率** m

$$m = \frac{P'Q'}{PQ} = \frac{y'}{y} \tag{19.8}$$

三、符号法则

1. 物距：当物与入射光在反射表面同侧时，物距 S 为正，反之 S 为负。当 S 为正时，称物为实物，当 S 为负时，称物为虚物。

2. 像距：当像与出射光在反射面同侧时，像距 S' 为正，是实像。反之像距 S' 为负，是虚像。

3. 球面的曲率半径：若曲率中心与出射光在反射面的同侧时，曲率半径 R 为正，反之 R 为负。焦距 f 的符号与 R 相同。

4. 垂直于轴的线段：由轴计起，在光轴之上为正，在光轴之下为负。

§19.4   单球面折射成像

下面我们讨论光在两种折射率不同的球面上的折射现象。

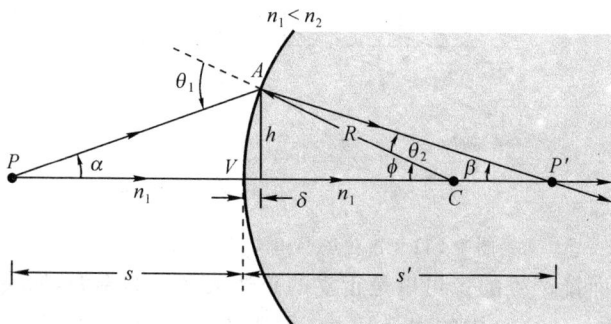

图 19.12   球面处的折射

如图所示，球面半径为 R，界面两边的折射率为 n_1 和 n_2。图中点光源 P 发出的两条光线在界面处发生折射，沿光轴传播的光线垂直入射界面因而不弯折,向 A 点传播的光线在界面处经折射与光轴相交于 P', P' 为 P 的像。若光线为傍轴光线,则角 α、β、γ、θ_1 和 θ_2 都很小,斯涅耳定律 $n_1\sin\theta_1=n_2\sin\theta_2$ 可近似写作

$$n_1\theta_1\approx n_2\theta_2 \tag{19.9}$$

根据平面几何,三角形的外角等于两不相邻内角之和,因此在三角形 PAC 和 $P'AC$ 中分别有

$$\theta_1=\alpha+\phi \qquad\qquad \phi=\theta_2+\beta \tag{19.10}$$

消去上述等式听 θ_1 和 θ_2,得

$$n_1\alpha+n_2\beta=(n_2-n_1)\phi$$

而 $\phi=l/R, \alpha\approx l/S, \beta\approx l/S'$,因此有

$$\frac{n_1}{S}+\frac{n_2}{S'}=\frac{n_2-n_1}{R} \tag{19.11}$$

上式是球形折射面的物像关系,称为**单个折射球面成像的高斯公式**。

在 §19.2 中制订的关于球面镜反射成像的符号法则,也适用于球面镜折射成像的情况,我们只需将折射面作为界面,根据物与入射光,像与出射光,以及曲率中心与出射光在界面两侧的分布,对照符号法则,确定物距、像距及曲率半径的正、负。如在图 19.12 中,物与入射光均在折射面左侧,属同一侧,因此物距 S 取正值;像与出射光均在折射面右侧,也属同一侧,故像距 S' 也应取正值。图中曲率中心与出射光在界面的同一侧,则半径 R 为正。因此可归纳为当折射界面凸向物体时 R 为正,当折射界面凹向物体时 R 为负。

例 9.1 在油液中有一圆柱状长玻璃棒,棒的一端为曲率半径 $R=3\text{cm}$ 的半球面,它们的折射率分别为 1.33 和 1.52。在棒轴上距端点 $9\text{cm}P$ 点处有一点状物体,如图所示。求像的位置。

解 根据式 (19.11),$\dfrac{n_1}{S}-\dfrac{n_2}{S'}=\dfrac{n_2-n_1}{R}$,因为入射光与物同处折射面左侧,而出射光与曲率中心 C 又同处折射面右侧,按照符号法则,物距 S 和曲率半径 R 均应取正值。于是有

$$\frac{1.33}{9\text{cm}}+\frac{1.52}{S'}=\frac{1.52-1.33}{3\text{cm}}$$

$$S' = -18\text{cm}$$

像距为负值,意味着折射光是发散的,形成虚像。出射光与像分处折射面两侧,按照符号法则像距 S' 应为负值。

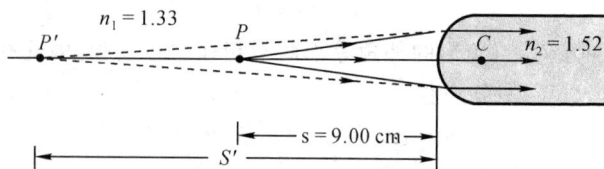

例 19.1 图

§19.5 薄透镜

透镜是使用最广泛的一种光学器件。最简单的透镜由两个彼此紧靠的球形折射面组成,它们曲率半径相同,厚度可以忽略,这种透镜被称作薄透镜。

一、正透镜和负透镜

图 19.13 中所示为一双凸薄透镜。两球面曲率中心的连线为**主光轴**。入射光在薄透镜上的折射可看作发生在透镜的中心平面上,而不是在两个球形表面。我们知道,反射镜有一个焦点,而透镜有两个,

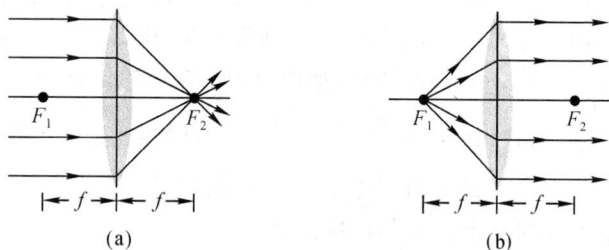

图 19.13 双凸薄透镜

分别位于透镜两侧,各距透镜中心 f。第二焦点 F_2 是入射到透镜上的平行光会聚的位置,第一焦点 F_1 是成像于无穷远的物的位置。垂直于主光轴且通过焦点的平面称焦平面。

对于置于空气中的普通玻璃透镜,$n_2 > n_1$,双凸透镜的每个表面都将光线折向光轴,因而光线趋于会聚,形成实象,这类透镜称**会聚透镜**或**正透镜**,焦距 f 取正值。

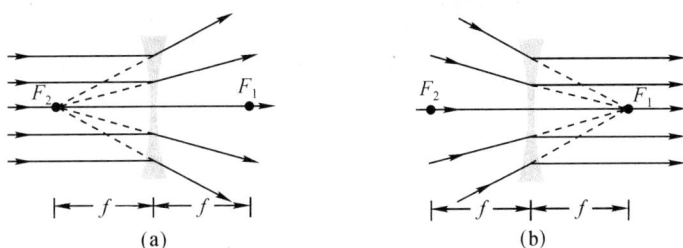

图 19.14 双凹薄透镜

对于图 19.14 所示的双凹透镜,光线投射到透镜上经折射后是发散的,形成虚象,这类透镜称**发散透镜**或**负透镜**,透镜焦距 f 取负值。负透镜的焦点相对正透镜来讲(F_1 和 F_2)是倒置的。

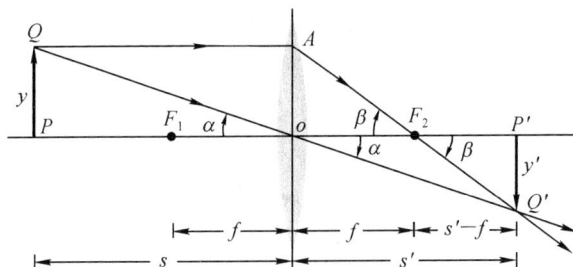

图 19.15 薄透镜成像

二、薄透镜公式

在图 19.15 中,物体 PQ 上 Q 点发出的平行于光轴的光线,在透镜中心平面上 A 点发生折射后通过第二焦点 F_2,光线 QOQ' 无折射地通过透镜中心(也称光心),两条光线最后会聚于 Q' 点,形成像 P' Q'。令 S 和 S' 分别表示物距和像距,y 和 y' 为物高和像高。图中两个直角三角形 PQO 与 $P'Q'O$ 相似,因此有

$$\frac{y}{S} = -\frac{y'}{S'} \quad \text{或} \quad \frac{y'}{y} = -\frac{S'}{S} \tag{19.12}$$

式中的负号是因为像在光轴下方,因而 y' 取负值。又因为直角三角形 OAF_2 与 $P'Q'F_2$ 相似,故

$$\frac{y}{f} = -\frac{y'}{S'-f}$$

或

$$\frac{y'}{y} = -\frac{S'-f}{f} \tag{19.13}$$

将式(19.12)和式(19.13)合并,得

$$\frac{1}{S} + \frac{1}{S'} = \frac{1}{f} \tag{19.14}$$

上式为薄透镜的物像关系式。从式(19.12)可得薄透镜的横向放大率为

$$m = \frac{y'}{y} = -\frac{S'}{S} \tag{19.15}$$

式中的负号表示当 S 和 S' 均为正值时,像是倒立的,如图 19.16 所示,且 y 与 y' 符号相反。

我们注意到,对于薄透镜的基本方程式(19.14)和(19.15)与球面镜的方程(19.7)和(19.8)完全相同。对于前面所制定的符号法则也完全适用。因为已经假定薄透镜很薄,应用符号法则时只需将透镜整体作为折射界面,根据入射光与物,出射光与像在界面两侧的位置,确定各物理量的正负。

三、磨镜者公式

下面我们继续对薄透镜公式作地一步推导,以求得透镜焦距、曲率半径及折射率之间的关系。

图中透镜两个球形表面的曲率半径分别为 R_1 和 R_2。透镜折射

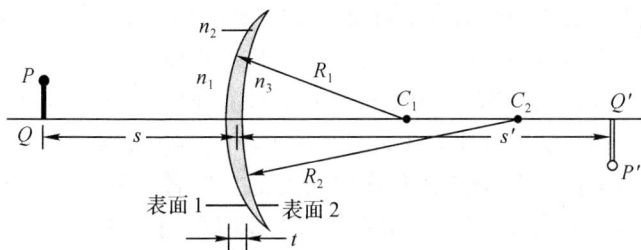

图 19.16(a)　物与最后的像

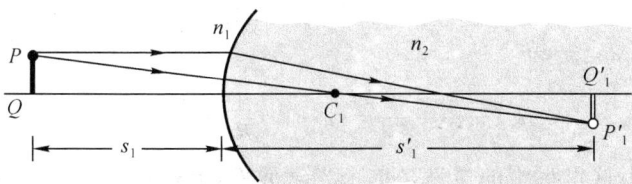

图 19.16(b)　物与由透镜第一个表面所成的像

率为 n_2,其左侧介质折射率为 n_1,右侧为 n_3。因为是薄透镜,两表面间距 t 很小,与物距及像距相比可以忽略不计。对于成像过程,我们采用逐次成像法,即透镜第一个表面对物体所成的像,可以作为透镜第二个表面的物,再次成像。在图 19.16(a)中标明了透镜的几何尺寸及透镜和周围材料的折射率,并画出物与最后像的位置示意图。

在考虑透镜第一个表面成像过程中,我们可以假设折射率为 n_2 的透镜材料向右延伸至无限远,并在其中形成物体 PQ 的像 $P_1'Q_1'$,如图 19.16(b)所示。然后以此像作为透镜第二个表面的物,形成最后的像 $P'Q'$。根据单球面方程(19.11),可以对透镜的两个折射面分别列出两个方程:

$$\frac{n_1}{S_1} + \frac{n_2}{S_1'} = \frac{n_2 - n_1}{R_1}$$

$$\frac{n_2}{S_2} + \frac{n_3}{S_2'} = \frac{n_3 - n_2}{R_2}$$

上式中 S_1, S_1' 和 S_2, S_2' 分别对应于透镜第一个及第二个表面的物距和像距。对透镜的第一个表面,入射光线与物均在左侧,出射光线与像均在右侧,根据符号约定,S_1 和 S_1' 应取正值。但当此像作为透镜第二个表面的物时,入射光线与物分处界面两侧(入射光线在左侧,物在右侧),实际上此物并非真实存在,物距应取负值,即 $S_2 = -S_1'$。且在通常情况下,透镜工作在空气或真空中,故可取 $n_1 = n_3 = 1$,因此 n_2 也可简写为 n。将这些关系代入上述两式,于是有

$$\frac{1}{S_1} + \frac{n}{S_1'} = \frac{n-1}{R_1}$$

$$\frac{n}{-S_1} + \frac{1}{S_2'} = \frac{1-n}{R_2}$$

消去 S_1' 后得到

$$\frac{1}{S_1} + \frac{1}{S_2'} = (n-1)(\frac{1}{R_1} - \frac{1}{R_2})$$

实际上这里讨论的透镜是单个光学元件,上式可以进一步简化,即 S_1 和 S_2' 可以分别用 S 和 S' 取代,可得

$$\frac{1}{S} + \frac{1}{S'} = (n-1)(\frac{1}{R_1} - \frac{1}{R_2}) \tag{19.16}$$

再与薄透镜方程(19.14)进行比较,得到

$$\frac{1}{f} = (n-1)(\frac{1}{R_1} - \frac{1}{R_2}) \tag{19.17}$$

上式给出了透镜的焦距与折射率以及曲率半径间的关系,称为磨镜者公式。根据符号法则,图 19.16 中,曲率中心 C_1 和 C_2 与出射光线在同一侧。因此,R_1 和 R_2 均应取正值。

三、薄透镜作图法

对于薄透镜成像的位置和大小,可以利用三条主光线由作图法求得:

1. 一条平行于光轴的光线,经透镜折射后通过透镜的第二焦点 F_2。

(a)

(b)

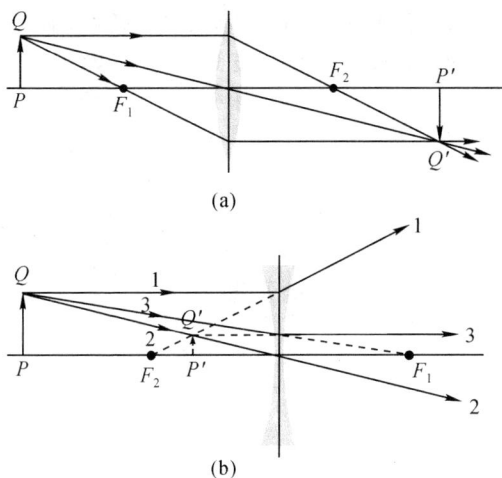

图 19.20 (a)会聚透镜(正透镜) (b)发散透镜(负透镜)

2. 一条投射至透镜中心的光线,通过透镜时将不发生偏转。

3. 一条通过透镜第一焦点 F_1 的光线,从透镜射出后将与光轴平行。

对于正透镜,任意两条主光线相交可以得到像点。对于负透镜,发散的主光线反向延长后相交得到像点。

例 19.2 两个薄透镜同轴放置,相距 $d=26\text{cm}$,如图所示。凸透镜的焦距 $f=12.6\text{cm}$,凹透镜的焦距 $f'=-34\text{cm}$。现有物体位于凸透镜左侧 18cm 处,求该光学系统最后所形成的像的位置。

解 我们采用逐次成像法,第一透镜的像位于第二透镜的右方,成为第二透镜的物。对于第一个透镜,根据式(19.14),有

$$\frac{1}{S_1} + \frac{1}{S_1'} = \frac{1}{f}$$

$$\frac{1}{18\text{cm}} + \frac{1}{S_1'} = \frac{1}{14\text{cm}}$$

得
$$S_1' = 42\text{cm}$$

该倒立的实像 I 位于第一透镜右侧 42cm,距第二透镜 16cm。根据前

述的符号法则,此像对第二个透镜来说是虚物,入射光与物分处透镜两侧,物距 S_2 应取负值。同样根据式(19.14),有

$$\frac{1}{S_2} + \frac{1}{S_2{}'} = \frac{1}{f'}$$

$$\frac{1}{-16\text{cm}} + \frac{1}{S_2{}'} = \frac{1}{-34\text{cm}}$$

得 $\qquad\qquad\qquad S_2{}' = 30.2\text{cm}$

在第二透镜的右侧形成倒立的实像 I'。

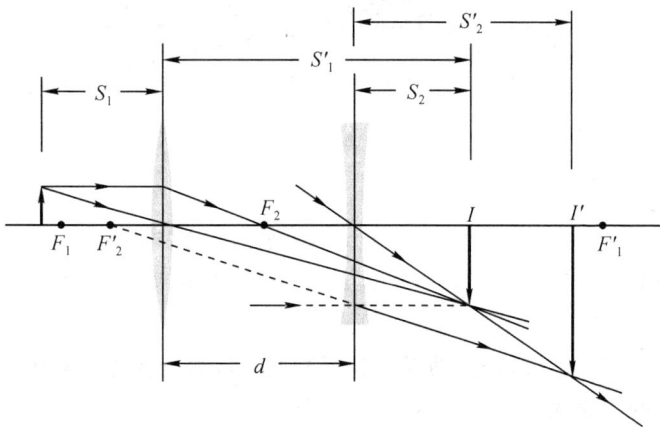

例 19.2 图

§19.6   光学器件

对于现代高级光学仪器,反射镜公式和薄透镜公式只能近似成立。一般来说,光线不一定是近轴的,也不能把透镜都看作"薄透镜"。在多数光学仪器中,透镜是由几个元件结合在一起构成的复合系统,其界面也很少是严格的球面。为简单起见,我们在下面描述的几种光学仪器中,假定薄透镜公式适用。

一、放大镜

正常人的眼睛能使物体在视网膜上聚焦成清晰的像,物体可以处于无限远处(如星体)到被称作近点 P_n 之间的任何位置上。人眼的近点约在距眼睛 25cm 处,这个距离一般称之为明视距离。如果把物体移到近点以内,则视网膜上的像就变得模糊不清了。

物体的表观尺寸决定于在视网膜上成像的大小,也可以用物体对眼睛所张的角度的大小来量度。要使物体的表观尺寸放大,可将物体移近眼睛,使张角增大。图 19.17(a)表示高 h 的物体位于近点 P_n 时对眼睛的张角,$\theta = h/25\text{cm}$。

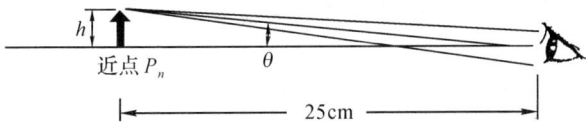

(a) 物体在25cm处的近点所张角度 θ

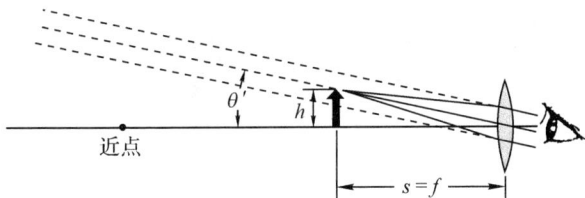

(b) 用焦距 f 的会聚透镜观看时,物的虚像所张角度 θ'

图 19.17 简单放大镜

最简单的放大镜由一个正透镜构成。透镜 L 靠近眼睛(图 19.17(b)),使被观察的物体在其焦点 f 附近,距透镜的距离略小于焦距。形成正立的、放大的虚像。

一个短焦距的正透镜可以用作放大镜。将透镜置于眼睛前方,并把物体移到透镜的焦点上,当眼睛聚焦在无限远处时,就会看到一个在无限远处的虚像,张角 $\theta' = \dfrac{h}{f}$。显然 $\theta' > \theta$,通过透镜观察到的物体比原物大。我们定义使用放大镜和不使用放大镜时张角的比为**角放大率** m_θ，因而 $m_\theta = \theta'/\theta = (h/f)/(h/25\mathrm{cm})$，

得

$$m_\theta = \frac{25\mathrm{cm}}{f} \tag{19.18}$$

对于简单放大镜，由于受透镜像差的限制，角放大率只有几倍。例如一焦距为 0.1m 的放大镜，$m_\theta = 2.5$，习惯上用"2.5×"表示。

二、显微镜

如果我们需要得到比单放大镜高的角放大率，用以观察微小物体，通常可以使用**显微镜**或称**复合显微镜**。显微镜一般由两个透镜组成，基本结构如图 19.18 所示。分析这种系统的方法是将第一个光学透镜所成的像作为第二个透镜的物来处理。

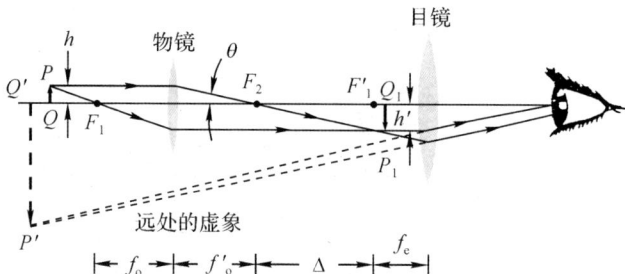

图 19.18　显微镜光路图

将高 h 的物体放置在紧靠**物镜**第一焦点 F_1 的外侧，则在物镜的第二焦点 F_2 外侧形成高 h' 倒立的、放大的实像，如图 19.18 所示。图中 $\triangle$ 为物镜第二焦点 F_2 到目镜第一焦点 F_1' 的距离，称为显微镜的管长。由式 (19.15) 可知，此物镜的横向放大率为 $m = -S_1'/S_1$，因为 $S_1 \approx f_0$，所以 $m = -S_1'/f_0$。

在显微镜中，可通过调节管长 $\triangle$，使物镜的实像落在目镜的第一焦点 F_1' 处，于是目镜的作用就相当于前面讨论的简单放大镜。平行

光线进入眼睛,在无限远处形成虚像 $P'Q'$,它相对被观察的物体是倒立的。显微镜的放大率 M 等于物镜的横向放大率与目镜的角放大率的乘积,即

$$M = m \times m_\theta = -\left(\frac{S}{f_0}\right)\left(\frac{25\text{cm}}{f_e}\right)$$

式中,$S = f_0 + \triangle$,负号表示观察到的是倒像。上式表明,物镜、目镜的焦距越短,光学管长越大,显微镜的放大倍率越高。在显微镜物镜和目镜上刻的倍率(例如 $10\times$、$20\times$),分别表示它们使用时的横向放大率 m,和角放率 m_θ。

三、望远镜

望远镜的形式很多,下面介绍一种目镜和物镜均可视为薄透镜的简单的折射望远镜。透镜的组合与显微镜类似,最大的区别是望远镜用来观察大的物体,如远处的星系、行星等。并从图 19.19 中可以看到,望远镜中物镜的第二焦点 F_2 与目镜的第一焦点 F_1' 重合,而在图 19.18 的显微镜中两者是被管长 S 分离的。

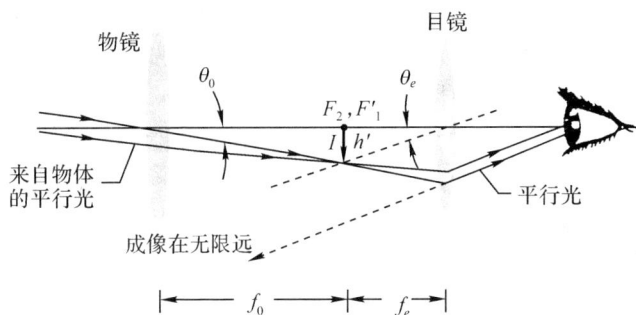

图 19.19　望远镜光路图

在图 19.19 中,来自远处物体的平行光线进入物镜,与光轴的夹角为 θ,并在焦点 F_2、F_1' 处形成高 h' 倒立的实像。此像作为目镜的物,最后成像于无限远处,一个仍为倒立的虚像。

望远镜的角放大率 m_θ 由 θ_e 和 θ_0 确定。对于傍轴光线,$\theta_0 = h'/$

f_0,以及 $\theta_e = h'/f_e$,因此有

$$m_\theta = -\frac{f_0}{f_e} \qquad (19.17)$$

负号表示像是倒立的。

四、照相机

照相机中最基本的构件是会聚透镜和暗箱。透镜作为物镜,称为镜头,将被拍摄的物体成实像在暗箱后部的感光底片上。通常物距 S 远大于透镜焦距 f,因此像平面总是在透镜像方焦平面附近,像距 S' $\approx f'$。我们仅需稍稍调节镜头到底片的距离,就可使不同远处的被拍摄的物体在底片上形成清晰的像。这个过程就是通常所说的"聚焦"。为了使照相机能够拍摄到较大视场的平面像,高质量的照相镜头是由多个透镜组成的复合透镜,以尽可能减小像差和色差。

照相机镜头上附有一个孔径可以改变的光阑,它的大小影响了底片上的照度,从而影响曝光时间的选择。透镜焦距与光阑孔径的比值 f/D 称为 f 数(记作 f),即光圈数值。f 数是照相机物镜的一个重要参量。例如,"光圈 5.6"表示 f 数为 5.6,写成 $f/5.6$,即透镜的焦距是透镜有效直径的 5.6 倍。该数值越大,说明通光孔径越小。

当光阑直径一定时,只有位于一定距离处平面上的物点才能形成最清晰的像,在更远或更近处的物点所成的像,一般都将变得模糊。但在离此平面稍有前后的物点,在底片上形成的像尚属能够分辨,我们认为这些物点也形成清晰的像。这一定的物距范围称为**景深**。改变光圈可以起到调节景深的作用。光圈直径越小,景深越大。决定景深大小的除光圈外还有其他因素。例如,对于给定焦距的镜头,物距越大景深越大,因此在拍摄不太近的物体时,很远的背景可以很清晰,而在拍摄近物时,稍远的背景就变得模糊了。

思考题

19.1　3×的简单放大镜的焦距是多少?

19.2　将物体放置在会聚透镜光轴上不同位置,试用作图法归纳成像的几种典型情况。

19.3　一薄凸透镜的焦距为f,一薄凹透镜的焦距为f_2,试问两者如何放置,才能使平行光束通过它们后仍然是平行光束?

19.4　一显微镜具有标有10×的目镜和焦距4.0mm的物镜。若管长为160mm,则总放大率是多少?

19.5　一简单的折射望远镜(图19.19)物镜焦距为850mm,目镜焦距为25.0mm,问它的角放大率是多少?

习　题

19.1　一发散薄透镜的焦距为15cm,在距光心30cm处放置一高12cm的物体。求像距及横向放大率,并作光线图。

19.2　一会聚薄透镜两球面的曲率半径相同,其绝对值为10.0cm,透镜玻璃的折射率为1.52。求该透镜的焦距。如果该透镜为发散透镜,则焦距又是多少?

19.3　一平凸透镜置于空气中,透镜玻璃的折射率为1.20,球面的曲率半径为57.1mm。(1)求此透镜的焦距;(2)若在此透镜前50.0cm处,在光轴上A点放置一物,问透镜将此物的像成在何处?

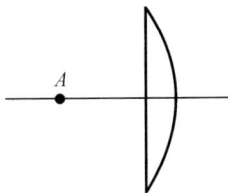

题 19.3　图

19.4　一个焦距8.0cm的会聚薄透镜的左侧12cm处放置有一物体,高8.0cm,该透镜的右侧另有一焦距6.0cm的会聚薄透镜,两透镜相距36cm,光轴重合。求该透镜组所形成的像的位置和大小。

19.5　显微镜的物镜焦距$f_1=8.0$mm,目镜焦距$f_2=40.0$mm。物体在物镜第一焦点F_1外0.5mm处。求显微镜的放大率。

19.6　显微镜的物镜焦距$f_1=1.0$cm,目镜焦距$f_2=2.0$cm。从物镜到目镜的距离为23.0cm。显微镜的放大率为何值? 物体离物镜的距离为多远?

阅读材料 5. A

光 盘

用激光记录和再现电视图像的光盘系统(称激光视盘)在 1972 年问世。经过二十多年的发展,目前,激光唱片,或称 CD(Compact Disc)唱片已非常普及。此外,光记录的另一产品,高密度、可擦除数字光盘已作为计算机的数据存储设备进入市场。下面主要讨论这一新技术的一些基本物理原理。

光盘的读出系统由三个主要部件组成,即光盘、光头臂和电动机。与普通唱机拾音臂一样,光头臂作径向运动,使其上的激光束能准确地跟随并聚焦在唱盘的螺旋形信道上。电动机要保证光盘有精确的速率。下面着重介绍光盘读/写原理。光盘上的信息是以很微细的凹坑—台面—凹坑形迹记录在螺旋形信道上。作扫描用激光束(目前采用半导体激光器,波长在 800nm 左右)经物镜聚焦在光盘的信息面上。这时,从信息面反射回来的光信号,经同样的透镜而会聚在光电探测器上,从而读取原先储存在光盘中的信息。可见,与普通唱片或磁带不同,光记录是非机械接触式的。物镜与盘面的距离有 1.5mm。而且在光盘的信息面上还覆盖一层约 1.2mm 厚的透明基片,因此,它的信息面不会受到损伤,可长期使用(光盘的寿命在几十年以上)。此外,光盘上所记录的信息密度要高得多。根据光的衍射理论,由物镜所能聚焦的最小光斑直径 d 为

$$d = 1.22 \frac{\lambda}{D} f \qquad (5.\,A.\,1)$$

式中 D 是物镜的直径,f 是它的焦距。在典型情况下,$d \sim \lambda$,也在 $0.8\mu m$ 左右。这就大体上决定光盘的存储密度。目前,光盘在切向上

线密度达到 10^3bit/mm,在径向上,其信道密度达 500 条/mm 以上(而普通唱片只有 10 条/mm)。因此,一张直径 300mm 的光盘,存储容量可大到 10^{11}bit,这与一套百科全书的信息量可相比拟了。图(5.A.1)给出 CD 光盘信息面的扫描电镜照片。图中镶嵌在基本上相互平行的信道上的凹坑,其深度在 100nm 左右。凹坑的长度,以及坑凹之间的台面长度为 $0.9+n\times0.3\mu m$,这里 $n=0,1,\cdots,8$。相邻信道轨迹的间距为 $1.6\mu m$。作为比较,扫描光斑的大小也在图中给出。

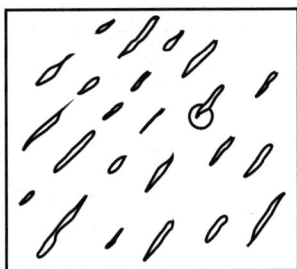

图 5.A.1　CD 光盘信息面电镜照片

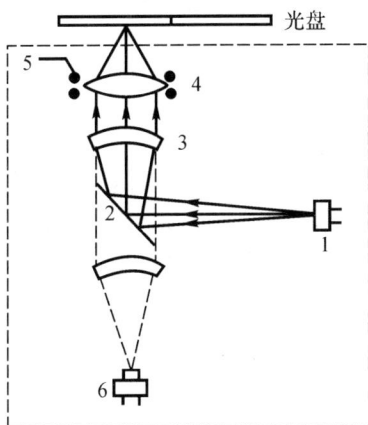

1.半导体激光器　2.半镀银镜
3.准直透镜　4.聚焦物镜
5.致动器　6.光电二极管
图 5.A.2　光学探头简图

为了读取信道上凹坑—台面这种二元数码式记录,采用装在光头臂上的光学探头。它由四大部分组成:半导体激光器、以聚焦成像透镜为核心的光学系统、光探测器和伺服机构。图 5.A.2 是简化了的光探头光学系统。图中制动器与物镜连在一起,其目的是使物镜在垂直光盘方向作微动,以达光束在信息面能有最佳聚焦状态。制动器由音频线圈和磁铁组成,像一只扬声器。物镜便悬挂在这音圈上。根据光束聚焦与否而导致反射光的变化,经光电管检测并放大,因此用这转换成的电流信号来驱动制动器,以达聚焦目的。这里所提的制动器是其中一种伺服装置。由于光盘上所刻蚀的信息是非常精细的,因此必须考虑光盘的

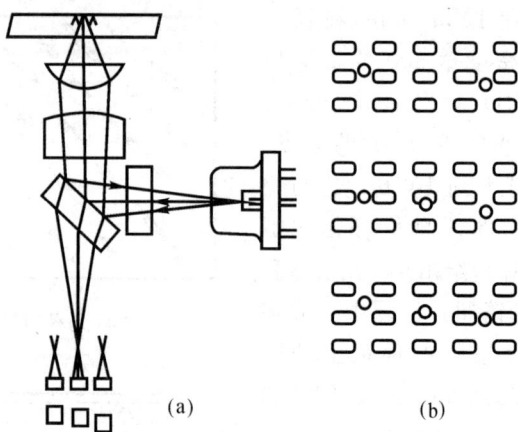

(a)　　　　　　　　　(b)

图 5．A．3

不平整度和旋转偏心等因素。为
了使聚焦光束能随时跟踪信道上
的各信息元，还需要有沿光盘径
向和切向跟踪伺服机构等。这里
再介绍径向跟踪。如图 5．A．3(a)
所示，在激光器和半镀银镜之间

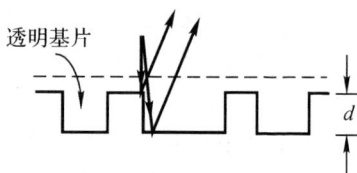

图 5．A．4　CD 光盘的信息元结构

放置一块光栅，把入射光分成三束。设光栅上相邻两缝间距为 d，则
这三束光应满足 $d\sin\theta = 0, \pm\lambda$。如果每条缝宽 $a = d/2$，则第二级是
缺级，光能将更多地集中在这三束上。零级衍射光束用于读出，光强
较弱的两束伴光(±1 级)用于跟踪，聚集在信息面上主读出光斑的
两侧。如果主光斑刚好精确地落在某信道上，两个一级光斑距该信道
中心线为 1/4 信道间距(±0.4μm)。如图 5．A．3(b)上部所示。则侧
旁两个光斑分别有一半在信道上，另一半在信道以外。这样，侧旁的
两只光电管将产生相同的光电流信号，它们的差为零。但当读出主光
斑偏离信道的中心线时，如图(5．A．3)中部或下部所示，则由侧旁两
光斑产生的电信号就不平衡。其差称为跟踪误差信号，经放大后，可
用来控制设在物镜与半镀银镜之间的跟踪反射镜(图中未画出)的偏

转,以达读出光束径向跟踪的目的。其他的,如切向跟踪伺服、光头臂径向传送伺服及转速控制伺服,这里不再逐一讨论。读出光束在信道上的扫描过程中,反射光强度的变化是基于光的干涉。如图(5.A.4)所示,凹坑的深度 d 为 $\lambda/4n$。其中 n 是透明基片的折射率。所以当光斑扫描到凹坑边缘时,从凹坑底反射的激光束与从台面上反射的有光程差 $2nd=\lambda/2$,因此干涉相消,出现光强最小值。但光斑仅在凹坑底部或台面上通过时,不出现相位差。这样,随着光斑的切向扫描,从螺旋形信道轨迹上的凹坑—台面—凹坑群上反射回来脉冲信号,它带回了原先储存在光盘上的信息。

光盘信息的写入,对于数字光盘(如 CD 唱片),它是按数字式记录的。先将声音模拟信号进行模/数转换,变成数字信号,然后经过适当的编码。这种二进位数字信号和激光束在声光(或电光)调制器中混合后,激光束以数字脉冲形式进入光学系统,并记录在光盘上。有多种方法可对光盘作光的记录。目前 CD 唱片是用光刻胶,一种高感光材料。光刻胶的感光是一个光化学过程。当真空蒸镀金属膜,然后涂布光刻胶的玻璃基盘在光头下面移动时,脉冲激光信号对光刻胶进行曝光。经显影、定影等处理后,便形成有凹坑—台面—凹坑信息元结构的玻璃原盘。再在其上电铸一层镍,形成金属原盘。然后复制,并镀上一层透明保护层,制造出市售的激光唱片。数据存储用的一次写入式光盘经常使用金属薄膜作记录介质。与光刻胶记录过程不同,金属膜记录则是热效应过程。以聚焦激光束将被照明区域的薄膜烧蚀而形成凹坑。为了便于记录,金属薄膜是选用低熔点的碲(Te)合金材料。

只读式光盘或一次写入式光盘,无论记录的是模拟信号(如激光视盘),还是数字信号,一经记录,便不可擦除。因此,尽管光盘的存储密度比磁盘的大,但它只能用于永久性数据存储器,不能取代磁盘。目前,两种可擦除式光盘,磁光型和相变型已经发展起来。相变型是利用激光束加热,引起碲合金晶态⇌非晶态相的可逆转变过程,即

$$晶态相 \underset{擦除}{\overset{记录}{\rightleftharpoons}} 非晶态相$$

由于晶态与非晶态对光的反射率有很大差异,这可用作信息的记录与读出(注意,读出光束的功率要低得多,以免发生相变)。现在,磁光型发展更加成熟。磁光型记录介质大多用稀土合金(如 Tb-Fe,Gd-Fe)磁性薄膜。其特点是,具有较低的居里温度(如 Gd-Tb-Fe,仅 $150℃$ 左右),较大的矫顽磁性等。如图(5.A.5)所示,这类材料的磁滞回线接近于矩形。当正向脉冲电流通过线圈,所产生的磁场可使磁畴接近饱和磁化。这时,脉冲撤去,它将保持剩磁 Mr,这对应于二进位代码"1"。由于矫顽力 Hc 很大,达数千奥斯特,因此,会一直保留这一磁化状态。但在聚焦强激光照射时,在直径 $1\mu m$ 的光斑区域内将产生局部高温。当温度超过居里温度时,磁畴暂时消失。该材料恢复到图(5.A.5)中未被磁化的原点 0。此后,如果在线圈中加入反向脉冲电流,磁化过程将沿磁化曲线 $o'a'b'$ 进行,这时,对应的 H 值仅超过 100 奥斯特。因此,引起 $+Mr \rightleftharpoons -Mr$ 的磁化翻转,从而实现 $1 \rightleftharpoons 0$ 翻转。数据的读出则是利用磁光效应。

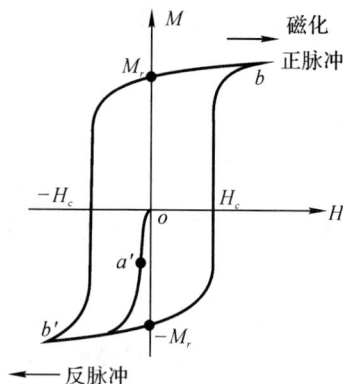

图 5.A.5

光盘技术相对来说还是较年轻的,新的应用和技术还有待进一步开发。其中,存储密度是最具有吸引力之外,与目前电脑中广泛应用的软盘相比,小型光盘的存储容量差不多要高两个数量级。当前,人们正在研制波长更短的小型激光器,其中最有希望的一个途径是采用倍频技术,将半导体激光器的波长从 800nm 压缩到 400nm,这样,单位面积的存储量又能提高 4 倍。

（黄正东　陈凤至　编）

阅读材料 5.B

液晶显示

液晶显示是人机交流的一种工具。它具有体积小、重量轻、能耗少等特点。因此，它被广泛地用于电子表、计算器、仪器的显示盘等领域，用以显示数（文）字、图表、照片和动态图像。随着液晶研究的进展和成熟的电子线路的开发，液晶显示也开始进入过去曾经是阴极射线管独霸的领域，即电视和个人计算机的显示屏。

尽管液晶已深入到几乎每个人的生活之中（至少是在城市），但了解液晶和液晶显示的人并不多。本文的目的就是要对液晶、液晶显示的原理和如何用液晶来显示数字、照片和动态图像作一较详细的介绍。

我们先从什么是液晶谈起。液晶是一类有机化合物，在一定的温度的区间内，它具有一种介于液相和固相之间的附加物态——液晶相。从分子结构上看，液晶分子由三部分组成：中间部分由两个或多个刚性的芳香族或非芳香族环串联而成，一边是长短不等的碳氢链，另一边是有极性的或无极性的原子团，如图 5.B.1 所示。在考虑液晶的物理性质时，我们可以将液晶分子设想为一根细长的棒。

在应用上最重要的液晶相是向列相。向列相没有位置有序性，一个分子可以在其他分子间游动。因此，向列相可以像液体一样地流动。但向列相具有方向有序性，即分子长轴的方向平均说来指向一个共同的方向，这个方向的单位矢量称为指向矢 **n**。

作为显示材料，我们利用液晶的以下性质。考虑如图 5.B.2 所示的一块液晶，它的指向矢 **n** 平行于上下表面上，具从上到下呈螺旋状排列。如果有一束偏振光垂直入射到上表面上，且振动方向平行于

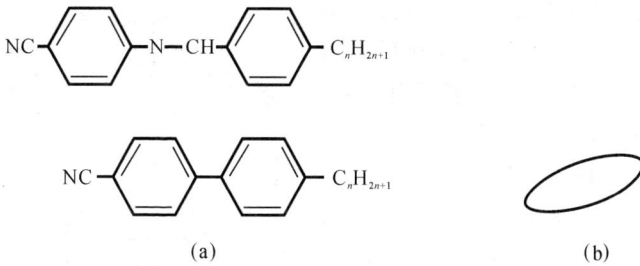

图 5.B.1 (a)两种液晶的分子结构和(b)液晶分子的物理模型

上表面处的指向矢 **n**，则在进入液晶后，它的振动方向会随着指向矢的扭转而旋转，并以平行于下表面的指向矢 **n** 的振动方向从液晶中射出。这是第一个性质。第二个性质是：如果在液晶上下表面处加一电压，则在电压大于某一数值(阈值)时，液晶各层的指向矢 **n** 都会转向平行于电场的方向。

　　最普通的液晶显示装置构造如下。将液晶夹于两个玻璃片间。两玻璃片的外侧贴有偏振片，两者的偏振化方向成 90°角。两玻璃片的内侧各镀一薄层透明的导电材料作为电极。再在电极上淀积一层定向层，以迫使与该层毗邻的液晶分子的(长)轴指向偏振化方向。由于与两玻璃毗邻的液晶分子轴彼此垂直，所以液晶内部的分子轴经历了 90°的扭曲。根据具体的应用，我们可以在该装置的一侧放一平面镜(如计算器)或不放平面镜(如电视)。

　　现在我们来看如何用上述装置来显示一个像素，如一条短横。为此，我们将两玻璃片内侧的电极做成短横状，而且从垂直于玻璃片的方向看去彼此重叠。当两个电极上未加电压时，光从正面射来，通过偏振片变为偏振光。按照第一个性质，这个偏振光的振动方向将随指向矢 **n** 而旋转。到达后一玻璃片时，它的振动方向与后一偏振片的偏振化方向一致，于是射出偏振片。如果在该装置的后面放一平面镜，则这束光会被反射回来，并经历同样的过程从正面射出来。这样，我们看到电极所在的位置是明亮的，即看不到短横。在两个电极上施加电压后，指向矢 **n** 转向电极方向，即平行于电极间的电场。这时，从正

· 147 ·

面进入玻璃片的偏振光,其振动
方向不再会旋转,在到达后一偏
振片时即被吸收,不能反射回来。
由于在电极处无反射光,所以在
该处出现了黑色的短横(图
5.B.3)。在撤去电压后,由于液晶
弹性的作用,指向矢 *n* 又会按原
样即螺旋状地排列起来。

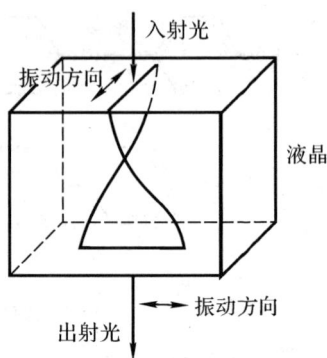

图 5.B.2　偏振光的振动方向在液晶
中的旋转,图中由两条线
段和两条曲线构成的图形
表示指向矢 *n* 的扭曲

　　为了显示数字,我们将电极
做成由七条分离的短横组成的 8
字形(图 5.B.4)。从 0 到 9 的所
有数字都可以通过在适当的短横
电极上施加电压来实现。例如,为

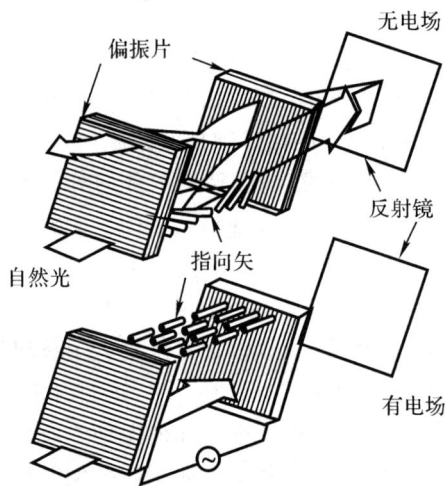

图 5.B.3　液晶显示装置

图 5.B.4　数字的显示

了显示数字"3",我们在图 5.B.4 的带有圆点的电极上施加电压。
　　同显示数字相比,显示图像就复杂多了,因为图像包含着大量的像素。由于不可能在每个像素上都接出一对电极,以使每个像素得到自己的信号,所以人们在一个玻璃片的内侧做上许多横向的条状电极(行电极),在另一个玻璃片内侧做上许多纵向的条状电极(列电极)。行电极和列电极的交点决定了像素。为了向每个像素输送信号,我们从上到下依次给每个行电极一个很大的正脉冲。当输给某一行电极正脉冲时,同时输给所有的列电极正的或负的脉冲(见图 5.B.5)。在这一行上,凡是未被选到的像素都给以中等大小的正脉冲,行和列的电压脉冲相减,不会使这些像素上的指向矢 *n* 转向,像素位置依然是白的。凡被选到的像素都给以负脉冲,两个电压脉冲相加使指向矢 *n* 转向,像素位置呈现黑色。扫描完一帧,又可以从头开始扫描下一帧。这样就完成了图像显示的任务。不过,这种方法有一个缺点,即未被选到的像素也要获得一系列中等电压脉冲并积累起来(交叉电压)。扫描的行数越多,像素的交叉电压也越大。这样,要增加图像的分辨率势必要降低它的对比度。

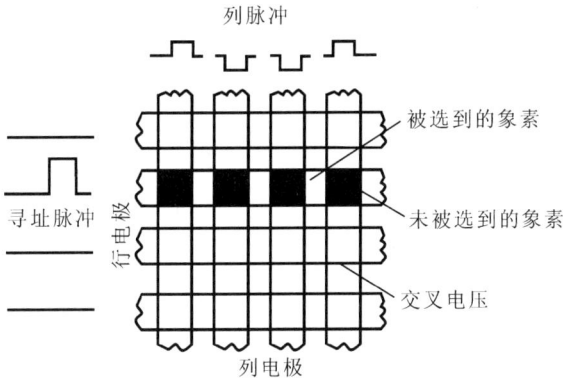

图 5.B.5　图像的被动矩阵液晶显示

为了避免这一缺点,人们采用把寻址功能(即找到像素位置)和输入信号功能分开的办法。这种方法利用一个晶体管的阵列,每个晶体管激发一个像素。只有当一个晶体管导通时,它所控制的像素才能接受来自列电极的脉冲。当这个晶体管断开时,它的像素保持所得的电压,不再受到列电极脉冲的干扰。由于这种方法有效地防止了交叉效应,行电极的数目可以很大。此外,这种技术也很容易提供彩色。为此,将像素和对应的晶体管结合成组,每组含有三个像素及对应的晶体管。三个像素前各放三原色滤光片。这样就能得到彩色显示了。

液晶显示的应用是十分广阔的:除了电子书籍、笔记本外,还有小型电视和录像机、手提计算机、自动化导航系统的显示屏等。在不久的将来,甚至还会有许多更奇特的应用。比如,可以将电视机做得很薄挂在墙上。在不看电视的时候,这个显示器会像变色龙一样地消失在墙纸的图案中,或者变成一幅名画或一张照片挂在墙上。总之,未来的液晶显示技术将把世界点缀得更美丽。

（陈凤至　编）

阅读材料 5.C

相控阵雷达

相控阵雷达在现代国防和导航等方面有广泛的用途,它涉及光栅原理和电磁波的性质,是经典理论在新技术上应用的一个很好的范例。

电扫描雷达指的是只用电的方法控制电磁波束指向的雷达。相控阵雷达是其中最新的一种。它以相位控制实现波的扫描,相对常规的雷达即机械式的,靠旋转碟形天线导向的雷达来说,它具有下列优点:

(1)无机械惯性,因此,可高速扫描。现代的相控阵雷达进行一个全程扫描,只需几个微秒。

(2)能同时进行多目标的搜索与跟踪。即一部雷达兼有多部常规雷达的功能。因相控阵雷达由计算机控制形成多种波束,所以可对付多种目标,完成多种功能。例如,能同时测量飞机、导弹等多种目标的大小、方位和速度等参量。

(3)相控阵雷达可具备较大的功率孔径乘积。因为天线阵列本身不必转动,所以,天线孔径尺寸可以做得很大,提高雷达的角分辨率,总的辐射功率也可加大。由此可进一步提高雷达的作用距离。

相位控制扫描法的基本原理是通过控制沿辐射器各个阵元上电磁波的相位来控制天线的方向图(即电磁波束强度的角分布)。相控阵雷达天线是平面阵列,即辐射元是有规律地排列在一个平面上,类似于平面光栅。为简化起见,我们讨论一维控相阵列天线,见图5.C.1。图中有五个辐射元,相邻辐射元的间距为 d。如我们所知,对于一维光栅,如图 5.C.2 所示,干涉主最大的位置将满足关系式:

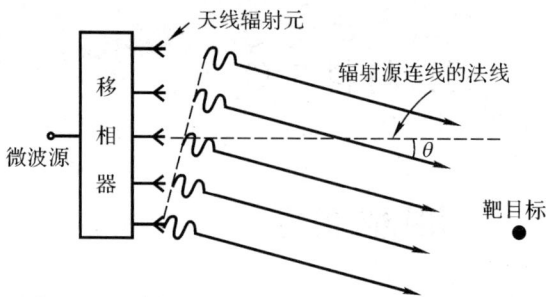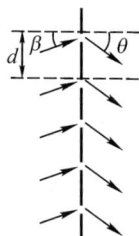

图 5.C.1 图 5.C.2

$$d(\sin\beta+\sin\theta)=m\lambda \tag{1}$$

其中 β 是入射角，θ 是衍射角。当 β 变化时，对于同一干涉级 m（例如 $m=0$），θ 也随着变化。由于 β 角斜入射，相邻两光束在栅面上的程差等于 $d\sin\beta$，其对应的相位差为 $\Delta\varphi=2\pi\dfrac{d\sin\beta}{\lambda}$。显然，根据波动理论，不论用何种方法，如果相邻两束波在栅面上产生同样相差 $\Delta\varphi$，则干涉主最大所对应的衍射角 θ 也是一样的。对于零级，衍射角 θ 应满足

$$2\pi\frac{d\sin\theta}{\lambda}+\Delta\varphi=0$$

如果式中 d 表示相位上受控的相邻辐射单元之间的间距，则上式也适用于一维相控阵列天线。如果用电子学方法连续、周期性地改变相邻辐射元间的相差 $\Delta\varphi$，则衍射角 θ 也相应发生变化。所以雷达波束就能进行电扫描。此外，如各辐射元相位保持不变，譬如说，同相位，则式（1）成为 $d\sin\theta=m\lambda$。改变输入微波的频率也改变波长 λ，因而，也能改变波束的衍射角 θ。这是电扫描技术中，另一种用得很多的频率控制扫描法。

通常，送至各辐射元的微波信号有相同的振幅。这些信号由中央振荡器产生，并通过晶体管或特定的微波器件，如行波管进行放大。这些信号的相位匹配通过移相器来完成。最简单的相移方法是增加微波发生器或放大器与辐射元间传输电缆的长度以达到延时的目的。不过，目前实用上，则采用铁氧体或半导体变容二极管移相器。铁

氧体的移相是由于这种电介质含有磁性原子。可以证明,它的磁导率 μ 除依赖于材料特性外,还与外加磁场有关。所以外加磁场 B_0 可以控制磁导率 μ,从而影响电磁波在铁氧体内传播的速度和所需的时间。因此,改变 B_0 可控制从铁氧体出来的电磁波的相位。变容二极管是通过改变所加偏压以达到改变 p-n 结的电容值。众所周知,任一电抗(电感或电容)元件均有移相的效果,因此,移相器也可由变容二极管组成。此外,对于一维光栅,主最大的半角宽由下式决定

$$\Delta(d\sin\theta)=\lambda/N$$

即
$$d\cos\theta\Delta\theta\approx\lambda/N$$

图 5.C.3

近似地有关系式,$\Delta\theta=\dfrac{\lambda}{Nd\cos\theta}$,其中 N 是光栅的条数。Nd 是光机的总宽度。所以,波束半角宽 $\Delta\theta$ 与 λ 成正比,与光栅的总宽度成反比。相控阵雷达所发射的波束的形状,也可由相同的考虑得知。由于阵列尺寸很大,所以,发射出的电磁波束将很细窄,有很好的方向性和分辨率。不过,如前面指出的,相控阵雷达是由辐射元组成的平面阵列,所以,它的衍射方向图(即强度角分布)的具体数学处理更加复杂,这里不再讨论。对靶目标反射回来的信号的接收,也是通过同样的阵元来完成。同样地,改变相邻两阵元的相移量,就能接收来自不同方向的波束。然后,利用计算机进行处理,提供靶物的多种信息。

到目前为止,我国和许多大国都有相控阵雷达投入运行。图 5.C.3 是设在美国鳕角(Cape Cod)的每个阵元呈金字塔形的相控

阵雷达。它有两个平面阵列。每个平面宽 102 英尺，装有 1792 个辐射元。每个天线阵列可作 120°扇形的微波束扫描，所以，总共能覆盖 240°的视野。该雷达用于搜索潜艇发射的洲际导弹，以及帮助跟踪人造卫星。它能探测 3000 海里范围内 $10m^2$ 大小的物体，扫描迅速，从一个靶目标转向另一个目标，仅需几个微秒，所以，几乎能同时跟踪很多个物体。

由于相控阵雷达有上述优点，所以，不论在军事上或民用上均有广泛的用途，例如在雷达跟踪、制导、地物测绘、气象探测和导航等方面。某些雷达也兼有测量反射波多普勒频移的功能，因此，还能测量靶物移动速度的大小与方向。迄今，相控阵雷达的造价比常规雷达昂贵得多，这也限制它的应用。目前正在研制固态相控阵雷达，以降低成本，减小体积，使之日趋完善。

（黄正东　陈凤至　编）

第六篇 量子物理学

在前面几个篇章中介绍的牛顿力学、热学、电磁学、光学等内容都属于经典物理学,它是宏观领域中的物理现象。近代物理学是指20世纪发展起来的物理学,它的研究进入了微观范畴和高速领域。经典物理学发展到19世纪末已经达到相当完善的地步,以至就当时的部分物理学家看来,基本问题都已经研究清楚了,留给后辈的工作将不过是把已有的实验做得更精密一些,测量数据更精确一些而已。如果说尚感不足的,那只是"在物理学晴朗天空的远处还有两朵小小的令人不安的乌云"。这两朵乌云指的是当时物理学理论还无法完善解释的两个实验现象,一个是热辐射实验,另一个是迈克尔孙-莫雷实验。当时的物理学家完全没有想到,恰恰是这两朵小小的乌云使经典物理学的局限性开始暴露,并酝酿着物理学发展中一场惊心动魄的伟大革命风暴。1900年普朗克(M. Planck)的量子理论和1905年爱因斯坦的相对论开辟了近代科学的新纪元。这些崭新的观念加深了人们对客观世界的认识,标志着物理学从经典物理发展到了近代物理。本篇将对量子理论的建立,量子力学的基本概念,以及激光、固体等作简要介绍。

第二十章　电磁辐射的量子性

本章将通过黑体辐射、光电效应及康普顿效应等实验现象，说明光在与物质相互作用的过程中的行为和与在传播时表现的波动性不同。在前一种情况下，只有将电磁辐射看作具有粒子的特性，才能对这些现象作出圆满的解释。

§20.1　热辐射

一、热辐射的基本概念

物体因内部带电粒子热运动而发射电磁波的现象称**热辐射**。凝聚态物质（固体、液体）发射的辐射能谱是连续波谱。常温下，物体发射的电磁波大部分分布在红外区域，肉眼是观察不到的。我们能够看到这些物体，是因为物体反射了投射到它表面上的可见光波。随着温度的升高，物体在单位时间内向外辐射的能量迅速增加，发射的电磁波在短波范围，特别是可见光的比重也越来越大。如煤块、灯丝逐渐升温时，由开始时的黑色转为暗红，最后在温度很高时呈青白色，这时物体自身发射较强的可见光。

一切物体在向外界发射辐射能的同时也吸收周围物体放出的辐射能。如果物体比其周围环境温度高，则在同一时间内发射的辐射能将超过吸收的辐射能，该物体的温度将要降低；反之就要增加。如果物体发射的辐射能等于同一时间内吸收的辐射能，则物体在热辐射过程中达到热平衡，其状态可以用一个确定的温度 T 来描述，这时的热辐射称**平衡热辐射**。

为了定量研究热辐射的基本规律，我们引入下列基本物理量：

1. 单色辐射出射度(简称单色辐出度)

如果物体在单位时间内,从单位表面积上发射的波长在 λ 到 $\lambda+d\lambda$ 范围内的辐射能为 dM_λ,则单色辐出度 $M_\lambda(T)$ 的定义是

$$M_\lambda(T) = \frac{dM_\lambda}{d\lambda} \qquad (20.1)$$

它代表单位时间内、在物体单位面积上、对某单位波长间隔所发射的能量。实验指出,$M_\lambda(T)$ 随物体的温度 T 和辐射的波长 λ 而变化,而且还与物体的材料和表面情况有关。

2. 辐射出射度

在一定温度下,每单位时间内,从物体单位面积上所发射的各种波长的总辐射能称为**辐射出射度**,记作 $M(T)$。显然,辐射出射度与单色辐出度的关系是

$$M(T) = \int_0^\infty M_\lambda(T)d\lambda \qquad (20.2)$$

3. 吸收系数　反射系数

当辐射能投射到物体上时,物体吸收的能量与入射总能量的比值称为该物体的**吸收系数**;它反射的能量与入射总能量的比值称为该物体的**反射系数**。各物体的吸收系数和反射系数都与物体的温度和入射辐射能的波长有关,因此称物体在温度 T 时,对某特定波长的吸收系数和反射系数为**单色吸收系数**和**单色反射系数**,分别以 $\alpha(\lambda,T)$ 和 $r(\lambda,T)$ 表示。α 和 r 都是小于 1 的纯数。对于各种不同的物体,特别是各种不同的表面,单色吸收系数和单色反射系数的量值是各不相同的,对不透明物体来说,两者的总和为 1,即

$$\alpha(\lambda,T) + r(\lambda,T) = 1 \qquad (20.3)$$

如果物体在热辐射过程中,在任何温度下,全部吸收投射到其表面上的各种波长的辐射能,即不反射也不透射,我们称这种物体为**绝对黑体**,简称**黑体**。显然,绝对黑体的吸收系数 $\alpha_B(\lambda,T)=1$,其反射系数 $r_B(\lambda,T)=0$。绝对黑体就像质点、刚体、理想气体等模型一样,

也是一种理想化的模型。

二、基尔霍夫定律

虽然每一物体各有其单色辐出度和单色吸收系数,但两者之间存在着内在的联系。下面我们用一个理想实验进行说明。设想一个与外界隔绝的真空容器内放置着若干不同的物体 $B, A_1, A_2, \cdots$,其中 B 为绝对黑体(见图 20.1)。由于容器内部是真空的,所以物体之间及物体与容器壁之间不

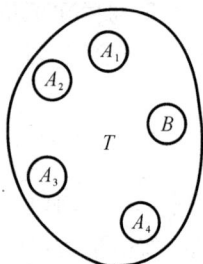

图 20.1　恒温器内的物体

存在热传导和对流,只能通过辐射来交换能量。经过一段时间后,整个系统达到热平衡,各物体和容器壁达到同一温度 T,而且保持不变。在这种情况下,每个物体仍然发出和吸收辐射能,但因温度保持不变,所以单位时间内吸收的辐射能必等于发出的辐射能而成为平衡热辐射。由于各物体在同一温度下的单色辐出度并不相同,因此辐出度大的物体吸收系数一定也大。就是说,一个好的发射体同时必然是一个好的吸收体。由此可知,各物体的单色辐出度与吸收系数之间存在正比关系。

19 世纪中叶,基尔霍夫从理论上指出,各种不同的物体,在同一温度下,对任一波长的单色辐出度与单色吸收系数的比值都相等,即

$$\frac{M_{1\lambda}(T)}{\alpha_1(\lambda, T)} = \frac{M_{2\lambda}(T)}{\alpha_2(\lambda, T)} = \cdots = \frac{M_{B\lambda}(T)}{\alpha_B(\lambda, T)} \tag{20.4}$$

因为绝对黑体的 $\alpha_B(\lambda, T) = 1$,因此上式可写成

$$\boxed{\frac{M_\lambda(T)}{\alpha(\lambda, T)} = M_{B\lambda}(T)} \tag{20.5}$$

即任何物体的单色辐出度与单色吸收系数的比值,等于同一温度下绝对黑体的单色辐出度。(20.5)式称为**基尔霍夫定律**。

三、绝对黑体的热辐射定律

由基尔霍夫定律可知,若能确定绝对黑体的单色辐出度$M_{B\lambda}(T)$,就能知道任何物体的热辐射性质。因此研究绝对黑体的辐射规律具有重大的意义。但是绝对黑体是一个理想模型,在自然界中并不存在。一般物体的吸收系数都小于1,即使是涂有煤烟或黑色珐琅质的物体,对太阳光的吸收系数也不超过0.99,因此常被称作灰体。尽

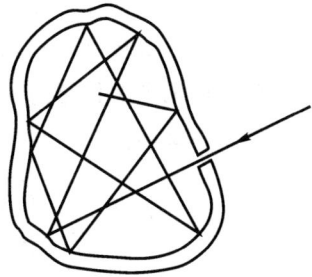

图 20.2 绝对黑体的模型

管如此,我们可以在实验室中人为地设计一种绝对黑体模型。如图20.2所示,用不透明材料制成一个有小孔的空腔,射入小孔的射线经腔壁多次反射后,能量几乎全被吸收,很难再次从小孔逸出。所以,空腔小孔可以看作绝对黑体的表面。如果将空腔内壁加热,使保持在一定温度T,那么从小孔发射出来的电磁辐射可以认为是绝对黑体的辐射。

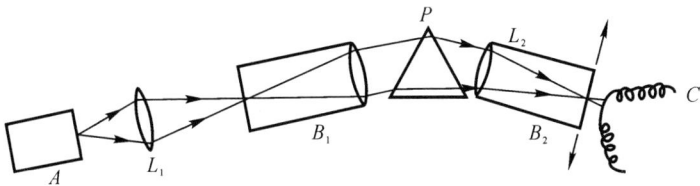

图 20.3 测定绝对黑体辐出度的实验装置

在研究绝对黑体在任一温度的辐射特性时,可以利用上述黑体模型,图20.3是测定绝对黑体辐射能量按波长分布的实验装置。图中 A 为绝对黑体模型,将空腔加热到一定温度后,从 A 的小孔发出的辐射,经过透镜 L_1 和平行光管 B_1,成为平行光线后入射到棱镜 P上。不同波长的射线将在棱镜内发生不同的偏转,因而从 P 射出时取不同的方向。若将平行光管 B_2 对准某一方向,则对应于这一方向

的具有一定波长的射线将聚焦于热电偶 C 上,因而可以测出这一波长射线的功率(即单位时间入射于热电偶上的能量)。改变平行光管 B_2 的方向,即可测出不同波长的射线功率。图 20.4 是实验测出的不同温度下绝对黑体辐出度和波长的关系曲线。分析上述实验结果,可以得到下面两条黑体辐射的普遍规律。

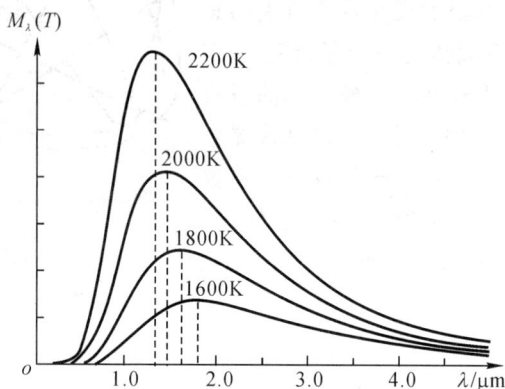

图 20.4　$M_\lambda(T)$—λ 曲线

1. 斯忒藩—玻尔兹曼定律

在图 20.4 中,每一条曲线下的面积代表一定温度下绝对黑体的辐射出射度 $M_B(T)$。1879 年,斯忒藩从实验数据中归纳出绝对黑体在一定温度下的辐射出射度与温度的关系为

$$M_B(T) = \int_0^\infty M_{B\lambda}(T)\mathrm{d}\lambda = \sigma T^4 \qquad (20.6)$$

式中 $\sigma = 5.67 \times 10^{-8} \mathrm{W/m^2 \cdot K^4}$,称为斯忒藩—玻尔兹曼常数。玻尔兹曼于 1884 年由热力学理论也导出同样的结果。(20.6)式称为**斯忒藩—玻尔兹曼(Stefan-Boltzmann)定律**。

由式(20.6)可知,只要测出 $M_B(T)$,就可算出辐射体的温度 T,这在工业上得到一定应用。如在冶炼炉上开一小孔,小孔可近似看作绝对黑体,则测出其 $M_B(T)$,即可算出炉温 T。对于不能看作绝对黑体的辐射体,(20.6)式须加修正。

2.维恩位移定律

图 20.4 中每条曲线都有一个峰值,随着温度的升高,峰值所对应的波长 λ_m 越短,即峰值位置向短波方向移动;同时各种波长的单色辐出度都随温度的升高而迅速增大。1893 年,维恩确定了绝对黑体的峰值波长 λ_m 与其绝对温度 T 成反比关系,即

$$T\lambda_m = b \qquad\qquad (20.7)$$

其中常数 $b = 2.898 \times 10^{-3} \mathrm{m \cdot K}$,可由实验测定。(20.7)式称为**维恩(W. Wien)**[①] **位移定律**。

由式(20.7)可知,只要测出 λ_m,便可求得绝对黑体的温度 T。太阳单色辐出度最大处的波长 λ_m 在 $0.49\mu m$ 附近,若把太阳看作绝对黑体,可算得其表面温度为 5900K。

例 20.1 整个宇宙如同一个巨大的空腔,这个空腔的温度就是宇宙背景的平均温度。1989 年美国发射 COBE 卫星,测量了外层空间向地球射来的电磁辐射随波长的分布,即宇宙背景辐射的能谱分布,发现强度峰值出现在波长 1mm 附近处。试根据这一测量数据估算宇宙的平均温度。

解 用黑体辐射的维恩位移定律计算出宇宙的平均温度为

$$T = \frac{b}{\lambda_m} = \frac{2.89 \times 10^{-3}}{10^{-3}}\mathrm{K} = 2.89\mathrm{K}$$

它与根据普朗克理论(见 §20.2)得到的 2.735K 很接近。

微波背景辐射

1964 年,美国贝尔电话实验室的两位工程师彭齐亚斯(A. A. Penzias,公元 1926—)和威尔孙(R. W. Wilson,公元 1936—)安装了一台巨型天线,用以

---

① 维恩(W. Wien,公元 1864—1928 年),德国物理学家。因提出热辐射的维恩位移定律和维恩辐射定律,于 1911 年荣获诺贝尔物理学奖。尽管维恩的辐射定律只适用于短波范围,但对量子论的建立起了一定作用。

接收"回声"号卫星微波信号。为了检验这台天线的低噪声性能,他们将天线指向天空进行测量,结果接收到相当显著的微波噪声。这种噪声与方向无关,既没有昼夜变化,也不受季节影响,与地球的自转和公转运动也没有明显关系。测量中他们排除了这种噪声来自天线系统本身的可能性,这意味着噪声只可能是来自外空间的一种辐射。彭齐亚斯和威尔孙测得的这种辐射与方向无关,排除了地球大气层起源的可能性,也排除了银河系起源的可能性,也就是说只可能来自更为深广的宇宙。因此,这种辐射被认为是一种充满宇宙各处的均匀辐射,相当于绝对温度在 2.5～4.5K 之间的黑体辐射,通常称之为 3K **宇宙微波背景辐射**。这一发现使原来未被重视的宇宙学一跃成为一门公认的学科,大大促进了宇宙学的发展,彭齐亚斯和威尔孙因而荣获 1978 年度的诺贝尔物理学奖。

§20.2　普朗克能量子假设

19 世纪末,许多科学家企图用经典理论解释黑体辐射的能谱分布。维恩从自己的位移定律出发作了一些假设,导出在短波方面和实验结果相符的热辐射公式

$$M_{B\lambda}(T) = \frac{C_1}{\lambda^5} e^{-\frac{C_2}{\lambda T}} \tag{20.8}$$

式中 C_1 和 C_2 均为常数。

瑞利(L. W. Rayleigh)和金斯(J. H. Jeans)从电磁场基本规律,以及分子动理论中能量按自由度均分原理出发,导出了在长波方面与实验结果相符合的辐射公式

$$M_{B\lambda}(T) = \frac{2\pi}{\lambda^4} kT \cdot c \tag{20.9}$$

式中 k 为玻耳兹曼常数,c 是真空中的光速。瑞利—金斯公式在波长趋向零,也就是频率趋向无穷大时很快发散,这就是所谓的"**紫外灾难**"(图 20.5)。

怎样从理论上求出一条统一的曲线处处与实验结果相符呢?

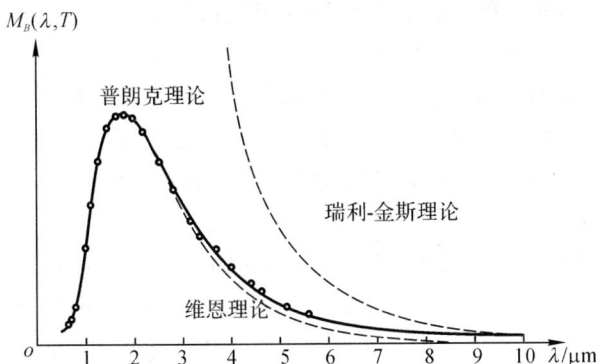

图 20.5　热辐射的理论与实验结果的比较

1900 年,德国物理学家普朗克[①],以维恩和瑞利-金斯公式为基础,成功地导出了一个黑体辐射公式

$$M_{B\lambda}(T) = \frac{2\pi hc^2}{\lambda^5(e^{\frac{hc}{\lambda kT}} - 1)} \tag{20.10}$$

上式称为**普朗克公式**。式中 c 为光速,h 是一个新的恒量,称**普朗克常数**,实验测得其值为 $h = 6.63 \times 10^{-34} J \cdot s$。按普朗克公式描绘的曲线与实验曲线符合得很好。

为了推导这个公式,普朗克提出了完全偏离经典理论的"能量子"假设。其内容是:**绝对黑体腔壁中的原子,可看作是在各自平衡位置附近作简谐振动的带电的线性谐振子,它们能够与周围的电磁场交换能量,这些频率为 ν 的谐振子只能处于一些分立的状态,在这些**

①　普朗克(M. Plank,公元 1858—1947 年),德国理论物理学家。早在 1899 年,普朗克在研究辐射热力动力学时,就提出了一个新的普适常数 h,该常数后来被称为基本作用量子,现称普朗克常数。1900 年 12 月 14 日,普朗克在德国物理学会年会上做了一个有历史意义的报告,题目是《正常光谱辐射能的分布理论》,提出了量子论。这一天就成了量子物理的诞生日。普朗克提出能量子假设有划时代的意义,于 1918 年被授予诺贝尔物理学奖,从而肯定了他对物理学发展的不朽贡献。

状态上振子的能量是最小能量 $h\nu$ 的整数倍[1]，即

$$h\nu,\quad 2h\nu,\quad 3h\nu,\quad \cdots,\quad nh\nu$$

n 为正整数，称为**量子数**。在发射或吸收能量时，谐振子必须是一份一份地失去或获得大小为 $h\nu$ 的能量。这就是说，振子的能量是量子化的，不能连续变化，$h\nu$ 称为**能量子**。也只有在作出"能量量子化"假设之后，黑体辐射实验才得到完满的解释。

普朗克的"能量量子化"假设与经典物理学中能量连续取值的概念有着本质的不同，这对于当时的大多数物理学家来说显然是过分激进了，甚至连普朗克本人在之后的几年中也曾犹豫不决。他说："我化了多年的时间企图使这个基本作用量子（即 h 这个量）与经典理论协调起来，它耗费了我大量的精力。"普朗克后来的这番努力失败了。但是，1905 年爱因斯坦在解释"光电效应"时，继承并突破了普朗克的认识，他认为，不仅当电磁场与器壁振子发生能量交换时电磁能量才显示出不连续性来，就连电磁场在传播过程中，电磁能量本身也是量子化的。

根据普朗克量子假设，再利用玻耳兹曼统计分布律求平均能量，我们可以导出普朗克公式[2]。

假设腔壁谐振子总数为 N，其中能量为 $nh\nu$ 的谐振子数目为 N_i，则谐振子的平均能量应为

$$\bar{\varepsilon} = \frac{\sum nh\nu \cdot N_i}{\sum N_i}$$

按照玻耳兹曼统计分布，能量处于 $nh\nu$ 状态的谐振子数为 $N_i = N_o e^{-\frac{nh\nu}{kT}}$，于是有

---

① 根据量子力学，线性谐振子的能量 $\varepsilon = (n + \frac{1}{2})h\nu$，$n$ 为整数，这与普朗克假设有所不同，但对推导式(20.8)来说，其结果是相同的。

② 在普朗克公式发表后又发展了其他的推导方法，这里介绍的是一种推导普朗克公式的思路。1917 年，爱因斯坦利用 1913 年发展起来的玻尔理论，考虑辐射和原子的相互作用，结合概率概念，也导出了普朗克公式。

$$\bar{\varepsilon} = \frac{\sum_{n=0}^{\infty} nh\nu \cdot N_o e^{-\frac{nh\nu}{kT}}}{\sum_{n=0}^{\infty} N_o e^{-\frac{nh\nu}{kT}}}$$

经运算后得到

$$\bar{\varepsilon} = \frac{h\nu}{e^{\frac{h\nu}{kT}} - 1}$$

将这个能量平均值 $\bar{\varepsilon}$ 代入瑞利-金斯公式,替代其中的谐振子平均能量 kT,即可得到

$$M_{B\lambda}(T) = \frac{2\pi hc^2}{\lambda^5} \cdot \frac{1}{e^{\frac{hc}{\lambda kT}} - 1}$$

这就是普朗克黑体辐射公式。从中可以看出,普朗克公式与瑞利—金斯公式的主要区别是在谐振子能量平均值的计算上。在推导过程中我们摒弃了谐振子能量可以连续取值,其平均值遵从能量均分定理的原则,引入谐振子能量是量子化的假设,就得到了与实验结果完全一致的普朗克公式。

例 20.2 一个质量为 0.2kg 的物体挂在倔强系数 $k = 2.0\text{N/m}$ 的弹簧上,作振幅 $A = 1 \times 10^{-2}\text{m}$ 的谐振动。试问:

(1)如果振子的能量是量子化的,则 n 有多大?(2)如果振子的能量改变一个能量最小单位,则能量变化的百分比是多少?

解 (1)这一振子的振动频率为

$$\nu = \frac{1}{2\pi}\sqrt{\frac{k}{m}} = \frac{1}{2\pi}\sqrt{\frac{2.0}{0.2}} \ 1/\text{s} = 0.50 \ 1/\text{s}$$

振子的能量为

$$E = \frac{1}{2}kA^2 = \frac{1}{2}(2.0)(0.01)^2 \ \text{J} = 0.010\text{J}$$

根据式(20.9),量子数为

$$n = \frac{E}{h\nu} = \frac{0.010}{3.3 \times 10^{-34}} = 3.0 \times 10^{31}$$

(2)如果振子能量改变一个单位,则能量变化的百分比为

$$\frac{\Delta E}{E} = \frac{h\nu}{nh\nu} = \frac{1}{n} = 3.3 \times 10^{-32}$$

这一变化十分微小,以至觉察不到。因此,对宏观振子来说可以忽略量子效应,认为能量变化是连续的。然而,对原子、分子等微观粒子,能量变化的不连续性比较显著,量子效应不容忽略。

根据普朗克公式还能导出斯忒藩-玻尔兹曼定律和维恩位移定律。将普朗克公式对整个波长积分,即将(20.10)式代入(20.2)式,得

$$M(T) = \int_0^\infty \frac{2\pi hc^2}{\lambda^5 (e^{hc/\lambda kT} - 1)} d\lambda$$

经过运算后得到

$$M(T) = 6.494 \frac{2\pi hk^4}{h^4 c^2} T^4 = \sigma T^4$$

上式中的比例常数与(20.6)式中的常数 σ 完全相符。这就是斯忒藩—玻尔兹曼定律。

要推导维恩位移定律,仅须求(20.10)式极大值对应的波长,即

$$\frac{dM_\lambda(T)}{d\lambda} = \frac{d}{d\lambda} (\frac{2\pi hc^2}{\lambda^5 (e^{hc/\lambda kT} - 1)}) = 0$$

由此得到 $\lambda_m = \frac{hc}{4.965k} \frac{1}{T}$,将常数值代入后发现,$\frac{hc}{4.965k} = 2.897 \times 10^{-3}$ m·K,与实验测定值完全一致。

§20.3 光电效应

在光的照射下电子从金属表面逸出的现象称**光电效应**,被发射的电子称为**光电子**。1887 年,赫兹在作放电实验时偶然观察到光电效应现象,但直到 20 世纪初,才由伟大的物理学家爱因斯坦从理论上作出科学的解释。

一、光电效应的实验规律

观察光电效应的实验装置如图20.6所示。真空管中装有阴极 C 和阳极 A,两极间用电源维持一定的电势差。当用适当波长的单色光

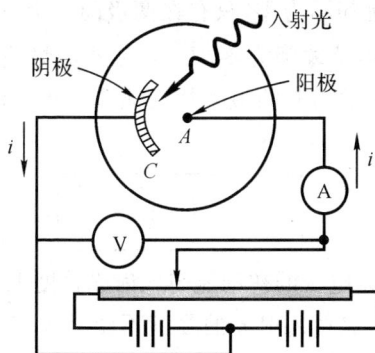

图 20.6 光电效应实验装置示意图

通过石英玻璃窗照射阴极 C 时,就有光电子从其表面逸出,经电场加速后被阳极 A 收集,形成**光电流**。改变电极间的电势差 U_{cA},测出相应的光电流 i,画出伏安特性曲线,如图 20.7 所示。

实验表明,光电效应有以下基本规律。

1. 入射光强度问题

从图 20.7 可见,光电流 i 随加速电压 U_{cA} 的增大而增大,但当 U_{cA} 增至一定值后,电流达到饱和值 i_s。此时,单位时间内从阴极逸出的光电子将全部到达阳极。实验表明,饱和电流 i_s,以及单位时间内从阴极 C 发射的光电子数,与入射光的强度 I 成正比。

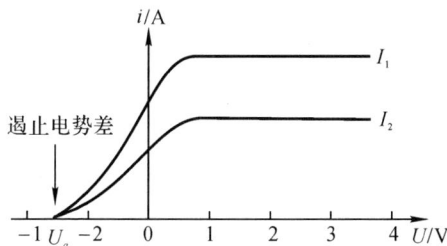

图 20.7 光电效应的伏安特性曲线

2. 入射光频率问题

图 20.7 表明,光电流是随加速电压的减小而减小的,但当

$U_{cA}=0$ 时,光电流却不为零,只有在两极间加上反向电势差,并达到一定值 U_a 时,光电流才降为零。U_a 称遏止电势差(或遏止电压)。因此,光电子从阴极逸出时的最大初动能应等于光电子反抗遏止电场力所做的功,即

$$E_{km}=e|U_a|\qquad(20.11)$$

由图 20.7 可见,光电子的初动能与入射光强度无关。

实验表明,若保持入射光的强度不变,而改变入射光的频率,遏止电势差 U_a 将随入射光频率 ν 的增加呈线性增加,其关系为

$$U_a=k\nu-U_0\qquad(20.12)$$

式中 k 和 U_0 都是正值。其中 k 为与金属材料无关的普适恒量,而 U_0 则为仅取决于金属性质的常量。图 20.8 是用金属钠作阴极时的实验曲线,数据取自密立根(R. A. Millikan)[①] 在 1916 年发表的实验结果。由式(20.11)和(20.12)得

$$E_{km}=ek\nu-eU_0\qquad(20.13)$$

可见,光电子从金属表面逸出时的初动能与入射光的频率成正比。实验进一步表明,对某种金属阴极,当入射光的频率 ν 减小到 $\nu_0=\dfrac{U_0}{k}$ 时,遏止电势差变为零(参阅式(20.12)),这一频率称为金属的光电效应**截止频率**或**红限**。当入射光的频率低于某种金属的红限时,不论入射光的强度多大,都不能使这种金属发射光电子。由图 20.8 中的

---

① 密立根(R. Millikan,公元 1868—1953 年),美国物理学家。密立根因设计油滴实验装置测定了基本电荷的数值,以及在光电效应实验研究中全面地证实了爱因斯坦的光电效应方程,于 1923 年荣获诺贝尔物理学奖。密立根的光电实验从 1904 年开始,到 1914年发表初步成果,历经十年之久的试验、改进和学习。这项工作是爱因斯坦方程的第一次直接实验验证,并且也是第一次直接从光电效应测定普朗克常数 h。密立根并不讳言,他在做光电效应实验时,本来的目的是希望证明经典理论的正确性,甚至在他宣布证实了光电效应方程时,还声称要肯定爱因斯坦的光量子理论还为时过早。密立根对量子理论的保守态度在当时有一定的代表性,说明量子理论在发展过程中遇到的阻力是何等的巨大。

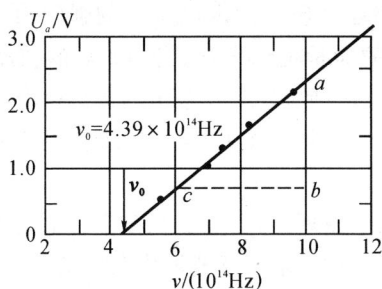

图 20.8 遏止电势差与频率的关系

实验曲线可以确定,金属钠的红限为 $4.39 \times 10^{14} Hz$(这是 1916 年密立根测得的数据)。表 20.1 列出了几种金属的逸出功和红限。

表 20-1[*]　几种金属的逸出功和红限

金　属	$\nu_0/(10^{14} Hz)$	$\lambda_0 = \dfrac{c}{\nu_0}/nm$	A/eV
Cs	5.17	580.5	2.14
Na	6.64	451.7	2.75
Ca	6.93	432.8	2.87
Ni	12.4	241.2	5.15
Ag	10.3	291.6	4.26
Au	12.3	243.5	5.1
Pt	13.6	219.9	5.65

[*] 摘自 CRC Handbook of Chemistry and Physics. 1977-1978 58th edition.

3.时间延迟问题

实验发现,不论入射光的强弱如何,从光线开始照射到光电子逸出金属,所需时间不超过 $10^{-9} s$,没有明显的时间延迟。

二、经典电磁理论的困难

上述实验事实无法用经典物理学观点进行解释。

(1)按照经典电磁波理论,光的强度越大,光波电矢量 E 的振幅也越大,由于作用在金属表面内电子上的强迫力与场强 E 成正比,因此光电子获得的能量也越大,逸出金属后的初动能也应随入射光强度的增大而增大。按此观点,光电子的最大初动能应决定于入射光的强度,而与入射光的频率无关。但实验事实是最大初动能与光强无关。

(2)按照经典电磁理论,当入射光频率与金属中电子的固有频率一致时会产生共振,这时电子从光波中吸收的能量最大,逸出金属后的初动能也最大。对于其他频率的入射光,电子受迫振动的振幅则较小,获得的能量也较小,因而光电子的初动能也较小。这一观点虽然解释了光电子的最大初动能与光波频率有关这一事实,但这种关系并不是线性的,经典电磁波理论无法解释由实验规律得到的(20.13)式。

再者,按照经典电磁理论,光波是连续传播的,金属中的电子将连续不断地从入射光波中吸收能量。只要入射光波有足够的强度,就能提供电子足够的能量,则任何频率的入射光都能使电子逸出而产生光电效应,不应存在红限。这就是说,光的波动理论不能解释红限的存在。

(3)按照经典电磁理论,金属中的电子从入射光波中吸收能量需要积累到一定量值才能逸出金属表面(至少等于克服表面原子的引力所需的功——称逸出功)。入射光越弱,能量积累的时间就越长。然而实验中并没有测量到可觉察的时间延迟(小于 10^{-9} s)。无论入射光如何微弱,只要频率大于红限,光电子几乎是瞬时发射出来的。用经典电磁理论解释上述光电效应实验遇到了极大的困难。

三、爱因斯坦光子理论

1905 年,爱因斯坦在普朗克能量量子化假设的基础上提出了关于光的本性的光子理论,并利用这一理论成功地解释了光电效应。普朗克提出的能量量子化概念仅限于黑体腔壁振子的能量发射和吸收,这些能量一经发射成为电磁辐射后,仍以波的形式分布在整个空间。但爱因斯坦则认为,电磁辐射的能量在空间传播时也是以一份一份的集中形式存在,而不是连续分布的。这种集中存在的电磁辐射称为**光子**。爱因斯坦假设单个光子携带的能量为

$$E = h\nu \qquad (20.14)$$

式中 ν 为光的频率。一束波长为 $\lambda = c/\nu$ 的光,就是以光速运动的光子流。

将光子概念应用于光电效应时,爱因斯坦认为,一个光子的能量 $h\nu$ 不能再分割,只能作为一个整体被一个电子全部吸收,其中一部分用于电子从金属中逸出时为克服表面阻力所需的逸出功 A,如果电子在逸出前未因碰撞而损失能量,那么其余部分能量则成为电子逸出金属后的最大初动能。按照能量守恒定律,得到**爱因斯坦光电效应方程式**

$$h\nu = E_{km} + A = \frac{1}{2}mv_m^2 + A \qquad (20.15)$$

光子理论可以成功地解释光电效应的实验规律。对于一定频率的光,若强度加大一倍,则光子数也增加一倍,单位时间内光子与电子相互作用的数目相应增多,释出的光电子数亦必成倍增加,因此饱和电流 i_s 与入射光强度成正比;至于频率问题,方程(20.15)已经明确地表达了光电子初动能与入射光频率之间的线性关系。如果光电子的初动能为零,则有

$$h\nu_0 = A, \qquad \nu_0 = \frac{A}{h} \qquad (20.16)$$

表明频率为 ν_0 的光子恰好具有激发光电子的能量,但再无多余的能量转化为光电子的动能。如果入射光的频率 ν 小于红限频率 ν_0,电子从光子获得的能量小于逸出功 A,即使光强较大,光子数较多,也不能导致光电子的发射。因此红限问题也得到了解释。根据光子理论,当光照射金属时,电子吸收能量是一次性的,不需要能量积累过程,因而光电子的逸出是瞬时的,不存在明显的时间延迟。

将(20.11)式代入(20.15)式,爱因斯坦方程可改写为

$$U_a = \frac{h}{e}\nu - \frac{A}{e} \qquad (20.17)$$

此式表明,遏止电势差 U_a 和入射光频率 ν 之间存在着线性关系。由于光电效应的精确测量十分困难,爱因斯坦的光量子理论直到 1916 年才为密立根的实验所全面证实。图 20.7 中曲线的斜率为 $\frac{h}{e}$,用已知量 e(电子电量)值代入可决定普朗克常数 h。密立根仔细分析了许多实验数据,发现普朗克常数 $h = 6.57 \times 10^{-34}$ J·s。此值与普朗克黑体辐射公式得到的结果十分接近,仅差 5%。

根据狭义相对论,质量为 m 的物质同时也具有能量 $E = mc^2$,光子既然具有一定的能量 $h\nu$,那么它也应具有相应的质量 m,即

$$m = \frac{E}{c^2} = \frac{h\nu}{c^2} \qquad (20.18)$$

根据相对论质量公式 $m = \dfrac{m_0}{\sqrt{1 - v^2/c^2}}$,以及光子的速度为 c,我们知道,要使 m 为有限值,光子的静止质量 m_0 必须为零。

又因为光子具有一定的质量 m 和速度 c,所以光子的动量为

$$p = mc = \frac{h\nu}{c} = \frac{h}{\lambda} \qquad (20.19)$$

由于光子具有动量,当光照射到物体上时,对物体将产生压力,称为**光压**。1901 年,列别捷夫(Л. Н. Лебедев)曾用精密的实验方法测出了数量级很小的光压。在通常情况下光压是很小的,但在天文观测中光压的影响则不可忽略。

例 20.3 若用波长 $\lambda = 400$nm 的紫光照射铯时,由铯表面逸出的光电子的最大速度为 6.5×10^5m/s。试求:

(1)这种波长光子的能量和动量;

(2)铯的光电效应红限波长 λ_0;

(3)铯的遏止电压 U_0。

解 （1）根据光子理论，波长为 400cm 的光子的能量和动量分别为

$$E = h\nu = h\frac{C}{\lambda} = \frac{6.63 \times 10^{-34} \times 3.00 \times 10^8}{400 \times 10^{-9}}$$

$$= 4.97 \times 10^{-19} \text{J} \approx 3.11 \text{eV}$$

$$p = \frac{h}{\lambda} = 1.66 \times 10^{-27} \text{kg} \cdot \text{m/s}$$

（2）根据爱因斯坦光电效应方程(20.15)，铯的逸出功为

$$A = h\nu - \frac{1}{2}m\upsilon^2 = 3.05 \times 10^{-19} \text{J}$$

在红限情况下，方程(20.15)写成 $A = h\nu_0 = h\dfrac{c}{\lambda_0}$，于是有

$$\lambda_0 = \frac{hc}{A} = 640 \text{nm}$$

（3）遏止电势差应满足 $eU_a = \dfrac{1}{2}m\upsilon^2$，故

$$U_a = \frac{1}{2\text{e}}m\upsilon^2 = 1.21 \text{V}$$

§20.4　康普顿效应

当一束可见光通过不均匀物质(如雾、含有悬浮微粒的液体等)时，会发生一部分光线偏离原来传播方向的现象称光的**散射**。散射光的波长与入射光的波长几乎相同，经典电磁理论对这一现象的解释

与实验事实符合得很好。1923 年,康普顿(A. H. Compton)[①]发现,当单色 X 射线投射到石墨晶体及其他材料上时,也会产生散射现象,但与可见光的散射很不相同。

一、康普顿效应实验规律

康普顿[①]散射实验装置的简图如图 20.9 所示。X 射线管 R 发射波长为 λ_0 的 X 射线,经光栏后变成狭窄的射线束投射到发射物质 B 上,用检测器测量散射光在各方向上的波长及其强度。图 20.10 为 X

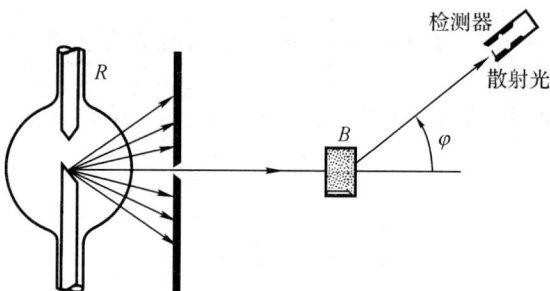

图 20.9　X 射线散射实验

射线在石墨上散射的实验结果,图 20.19 中(a)、(b)、(c)、(d)为不同散射角时散射光的光谱结构。由图可见,在散射线中除了有与入射线波长 λ_0 相同的成分外,还包含有波长大于 λ_0 的成分,而且波长的变化 $\Delta\lambda = (\lambda - \lambda_0)$ 随散射角 φ 的增大而增大,并与 λ_0 和散射物质无关。这种波长改变的散射称**康普顿散射**,或**康普顿效应**。实验结果还表明,散射物质的原子量越小,散射光中波长变大的散射线强度越大,

---

① 康普顿(A. H. Compton,公元 1892—1962 年),美国物理学家。因 1923 年发现康普顿效应而荣获 1927 年诺贝尔物理学奖。开始时他对 X 射线散射问题的分析完全是从经典理论出发的。他把 J. J. 汤姆孙的电子散射理论用于解释 X 射线经物质散射后的强度分布,提出了好几种模型,例如他假设电子是柔性的,其半径可以与 X 射线的波长相比拟,计算结果只能牵强地定性说明实验现象。康普顿在解释 X 射线散射后波长变长的现象时也走了不少弯路,他在 1916 年回忆往事时写道:“从 1917 年开始,我花了五年时间,企图调和 X 射线散射时强度分布实验与 J. J. 汤姆孙关于这一现象的电子理论,但都没有成功。”

康普顿效应越显著;散射物质的原子量越大,波长变大的散射线相对较弱(见图 20.11)。我国物理学家吴有训曾与康普顿合作,在这方面做了大量的实验研究工作。

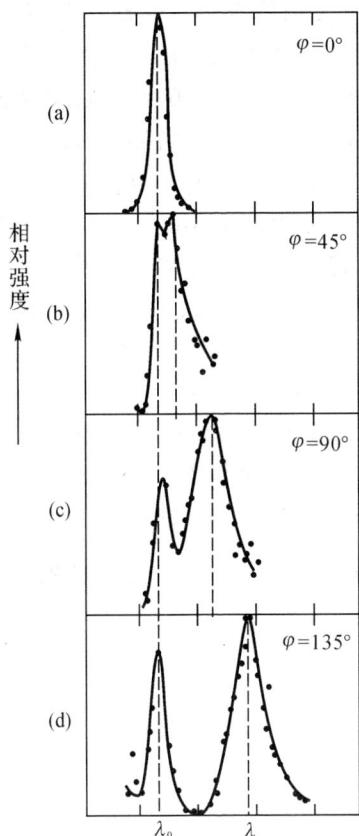

图 20.10　散射线强度随波长的分布

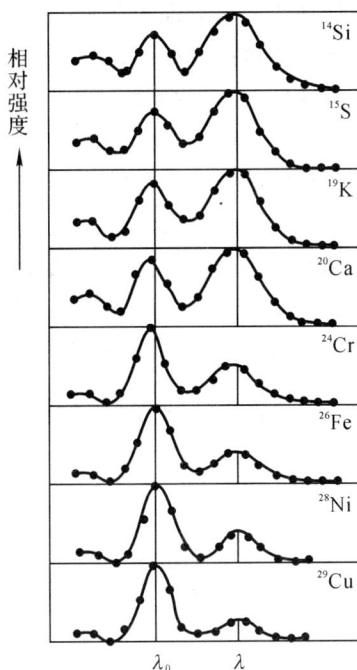

图 20.11　相同散射角不同元素的散射情况

　　根据经典电磁理论,当频率为 ν 的电磁波通过物质时,能引起物质内部带电粒子作同频率的受迫振动,并向四周发出辐射,形成散射光,因此,散射光的波长应与入射光的波长相同。这个理论能解释可见光的散射,但无法阐明 X 射线散射的实验事实。

二、光子理论对康普顿效应的解释

康普顿应用光子概念,将入射的 X 射线看作一束光子流,每个光子的能量为 $h\nu$,将散射看作是光子与散射物质中的电子发生的弹性碰撞。由于入射 X 射线中一个光子的能量(约几万电子伏)比散射物质中的一个外层电子能量(约几到几十电子伏)大得多,所以入射 X 射线光子与外层电子相互作用时,可近似看作光子与自由电子的碰撞。在碰撞过程中,入射光子把一部分能量转移给电子,电子以很高的速度射出,我们称这种电子为反冲电子。因此,散射光子的能量比入射光子的能量低,散射光的频率减小,波长增大。这就是散射光中出现的波长变长的成分。

下面我们对康普顿波长变化进行定量讨论。由于电子热运动能量远小于 X 射线光子的能量,可以忽略不计,故将电子看作是静止的。如图 20.12 所示,一个 X 射线光子与一个静止的自由电子发生碰撞,入射光与散射光的光子能量分别为 $h\nu_0$ 和 $h\nu$,动量大小分别为 $\dfrac{h\nu_0}{c}$ 和 $\dfrac{h\nu}{c}$。碰撞前后电子的能量分别为 m_oc^2 和 mc^2,动量大小分别为 0 和 mv(其中 $m = \dfrac{m_0}{\sqrt{1-\dfrac{v^2}{c^2}}}$)。

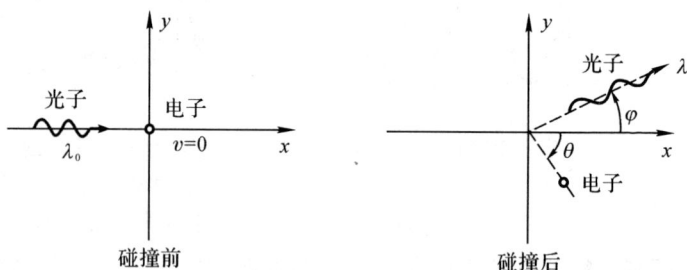

图 20.12　光子与自由电子的碰撞

假设光子与电子作弹性碰撞,由能量守恒和转换定律,得

$$m_0c^2+h\nu_0=h\nu+mc^2$$

即 $$mc^2=h(\nu_0-\nu)+m_0c^2 \tag{20.20}$$

由动量守恒定律得下列两个分量式:

x 方向分量, $\dfrac{h\nu_0}{c}=\dfrac{h\nu}{c}\cos\varphi+mv\cos\theta$

$$\tag{20.21}$$

y 方向分量, $0=\dfrac{h\nu}{c}\sin\varphi-mv\sin\theta$

用 $\sin^2\theta+\cos^2\theta=1$ 的关系消去 θ,得

$$m^2v^2c^2=h^2\nu_0^2+h^2\nu^2-2h^2\nu_0\nu\cos\varphi \tag{20.22}$$

将(20.20)式取平方,再减去式(20.22),得

$$m^2c^4(1-v^2/c^2)=m_0^2c^4-2h^2\nu_0\nu(1-\cos\varphi)+2m_0c^2h(\nu_0-\nu)$$

$$\tag{20.23}$$

将相对论质量公式 $m^2(1-v^2/c^2)=m_0^2$ 代入上式,并进行简化,得波长改变量为

$$\boxed{\Delta\lambda=\lambda-\lambda_0=\dfrac{c}{\nu}-\dfrac{c}{\nu_0}=\dfrac{h}{m_0c}(1-\cos\varphi)} \tag{20.24.a}$$

或 $$\boxed{\Delta\lambda=\lambda-\lambda_0=\dfrac{2h}{m_0c}\sin^2\dfrac{\varphi}{2}} \tag{20.24.b}$$

上式右端的因子 $\dfrac{h}{m_0c}=0.0024\text{nm}$ 仅取决于电子质量,且具有长度的量纲,称为**电子的康普顿波长** λ_c,它等于散射角为 $90°$ 方向上散射光与入射光波长之差。

方程(20.24)表明,散射光的波长与散射角有关,当散射角增大时,波长改变量 $\Delta\lambda$ 也随着增大。对于给定的散射角 φ,$\Delta\lambda$ 具有确定的值,与散射物质和入射波的波长无关。由方程(20.24)计算所得的值与实验结果符合得很好。

在上面的计算中,我们假设入射的 X 射线光子与自由电子发生

碰撞,从而解释了散射光中波长变长的部分。当光子与内层电子碰撞时,由于内层电子与核束缚很紧,入射光子相当于跟整个原子发生碰撞,这时反冲的不是电子而是原子。在这种情况下,用方程(20.24)式计算 $\Delta\lambda$ 时,应以反冲原子的质量 M 来代替反冲电子的静止质量 m_0,由于 $M \gg m_0$,可得 $\Delta\lambda$ 的值极小,构成了散射光中波长不变的部分。对于轻原子来说,电子受原子核的束缚较弱,可近似视为自由电子。在重原子中,由于内层电子在电子总数中所占的比例较大,被光子碰撞的概率也较大,因而弹性碰撞后能量不变的光子数较多,康普顿散射也就不明显了。

康普顿效应是继黑体辐射和光电效应之后,揭示光的量子性的又一范例。同时也证实了能量守恒和动量守恒定律在光子与电子相互作用的微观过程中仍然严格成立。

例 20.4 设波长为 0.01nm 的 X 射线被散射,沿与入射光成 $60°$的方向射出。求:

(1)散射光的波长;(2)反冲电子的能量。

解 (1)将 $\varphi = 60°$代入式(20.24),得散射光的波长为

$$\lambda = \lambda_0 + \frac{h}{m_0 c}(1 - \cos\varphi) = 0.01\text{nm} + 0.024(1 - \cos 60°)\text{nm}$$

$$= 1.12 \times 10^{-2}\text{nm}$$

(2)反冲电子动能为

$$E_k = h\nu_0 - h\nu = hc\left(\frac{1}{\lambda_0} - \frac{1}{\lambda}\right) = hc\frac{\Delta\lambda}{\lambda_0 \lambda}$$

$$= \frac{6.63 \times 10^{-34} \times 3 \times 10^8 \times 0.12 \times 10^{-2}}{0.01 \times 1.12 \times 10^{-2}}\text{J}$$

$$= 2.13 \times 10^{-15}\text{J} = 1.34 \times 10^4\text{eV}$$

§20.5 光的波粒二象性

光究竟是什么?从光在传播过程中发生的干涉、衍射等现象来

看,光具有波动的特性,可以用波长、频率和相位的概念来描述,它是某一波长范围的电磁波,服从波的叠加原理。但若把光仅仅看成是波动,则无法说明光与物质相互作用过程中表现出的粒子性的特征,在光电效应、康普顿散射等现象中光的行为像粒子一样,具有能量和动量,遵循粒子的能量和动量守恒定律。当我们把一块光栅置于一束激光前方时,屏上呈现一幅衍射图样,实验揭示了光的波动性;如果移开光栅,将这束激光照射到光电管上,检测仪器立即能测量出由光电效应产生的光电流,实验又显示了光具有粒子的特性。因此,光是具有波动和粒子这两方面属性的物理实体,我们称这种双重性为**光的波粒二象性**。至于光究竟会表现哪一方面的特性,则取决于所进行的实验的性质。

光的波粒二象性是客观存在的,但是我们不可能借用宏观现象中的具体模型来描述微观世界的量子性,因为经典的波动与经典的粒子是截然不同的两个概念。波动连续分布在空间一定的区域,波的能量散布在波动所及的整个空间之中,而粒子则集中携带它的全部能量和动量,并在和其他物体相互作用中几乎瞬时地转移。所以,光的粒子性主要表现在光的能量和动量量子化上,决不能错误地把光子想像为定域在空间的小球。我们可以用联系光的波动性与粒子性的基本关系式

$$E = h\nu = \frac{hc}{\lambda} \tag{20.25}$$

$$p = mc = \frac{h}{\lambda} \tag{20.26}$$

将描述光的粒子性的能量 E 和动量 P,与描述它的波动性的频率 ν 和波长 λ 定量地联系起来。

那么怎样才能将光的波动性和粒子性统一在一个逻辑上一致的物理图像中呢?我们分析泰勒(G. I. Taylor)在 1909 年做的一个实验,他先用强光照射一枚细针,摄下衍射图样,再把光源减弱,由于光强十分微弱,曝光时间持续了 2000 小时,约 3 个月。结果发现,所得

的衍射图样与用强光源照射的完全相同。我们可以分析一下衍射图样的记录过程,当底片乳胶吸收一个光子时,是光子与乳胶原子相互作用的过程,使乳胶颗粒变黑,底片吸收了大量的光子后,大量变黑的乳胶颗粒构成一幅衍射图样。衍射图样的呈现需要用光的波动特性进行解释,而衍射图样的逐渐演变形成,却需要用光的粒子特征才能说明。这样,我们清楚地得到了一幅光的波粒二象性的图像。实验表明,尽管每个光子落到底片上的位置是随机的,但长时间曝光所记录的是大量光子在底片上的统计分布。光强较大处有较多的光子到达,光强较小处只有较少的光子出现。或者说,底片上某处的光强正比于光子在该处出现的概率。这是我们对光的二象性进行的统计解释,是粒子特征与波动特征之间最本质的联系。

波粒二象性并非是光所独有的性质,下面我们还会看到,电子和质子等微观粒子也具有与光子完全相同的二象性,因此,它们的表现也与宏观物体迥然不同。

思考题

20.1　什么是绝对黑体?绝对黑体是否在任何情况下都呈黑色?

20.2　为什么我们可以将空腔上的小孔看作为黑体?

20.3　试叙述基尔霍夫定律。

20.4　试说明图 19.3 中曲线下面积及曲线极大值的意义。由此可总结出哪两条实验定律?

20.5　普朗克量子假设的内容是什么?

20.6　某种金属在一束黄光照射下刚能产生光电效应,现用紫光或红光照射,问能否产生光电效应?

20.7　试用光子假设说明,当入射光强度增加两倍时,对光电效应实验结果的影响。

20.8　假若普朗克常数 $h \to 0$,你能够从光电效应中的量子结果推得它的经典结果吗?

20.9　能否用可见光观察康普顿散射现象?试解释之。

20.10 在康普顿散射中,为什么散射光波长的移动与散射物质无关?

20.11 一个静止的自由电子能否吸收一个光子而不产生康普顿散射呢?

习　题

20.1 测量星体表面温度的方法之一是将星球看成是绝对黑体。1983 年,红外宇宙卫星(IRAS)检测了围绕在天琴座 α 星周围的固体粒子,其单色辐出度的最大值所对应的波长为 $32\mu m$,试求该粒子云的温度。

20.2 在加热黑体的过程中,其单色辐出度的最大值所对应的波长由 690nm 变化到 500nm,问其总辐出度增加了几倍?

20.3 用辐射高温计测得炉壁小孔的辐射出射度为 $2.38\times10^5 W/m^2$,试求炉内温度。

20.4 假设太阳表面温度为 5800K,直径为 $13.9\times10^8 m$。如果认为太阳的辐射是常数,求太阳在一年内由于辐射而损失的质量为多少?

20.5 假设太阳和地球都可当作绝对黑体,地球在吸收太阳的辐射能的同时又发射辐射能,试估算地球表面的温度。已知太阳表面温度为 5800K,太阳半径为 $6.96\times10^8 m$,地球离开太阳的距离为 $1.49\times10^{11} m$。

20.6 氦氖激光器发射波长 632.8nm 的激光。若激光器的功率为 1.0mW,试求每秒钟所发射的光子数。

20.7 从铝中移去一个电子需要能量 4.2eV。用波长为 200nm 的光投射到铝表面上,求:

(1)由此发射出来的最快光电子和最慢光电子的动能;

(2)遏止电势差;

(3)铝的红限波长。

20.8 在一个光电效应实验中测得,能够使钾发射电子的红限波长为 562.0nm。

(1)求钾的逸出功;

(2)若用波长为 250.0nm 的紫外光照射钾金属表面,求发射出的电子的最大初动能。

20.9 当用锂制成的发射极来做光电效应实验时,得到下列遏止电势差

波长 λ/nm	433.9	404.7	365.0	312.5	253.5
遏止电势差 U_a/V	0.550	0.730	1.09	1.67	2.57

(1)试用上述数据在坐标纸上作 $U_a \sim \nu$ 图线；

(2)利用图线求出金属锂的光电效应红限波长；

(3)从这些数据求普朗克常数。

20.10　波长为450nm的光照射在两个光电管上。第一个光电管发射极的红限波长为600nm，而第二个光电管发射极的逸出功比第一个光电管的大一倍。求每一个光电管中的遏止电势差。

20.11　试证明自由电子不能有光电效应。

20.12　当钠光灯发出的黄光照射某一光电池时，为了遏止所有电子到达收集器，需要 0.30V 的负电压。如果用波长 400nm 的光照射这个光电池，若要遏止电子，需要多高的电压？极板材料的逸出功为多少？

20.13　一种 X 射线光子的波长为 0.0416nm。计算这种光子的能量、动量和质量。

20.14　在康普顿散射中，入射 X 射线的波长为 0.040nm，求在 90°散射方向上其波长的变化。

20.15　一个 0.3MeV 的 X 射线光子与一个原来静止的电子发生"对心"碰撞，求：

(1)散射光子的波长；

(2)反冲电子的动能和速度。

20.16　已知 X 射线的能量为 0.60MeV，在康普顿散射之后波长变化了 20%，求反冲电子的动能。

20.17　在康普顿散射中，入射光子的波长为 0.0030nm，反冲电子的速度为光速的 60%。求散射光子的波长及散射角。

第二十一章　量子力学简介

量子力学是描述微观粒子运动规律的理论,是在 20 世纪 20 年代,在大量实验事实与旧量子论的基础上建立起来的新量子论。它广泛应用于原子、分子、原子核物理及宏观物体的微观结构的研究。

本章将以实验揭示的微观粒子的波粒二象性为基础,简单介绍量子力学的基本概念,并用其基本方法讨论几个简单的问题。

§21.1　实物粒子的波动性

一、德布罗意(De. Broglie)[①] 假设

既然大量实验证实了具有波动特性的光和电磁辐射同时具有粒子的性质,那么在习惯上当作经典微粒处理的实物粒子,如电子、质子、中子、原子、分子等静止质量不为零的粒子,是否同时也具有波动

---

① 德布罗意(L. De. Broglie,公元 1892—1987 年),法国物理学家。他在少年时期酷爱历史和文学。在巴黎大学学习法制史,获历史学士学位。后在哥哥莫利斯·德布罗意影响下,爱上了理论物理。并决定"献出全部精力弄清神秘的量子的真正本质"。第一次世界大战使德布罗意不得不中断物理学研究工作,直到 1920 年才又重新开始。1923 年 9 月到 10 月间,德布罗意发表了三篇短文。在《波与量子》中,德布罗意研究了自由粒子的运动,并把这种粒子与一定长度的波联系起来。在第二篇文章《光的量子,衍射和干涉》中,德布罗意根据存在有光子的思想创立了光的干涉和衍射理论。在《量子,气体动力学理论和费马原理》一文中,德布罗意根据自己的波粒二象性思想,推导出普朗克黑体辐射公式。翌年,德布罗意在巴黎大学完成的博士论文《关于量子理论的研究》中总结和发展了自己的这一思想。德布罗意在博士论文中试图引用普朗克公式和根据二象性思想建立气体动力学理论的努力得到了爱因斯坦的支持。爱因斯坦在致玻恩的信中对论文作了如下评价:"请读一读这篇论文! 可能会感到,这是一个疯子写的,但内容很充实。"当时,许多物理学家对德布罗意的假设持怀疑态度。从 1927 年开始,德布罗意假设相继得到了可靠的实验证明。1929 年,这位法国科学家因这项开拓性研究成果获得了诺贝尔物理学奖,也是第一个以博士论文获诺贝尔奖的人。

的性质呢？

1924 年,法国物理学家德布罗意在光的波粒二象性的启示下,根据自然界具有对称性的考虑,他认为 19 世纪在对光现象的研究上,只重视了光的波动特性,忽略了光的粒子特性,而现在对实物粒子的研究则可能发生相反的情况,即只注意到它们的粒子特性,而忽略了它们的波动特性。因此,他大胆提出实物粒子同样具有波粒二象性的假设。一个能量为 E、动量为 P 的粒子同时也具有波动性,其波长 λ 由动量 p 确定,频率 ν 则由能量 E 确定,即有

$$E = mc^2 = h\nu \qquad (21.1.a)$$

或

$$\nu = \frac{E}{h} = \frac{mc^2}{h} = \frac{m_0 c^2}{h\sqrt{1 - v^2/c^2}} \qquad (21.1.b)$$

$$p = mv = \frac{h}{\lambda} \qquad (21.2.a)$$

或

$$\lambda = \frac{h}{p} = \frac{h}{mv} = \frac{h}{m_0 v}\sqrt{1 - v^2/c^2} \qquad (21.2.b)$$

这种与实物粒子相联系的波称为**德布罗意波**,或**物质波**。式中 m_0 为粒子的静止质量,v 是粒子的运动速度。如果 $v \ll c$,则得

$$\lambda = \frac{h}{m_0 v} \qquad (21.2.c)$$

式(21.2.b)或式(21.2.c)称为**德布罗意关系式**。

需要注意的是,粒子的运动速度 v 并不是和粒子相联系的德布罗意波的波速。因此,粒子的运动速度 v 和德布罗意波长 λ,不能通过关系式 $v = \nu\lambda$ 联系起来。

例 21.1 (1)计算一个质量为 1.0×10^{-15}kg,以 2.0×10^{-3}m/s 速度运动的细菌微粒的德布罗意波长。(2)计算动能 $E_k = 54$eV 的电子的德布罗意波长。

解 (1)根据方程(21.2),我们有

$$\lambda = \frac{h}{p} = \frac{h}{mv}$$

$$= \frac{6.63 \times 10^{-34}}{1.0 \times 10^{-15} \times 2.0 \times 10^{-3}} \text{m} = 3.3 \times 10^{-16} \text{m}$$

这个数值表明,即使是运动速度很慢,像细菌微粒这样小的物体,它的德布罗意波长已远远小于原子核的线度(10^{-14}m),波动性已观察不到。而宏观物体的质量一般都大大超过细菌微粒,相应的波长更短,在通常条件下是不会显示其波动性的。

(2)由计算可知,动能 $E_k = 54\text{eV}$ 的电子的速度远小于光速,因此不必考虑相对论效应,可以将 $E_k = p^2/2m$ 代入(21.2)式计算,故得

$$\lambda = \frac{h}{p} = \frac{h}{\sqrt{2mE_k}}$$

$$= \frac{6.63 \times 10^{-34}}{\sqrt{2 \times 9.1 \times 10^{-31} \times 54 \times 1.6 \times 10^{-19}}} \text{m} = 1.67 \times 10^{-10} \text{m}$$

电子的德布罗意波长与原子线度的数量级相同,可见需要用原子列阵作为衍射光栅,才能观察到电子的波动性。

二、德布罗意波的实验验证

在德布罗意提出物质波假设 3 年后,著名的戴维孙(C. J. Davisson)[①] 和革末(L. H. Germer)的电子衍射实验证实了德布罗意波的存在。实验装置如图(21.1)所示。电子束垂直投射到镍单晶的

---

① 戴维孙(C. J. Davisson,公元 1881—1958 年),美国物理学家。他在普林斯顿大学获博士学位后,进入贝尔电话公司实验室工作。生平显著而且伟大的成就几乎都是在贝尔实验室完成的。戴维孙从事热电子发射和二次电子发射的研究。1921 年,他和助手在用电子束轰击镍靶时,发现从镍靶反射回来的二次电子有奇异的角分布。戴维孙反复试验,并撰文在 1921 年的《科学》(Science)杂志上进行讨论。戴维孙从 1921 年起一直没有间断电子散射实验,研究电子轰击镍靶时出现的反常行为,并找到玻恩和其他一些著名物理学家进行了热烈的讨论。戴维孙自觉接受了波动理论的指导,不断改进实验装置和实验方案,完全证实了电子衍射的存在,为德布罗意物质波假说提供了重要证据。

表面,用探测器 D 在不同方向上测量散射电子束的强度。实验发现,当加速电压为 54V 时,随着散射角的增大,散射电子束的强度不是单调地减小,而是在散射角 50° 的地方出现一个明显的峰值,见图(21.2)。实验结果与 X 射线在晶体上的衍射现象十分类似。如果认为电子是经典粒子,只有粒子性,那么这种有规则的选择性反射是无法解释的。

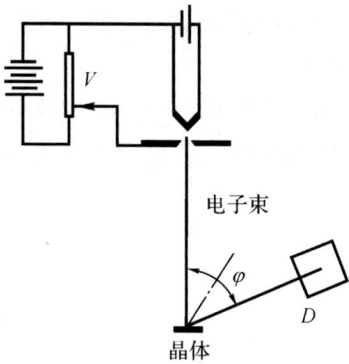

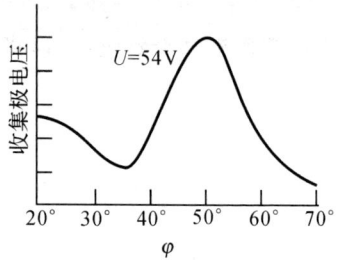

图 21.1　戴维孙—革末实验　　　　图 21.2　在 $\varphi=50°$ 处出现电流峰值
　　　　　装置示意图

　　如果认为电子也具有波动性,并遵循 X 射线衍射理论,那么当电子束以一定角度投射到晶体表面上时,只有在入射波的波长满足布喇格公式的情况下,才能在反射方向上出现强度的极大值,即

$$2d\sin\theta = k\lambda \qquad k = 1, 2, 3, \cdots$$

图(21.3)是电子束在晶面上散射的情况。因为 $\varphi=50°$,因此掠射角 $\theta=90°-50°/2=65°$。取 $k=1$,并将晶面间距 $d=0.091\text{nm}$ 代入布喇格公式,计算得到波长的实验值为 $\lambda_{\text{实}}=0.165\text{nm}$。

　　另一方面,我们可以用德布罗意公式(21.2)计算与运动电子相应的物质波的波长。电子经过电场加速(加速电势差为 U)后,电子的速度可以由关系式

$$\frac{1}{2}m_0 v^2 = eU \qquad 或 \qquad v = \sqrt{\frac{2eU}{m_0}}$$

186

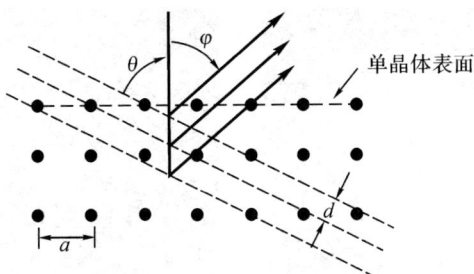

图 21.3 电子束在晶面上散射

决定,代入式(21.2.b),并将常数 h、e、m_0 的值代入,经整理后可得电子德布罗意波长为

$$\lambda = \frac{h}{p} = \frac{h}{\sqrt{2em_0}} \cdot \frac{1}{\sqrt{U}} = \frac{12.25}{\sqrt{U}} \times 10^{-10} \text{m}$$

$$= 0.167 \text{nm}$$

可以看出,它与实验值十分接近。

实验中若保持 d 和 φ 不变,通过改变加速电压来改变电子束的波长,结果测得反射电子束的第二、第三等一系列峰值,而且级数越高,波长的实验值与理论值符合得越好。从而证明了德布罗意物质波假设的正确性。

1927 年,汤姆孙(G. P. Thomson)[①] 使高能电子束垂直通过金属箔,在透射方向用照相底片接受电子,获得了同心圆构成的衍射图样,如图(21.4(b))所示。这与图(21.4(a))所示的 X 射线在多晶体上的衍射图样十分相似,进一步为电子具有波动性提供了有力的证据。

---

① 汤姆孙(G. P. Thomson,公元 1892—1975 年),英国物理学家,是电子的发现者 J. J. 汤姆孙之子。大学毕业时适逢第一次世界大战爆发,应征入伍。战争结束后,先后在剑桥大学卡文迪什实验室和阿伯登大学全力探究他父亲一直从事的正绕射研究工作。他很欣赏 1924 年德布罗意的论文。1926 年参加了在牛津召开的英国科学促进会,是玻恩的报告引起他对德布罗意物质波假设的进一步兴趣,促使他去探讨电子波存在的可能性。他把正绕射实验装置作些改造,得到了最早的电子衍射图样。正因此特殊贡献,和戴维孙一起共享了 1937 年诺贝尔物理学奖。

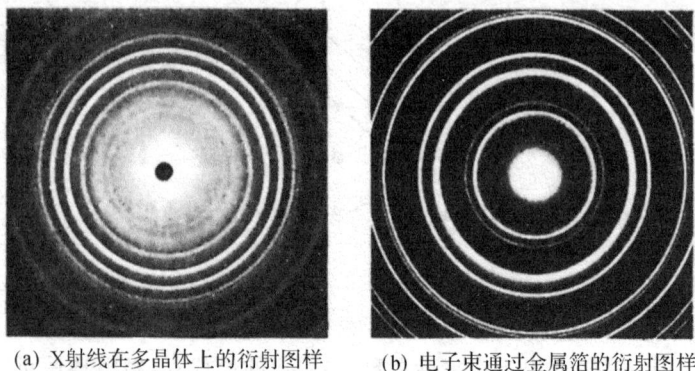

(a) X射线在多晶体上的衍射图样　　(b) 电子束通过金属箔的衍射图样

图 21.4

　　接着,实验上又相继观察到质子、中子,甚至氦原子、氢分子等的衍射现象。原子和分子作为整体也具有波动性这一事实,充分表明了物质波的普遍存在。因此我们可以得出结论,自然界一切微观粒子,不管它们的静止质量是否为零,或者是否带电,都具有"波粒二象性",其波动性和粒子性是它的本性在不同方面的表现。正是波粒二象性理论的确立,以及由此而形成的电子光学,成为设计制造电子显微镜的基础。1931 年,第一台电子显微镜在德国柏林工业大学研制成功,放大倍数开始时只有几百倍,到 1933 年很快达到一万倍以上。目前最先进的电镜的放大倍数已提高到二百万倍,而普通显微镜不超过两千倍。几十年来,电镜技术在探索物质微观结构方面取得了举世公认的辉煌成果。鲁斯卡(E. Ruska)在发明电子显微镜后 55 年,获得了 1986 年诺贝尔物理学奖。

§21.2　不确定性关系

　　在经典力学中,物体在受力条件一定的情况下,只要知道某时刻物体的精确位置和动量,就可以通过求解运动方程预言物体的后继运动,物体的位置和动量,及相应的运动轨迹是完全严格确定的,即可以同时用确定的位置和确定的动量来描述物体的运动。经典理论认为，物体的位置坐标，及其相应的动量分量可以同时精确测定，通过改进测量仪器、提高测量技术，物理量测量的精确度可以不断得到提高，原则上不存在测量精度的极限度。经典物理描述的质点运动规律，在宏观领域中与实际情况符合得很好。那么，对于具有波粒二象性的微观粒子来说，经典理论是否同时能够适用呢？我们能否在同一时刻，用实验同时确定其位置和动量呢？

一、坐标和动量的不确定性关系

1927 年，德国物理学家海森伯（W. K. Heisenberg）[1] 指出，虽然分别确定微观粒子的位置或动量在精确度上并不存在限制，但用实验**同时**确定其位置和动量时，它们的精确度在原则上是有限度的。根据量子力学推出，当同时测量一个粒子的位置坐标（设为 x）及其对应的动量分量（设为 p_x）时，它们的不确定量 Δx 和 Δp_x 之间存在如下关系

$$\Delta x \Delta p_x \geqslant \frac{\hbar}{2} \tag{21.3}$$

称**海森伯不确定性关系**。式中 $\hbar = \dfrac{h}{2\pi}$。下面我们以电子单缝衍射为例说明这一关系。

设单缝宽度为 a，前方置一感光屏，用来记录电子到达屏上的位置，如图（21.5）所示。使一束动量均为 p 的电子沿 Y 轴方向射向单缝。

电子通过狭缝时，在 x 方向的位置是不能完全确定的，其位置的不确定量 Δx 等于缝宽 a。由于电子具有波动性，屏上出现与光的

---

[1] 海森伯（W. K. Heisenberg，公元 1901—1976 年），德国理论物理学家，是量子力学的奠基人之一，创立了量子力学的矩阵形式，他提出的不确定性关系在量子力学中占有重要地位。海森伯因创立量子力学，特别是因运用量子力学发现同素异形氢（所谓正氢和仲氢）而荣获诺贝尔物理学奖。

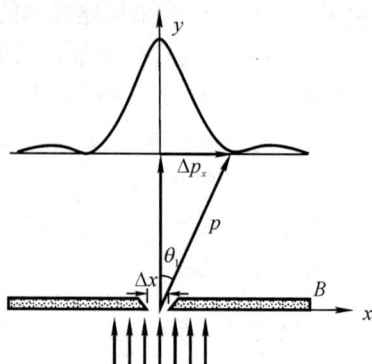

图 21.5　从电子的单缝衍射说明不确定性关系

单缝衍射类似的电子衍射图样,通过单缝的电子,可以出现在衍射强度不为零的任何地方。显然,电子在通过狭缝时,其动量在 x 方向上的分量也有一个不确定量 Δp_x。它的大小可以从电子在屏上的分布进行估算。我们先考虑出现在中央极大区域的电子。设 θ_1 为中央极大的半角宽度,则 $\sin\theta_1 = \lambda/a$。这些电子在通过狭缝的时刻,其动量分量 p_x 的可能值将介于 0 与 $p\sin\theta_1$ 之间,即 $\Delta p_x = p\sin\theta_1$。应用德布罗意关系式 $\lambda = h/p$,并有 $a = \Delta x$,则得

$$\Delta p_x = p\sin\theta_1 = p\,\frac{\lambda}{\Delta x} = \frac{h}{\lambda} \cdot \frac{\lambda}{\Delta x} = \frac{h}{\Delta x}$$

若计及次级衍射,则 Δp_x 更大,故得

$$\Delta x \cdot \Delta p_x \geqslant h \tag{21.4}$$

上式是从特例出发在近似的条件下得到的,严格推导则得关系式(21.3)。一般常用不确定性关系式作数量级估算,所以有时也使用(21.4)式。

　　不确定性关系式表明,微观粒子的位置和动量是不可能同时准确地确定的。粒子在某一方向上位置的不确定量 Δx 越小,即位置测得越准,则相应的动量不确定量 Δp_x 就越大,反之亦然。就是说,这一对物理量的不确定量之乘积受(21.3)式的限制。这种限制并非由于测量仪器的精度不足,或测量技术欠佳所致,而是由于微观粒子具

有波粒二象性的缘故。正如单缝衍射实验显示的那样,欲使电子在缝中的位置不确定量减小,可以将缝宽调窄,但缝越窄,衍射现象越显著,电子在屏上的分布范围就越大,从而使动量不确定量增大。因此,无限制地同时减小 Δx 和 Δp_x 是不可能的。说明微观粒子的行为不再遵从经典理论。

例 21.2 讨论原子中的电子和显像管中电子的运动情况。

解 原子线度的数量级为 10^{-10}m,原子中电子位置的变化范围就是原子的线度,即 $\Delta x \approx 10^{-10}$m。根据不确定性关系式(21.3)式,可得电子速率的不确定量为

$$\Delta v_x = \frac{\Delta p_x}{m} = \frac{h}{4\pi m \Delta x}$$
$$= \frac{6.63 \times 10^{-34}}{4 \times 3.14 \times 9.1 \times 10^{-31} \times 10^{-10}} \text{m/s} = 5.8 \times 10^5 \text{m/s}$$

原子中电子速率约为 10^6m/s。可见其速率的不确定量在数量级上已与速率本身相当。显然,不能认为原子中的电子具有确定的速度,同时又具有确定的位置,所以谈论原子中电子的轨道也就没有意义。

一般显像管中电子的速度为 1.0×10^7m/s,设电子束的直径为 0.10×10^{-3}m。按题意,电子横向位置的不确定量 $\Delta x = 0.10 \times 10^{-3}$m,则由不确定性关系可得

$$\Delta v_x = \frac{\hbar}{2m\Delta x}$$
$$= \frac{6.63 \times 10^{-34}}{4 \times 3.14 \times 9.1 \times 10^{-31} \times 0.10 \times 10^{-3}} \text{m/s} = 0.58 \text{m/s}$$

于是有 $\Delta v_x \ll v$。可见此时电子的运动速度是相当确定的,电子的波动性不起什么实际的作用。因此,显像管中的电子可以看作经典的粒子,其运动规律仍然可以用牛顿力学处理。

例 21.3 一小球的质量为 4.5×10^{-2}kg,以 40m/s 的速率运动。假定速率测定的精度可达 1%,试确定小球位置的不确定量。

解 由题意可知 $\Delta v = 0.4$m/s

$$\Delta x \geqslant \frac{h}{4\pi \Delta p} = \frac{h}{4\pi m \Delta v}$$

$$= \frac{6.63 \times 10^{-34}}{4 \times 3.14 \times 4.5 \times 10^{-2} \times 0.4} \text{m} \approx 2.93 \times 10^{-33} \text{m}$$

这个位置的不确定量比原子核的线度小 10^{16} 倍,即其位置可以准确地测定。所以对于宏观物体,我们可以用位置和动量正确地描述其运动。

例 21.4 氦氖激光器发射 632.8nm 的红色激光,谱线宽度 $\Delta\lambda = 10^{-7}$nm。试求此激光光子的坐标不确定量。

解 设激光束沿 x 方向传播,激光光子的动量为 $p_x = h/\lambda$,所以它的动量不确定量在数值上为

$$\Delta p_x = \frac{h}{\lambda^2} \Delta\lambda$$

将上式代入不确定性关系式(21.3),可得光子的坐标不确定量为

$$\Delta x \geqslant \frac{h}{4\pi \Delta p_x} = \frac{\lambda^2}{4\pi \Delta\lambda} \approx \frac{\lambda^2}{\Delta\lambda}$$

在 §16.6 中我们曾经指出,相干长度就是波列长度,它与光源单色性的关系由式(16.16)表示,即 $L_c = \frac{\lambda^2}{\Delta\lambda}$。与上面得到的结果进行比较,显然,光子坐标的不确定量即为激光波列长度。这正是光具有波粒二象性的必然结果。代入数值后得到

$$\Delta x = \frac{\lambda^2}{\Delta\lambda} = \frac{(632.8 \times 10^{-9})^2}{10^{-16}} \text{km} = 4\text{km}$$

二、能量和时间的不确定性关系

海森堡不确定性关系的另一个表达形式是关于能量和时间这一对物理量的测定,两者之间有如下的关系,即

$$\boxed{\Delta E \Delta t \geqslant \frac{\hbar}{2}} \tag{21.5}$$

称为**能量和时间不确定性关系**。(21.5)式表明,微观粒子处于某一状态的时间和具有的能量不能同时确定,粒子在该状态的时间不确定量越小,则它的能量不确定量就越大。这一关系对受激原子系统有十

分重要的意义。我们知道,原子受激后将从能量最低的基态跃迁到各个能量较高的激发态,受激原子平均来说只能存在一段有限的时间,称为该能级的**平均寿命** Δt,然后自发跃迁到能量较低的状态。因此,由式(21.5)可知,原子激发态的能级的能量都有一个不确定的范围 ΔE,这 ΔE 就是激发态能级的**自然宽度**。显然,激发态的平均寿命越短,能级宽度就越大。由于原子处于基态最稳定,它的寿命可以无限长,因此基态能级的能量可以测准。由此可见,受激原子由激发态向低能态跃迁时,所发射的光子的频率也有一定的范围,而不可能是单一的。所以,严格说来自然界不存在单色光。

例 21.5 1974 年,用高能加速器发现了一种比质子质量大三倍的新粒子,称 J/ψ 子[①]。测得它的静止能量为 3097MeV,测量的不确定量仅为 0.063MeV。这种重粒子会迅速衰变为质量小的粒子。求 J/ψ 子从产生到衰变的平均时间间隔。

解 根据(21.5)式

$$\Delta t = \frac{h}{4\pi\Delta E} = \frac{5.3\times10^{-33}}{0.063\times1.6\times10^{-13}}\,\text{s} = 5.3\times10^{-19}\,\text{s}$$

这个时间间隔就是 J/ψ 子的寿命。新粒子的发现,意味着构成已知粒子的组元——**夸克**的数目不是通常人们公认的三种,而至少有第四种。

不确定性关系是客观存在的自然规律,它明确地指出了经典物理的适用范围。不确定性关系式作为坐标与动量,或时间与能量同时确定的基本限度,由于普朗克常数值非常小,由式(21.3)和式(21.5)所表示的不确定度十分小,对于宏观物体来说,其测量值的实验误差已远远超过这种不确定度,不确定性关系所给出的基本限度的重要

---

① 里希特(Burton Rithter,公元 1931 年—)美国物理学家。丁肇中(公元 1936 年—)美籍华裔物理学家。斯坦福直线加速器中心的里希特小组和麻省理工学院的丁肇中小组用不同的设备,经不同的反应过程,于 1974 年几乎同时地发现了同一粒子,统称 J/ψ 粒子。他们的发现把高能物理学带到了新的境界,两年后里希特和丁肇中共享了 1976 年诺贝尔物理学奖。

性被其他因素所掩盖,因此物体的运动规律仍可用经典力学处理。只在涉及到对微观粒子的物理量的测量中,不确定性关系给出的不确定度的重要影响才会明显地表现出来,这时经典力学已不再适用,必须用量子力学进行处理。对于其波动性不显著的情况(如例 21.2 中显像管电子的运动规律),才可用经典力学作近似处理。

§21.3 波函数及其统计解释

前面我们讨论了在微观领域实物粒子具有独特的波粒二象性,它们与宏观物体的运动规律有本质的不同。既然微观粒子的运动伴随着一个波,那么要了解微观粒子的运动状态,就必须引进描述物质波的物理量。奥地利物理学家薛定谔(E. Schrödinger)[①] 提出用一个函数 $\Psi(r,t)$ 来描述物质波,称之为**物质波的波函数**。

一、波函数的引入

在经典物理中,一个波长为 λ、频率为 ν、沿 x 轴方向传播的单色平面波(如机械波、电磁波等)可由下式表示

$$Y(x,t) = A\cos 2\pi(\nu t - \frac{x}{\lambda})$$

上式可写成复数形式

$$Y(x,t) = Ae^{-i2\pi(\nu t - \frac{x}{\lambda})}$$

而只取其实数部分。对于一个沿 x 轴方向自由运动的微观粒子(不

---

① 薛定谔(E. Schrödinger,公元 1887—1961 年),奥地利理论物理学家,量子力学的创始人之一。薛定谔的科学成果涉及统计热力学、原子物理学、广义相对论和概率论等领域。1925 年,正是爱因斯坦发表的关于单原子理想气体量子理论的论文,引导了薛定谔的研究方向,萌发了用新观点研究原子结构的想法。1925 年 10 月,薛定谔得到了一份德布罗意的博士论文,使他有可能深入地研究德布罗意的位相波思想。1926 年 1—6 月间,薛定谔连续发表了 4 篇论文,奠定了非相对论量子力学的基础,创立了波动力学体系。他因研究波动力学的卓越成果,和狄拉克一起获得 1933 年诺贝尔物理学奖。

受任何外场作用),其动量 p 和能量 E 都是恒定的。根据德布罗意假设,与自由粒子相联系的是一个有固定波长 $\lambda = h/p$,和频率 $\nu = E/h$ 的单色平面波,因此其波函数可用与上式类似的形式表示

$$\Psi(x,t) = \Psi_0 \mathrm{e}^{-\mathrm{i}2\pi(\nu t - \frac{x}{\lambda})} = \Psi_0 \mathrm{e}^{-\mathrm{i}2\pi(Et - px)/h} \tag{21.6}$$

这就是描述**一维自由粒子的物质波的波函数**。

如果粒子在随时间或位置变化的势场中运动,那么物质波的波函数就不能用式(21.6)表示的单色平面波来描述了,其具体形式由粒子所处势场情况而定。

二、波函数的统计解释

物质波与一般的波截然不同。波函数 $\Psi(x,t)$ 本身不代表任何可测量的物理量,也不能用经典波函数来比拟。对于波函数的物理意义的正确解释,是由玻恩(M. Born)[①] 在 1926 年提出来的。通过与光的类比,并针对电子的波动性问题,玻恩认为,波函数的物理意义应从统计的即概率的角度去理解。

在光的衍射图样中,明暗条纹的分布即为光强的分布。从波动观点看,光是电磁波,光强的分布决定于各处电磁波振幅的平方;从粒子观点看,光是光子流,光强的分布决定于投射到屏上各点处光子数的分布。由于在衍射过程中,空间某处分布的光子数是与单个光子在

---

① 玻恩(M. Born,公元 1882—1970 年),德国人,出生于犹太知识分子家庭。玻恩是 20 世纪著名的物理学家。他奠定了晶格动力学的基础,参与了量子力学的创建工作,提出了波函数的统计解释。他创立了格丁根物理学派,玻恩也因之成为物理学的一代宗师。玻恩在 1954 年被授予诺贝尔物理学奖。

在薛定谔的波动力学提出后,人们普遍感到困惑的是其中某些关键概念(例如波函数)的物理意义还不明确。由于有了玻恩的解释,波动力学才为公众普遍接受。玻恩在回忆他是怎样想到这一解释时写道:"爱因斯坦的观点又一次引导了我。他曾经把光波解释为光子出现的概率密度,从而使粒子(光量子或光子)和波的二象性成为可以理解的。这个概念马上可推广到 Ψ 函数上:$|\Psi|^2$ 必须是电子(或其他粒子)的概率密度。"可见爱因斯坦在量子力学的发展中起了何等重要的作用。

该处出现的概率成正比的,如果综合这两种观点,可以得出结论,入射到空间某处的光子数,或光子在空间某处出现的概率,应与该处电磁波的振幅的平方成正比。

实验所显示的电子衍射特征与光的情况十分类似,玻恩推广了这种观点,采用同样的思维方法,将电子的波动与粒子两方面的性质联系起来。玻恩认为,物质波的强度也应与波函数振幅的平方成正比,电子在空间某处出现的概率,正比于与该电子相联系的物质波的强度,即与波函数的振幅的平方成正比。按照这种解释,玻恩称实物粒子的物质波为**概率波**。

图 21.6 是用电子计算机模拟电子通过双缝后在屏上的分布情况。图(a)、(b)、(c)分别为 $N=30$、$N=1000$、$N=10000$ 个电子形成的图样。电子一个一个不连续地被记录下来,起初是一些杂乱无章的感光点,随着电子数目的增多,逐渐呈现出一定的规律,电子大都落到应该是衍射条纹强度极大的地方,概率分布的特征越来越明显。图(c)已与实测的大量电子所形成的双缝衍射图样(d)十分接近。

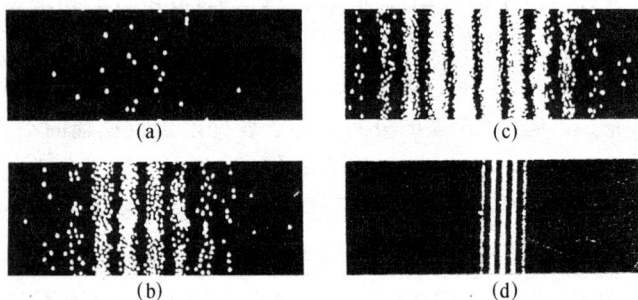

(a)入射 30 个电子;(b)入射 1000 个电子;(c)入射 10000 个电子;
(d)经 50kV 加速后的电子的双缝衍射实验
图 21.6 电子的双缝衍射图样

按照玻恩的解释,在电子衍射过程中,我们虽然无法确定某个电子会落到屏上哪一点,但只要知道衍射后的波函数,就能知道它落到空间各点的概率。在一般情况下,波函数为复函数(见式(21.6)),而

概率必须是实正数,所以波函数振幅的平方应该用波函数 $\Psi(x,t)$ 与它的共轭复数 $\Psi^*(x,t)$ 的乘积,或用其模的平方 $|\Psi(x,t)|^2$ 来表示。于是,我们可以将 t 时刻,在空间某处 (x,y,z) 附近的无限小体积元 dV 内粒子出现的概率 dW 写成

$$dW(x,y,z,t) = |\Psi(x,y,z,t)|^2 dV$$
$$= \Psi(x,y,z,t)\Psi^*(x,y,z,t)dV \qquad (21.7)$$

显然,式中 $|\Psi(x,y,z,t)|^2$ 代表 t 时刻粒子在 (x,y,z) 点附近单位体积内出现的概率,称为**概率密度**。

由于 Ψ 是概率波的波函数,所以必须满足以下几个要求:

(1) $\Psi(x,y,z,t)$ 是单值函数。因为粒子在空间任一地点出现的概率不能有两个或两个以上的值;

(2) $\Psi(x,y,z,t)$ 是连续函数。因为在实际物理问题中,粒子在空间各点的概率分布不可能发生突变。

薛定谔方程本身还要求 Ψ 对空间坐标的一阶偏导数 $\dfrac{\partial \Psi}{\partial x}$、$\dfrac{\partial \Psi}{\partial y}$、$\dfrac{\partial \Psi}{\partial z}$ 也是连续的;

(3) $\Psi(x,y,z,t)$ 是有限的函数。因为在一个有限体积 V 内,找到粒子的概率值应为一个有限值。

以上三个条件称为波函数的**标准化条件**。此外,因为粒子必定会在空间某处出现,因此任意时刻,粒子在整个空间出现的总概率应该等于 1,即

$$\iiint \Psi\Psi^* \, dx\,dy\,dz = 1 \qquad (21.8)$$

上式称为**归一化条件**。

§21.4　薛定谔方程

1926 年,薛定谔在德布罗意物质波假设的基础上,采用了与其

他波动现象进行类比的方法,提出一个描述低速微观粒子运动规律的方程,亦即波函数 Ψ 所应遵循的方程,称为**薛定谔方程**。

一、薛定谔方程

我们先考虑一个在一维空间运动的自由粒子,其波函数由(21.6)式表示,即

$$\Psi(x,t)=\Psi_0 e^{-\frac{i}{\hbar}(Et-px)}$$

将上式分别对时间 t 求偏导数和对坐标 x 求二阶偏导数,得

$$\frac{\partial \Psi}{\partial t}=-\frac{i}{\hbar}E\Psi \qquad (21.9)$$

$$\frac{\partial^2 \Psi}{\partial x^2}=-\frac{p^2}{\hbar^2}\Psi \qquad (21.10)$$

自由粒子的能量和动量的非相对论关系为

$$P^2=2mE$$

将它代入(21.9)式并与(21.10)式比较,于是有

$$i\hbar\frac{\partial}{\partial t}\Psi(x,t)=-\frac{\hbar^2}{2m}\frac{\partial^2 \Psi(x,t)}{\partial x^2} \qquad (21.11)$$

这就是一维运动的自由粒子波函数所满足的微分方程。

假如粒子不是自由的,而是在势场 E_p 中运动,则粒子的总能量与动量的关系为

$$E=\frac{p^2}{2m}+E_p$$

将上式代入(21.9)式,再结合(21.10)式可得

$$i\hbar\frac{\partial}{\partial t}\Psi(x,t)=\left[-\frac{\hbar^2}{2m}\frac{\partial^2}{\partial x^2}+E_p\right]\Psi(x,t) \qquad (21.12)$$

如果粒子在三维空间运动,则可将上式推广为

$$\boxed{i\hbar\frac{\partial}{\partial t}\Psi(\boldsymbol{r},t)=\left[-\frac{\hbar^2}{2m}\left(\frac{\partial^2}{\partial x^2}+\frac{\partial^2}{\partial y^2}+\frac{\partial^2}{\partial z^2}\right)+E_p\right]\Psi(\boldsymbol{r},t)}$$

$$(21.13)$$

这就是在势场中运动的微观粒子所满足的微分方程,称为**薛定谔方程**。

应该注意的是,上面介绍的是方程建立的思路,而不是数学上的证明。薛定谔方程是非相对论量子力学的基本方程,它不可能从其他方程导得,也不可能根据直接实验的结果归纳出来,它的正确性只能由实验来验证。事实证明,从方程所得到的结论,在微观物理的广大范围内都和实验结果符合得很好。

二、定态薛定谔方程

下面我们讨论薛定谔方程的一个特例,即粒子所处的势场 E_p 不随时间变化的情形。当粒子在这种势场中运动时,它的能量不随时间变化,我们称这样的粒子状态为**定态**。数学上可以将描述定态的波函数 $\Psi(x,t)$ 分离变量,写成

$$\Psi(x,t)=\psi(x)\mathrm{e}^{-\frac{\mathrm{i}}{\hbar}Et} \tag{21.14}$$

称为**定态波函数**。$\psi(x)$ 称为**振幅函数**。将(21.14)式对 x 和 t 求偏导数

$$\left.\begin{aligned}
\frac{\partial \Psi}{\partial x} &= \frac{\mathrm{d}\psi}{\mathrm{d}x}\mathrm{e}^{-\frac{\mathrm{i}}{\hbar}Et} \\
\frac{\partial^2 \Psi}{\partial x^2} &= \frac{\mathrm{d}^2\psi}{\mathrm{d}x^2}\mathrm{e}^{-\frac{\mathrm{i}}{\hbar}Et} \\
\frac{\partial \Psi}{\partial t} &= -\frac{\mathrm{i}}{\hbar}E\psi\mathrm{e}^{-\frac{\mathrm{i}}{\hbar}Et}
\end{aligned}\right\} \tag{21.15}$$

将(21.15)的结果代入方程(21.12),经整理后得到

$$\boxed{\frac{\mathrm{d}^2\psi(x)}{\mathrm{d}x^2}+\frac{2m}{\hbar^2}\big[E-E_p\big]\psi(x)=0} \tag{21.16}$$

称为**一维定态薛定谔方程**。如果粒子在三维空间中运动,则(21.16)式可推广为

$$\frac{\partial^2 \psi}{\partial x^2} + \frac{\partial^2 \psi}{\partial y^2} + \frac{\partial^2 \psi}{\partial z^2} + \frac{2m}{\hbar^2}[E - E_p]\psi = 0 \qquad (21.17)$$

上式称为**一般的定态薛定谔方程**。它是粒子在势能函数不随时间改变的稳定力场中运动时，与粒子运动的稳定状态相联系的波函数所满足的方程。振幅函数 $\psi(\boldsymbol{r})$ 也称**定态波函数**。粒子处于定态时的重要特征之一是，它在各处出现的概率不随时间变化，即

$$|\Psi(\boldsymbol{r}, t)|^2 = |\psi(\boldsymbol{r})\mathrm{e}^{-\frac{\mathrm{i}}{\hbar}Et}|^2 = |\psi(\boldsymbol{r})|^2 \qquad (21.18)$$

与时间无关。

如果给定势能函数 $U(\boldsymbol{r})$，通过求解定态薛定谔方程，就可以得出定态波函数和对应的能量，从而知道粒子在空间各处出现的概率。由方程(21.17)求得的**波函数必须满足单值、有限、连续三个标准条件，并予以归一化**，这最后的解才是实际有意义的。下面我们将通过简单的例子说明求解薛定谔方程的方法，并请密切注意量子力学将会导出令人意想不到的结果。

§21.5　一维无限深势阱中的粒子

假设粒子在外力场中作一维运动，其势能函数为

$$E_p = \begin{cases} 0, & 0 < x < a \\ \infty, & x \leqslant 0 \text{ 及 } x \geqslant a \end{cases} \qquad (21.19)$$

就是说，粒子只能在宽度为 a 的两个无限高势壁之间运动。我们把图(21.7)所示的这种势能曲线称作**一维无限深方势阱**。这是一个从实际问题中抽象出来的理想模型。例如，金属中的电子在金属内部可以自由运动，但一般不能逸出金属表面，这种情况与上述势阱中的粒子有些相似。

势阱中的粒子具有的能量是有限的，无法越出势阱的范围，故在 $x \leqslant 0$ 和 $x \geqslant a$ 的区域 $\psi(x) = 0$。

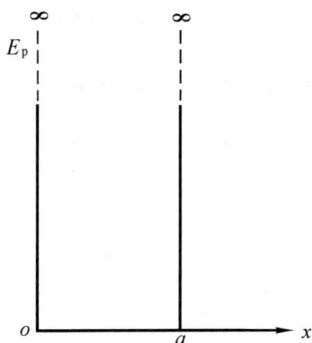

图 21.7　一维势阱

在 $0 < x < a$ 的区域内,定态薛定谔方程为

$$\frac{\mathrm{d}^2\psi(x)}{\mathrm{d}x^2} + \frac{2mE}{\hbar^2}\psi(x) = 0 \qquad (0 < x < a) \qquad (21.20)$$

令

$$k^2 = \frac{2mE}{\hbar^2} \qquad (21.21)$$

则(21.20)式可改写为

$$\frac{d^2\psi(x)}{dx^2} + k^2\psi(x) = 0 \qquad (21.22)$$

这个方程的通解是

$$\psi(x) = A\sin kx + B\cos kx \qquad (21.23)$$

式中 A、B 为待定常数。因为粒子只能在势阱中,并由于波函数必须满足连续的条件,因此在势阱壁上应有

$$\psi(0) = 0, \qquad \psi(a) = 0$$

由(21.23)式可以看出,为了满足 $\psi(0) = 0$,只有 $B = 0$,于是(21.23)式化为

$$\psi(x) = A\sin kx \qquad (21.24)$$

为了满足 $\psi(a) = 0$,因为 A 可以不为零,故 $\sin ka = 0$,即

$$ka = n\pi, \quad \text{或} \quad k = \frac{n\pi}{a} \quad n = 1,2,3,\cdots \qquad (21.25)$$

代入(21.24)式得薛定谔方程的解为

$$\psi(x) = A\sin\frac{n\pi x}{a} \qquad\qquad (21.26)$$

式中常数 A 可以根据波函数归一化条件确定,即

$$\int_0^a \psi^*(x)\psi(x)\mathrm{d}x = 1$$

由此得
$$A = \sqrt{\frac{2}{a}}$$

因而粒子的定态波函数为

$$\psi_n(x) = \sqrt{\frac{2}{a}}\sin\frac{n\pi}{a}x \qquad n=1,2,3,\cdots \qquad (21.27)$$

这里 n 不能取零,否则波函数 $\psi(x)$ 将处处为零,这就意味着粒子根本不存在。

下面我们对一维无限深势阱中的粒子的运动特征进行讨论:

1. 能量量子化

将(21.25)式代入(21.21)式,得到粒子的能量为

$$E_n = n^2\frac{\pi^2\hbar^2}{2ma^2} \qquad n=1,2,3,\cdots \qquad (21.28)$$

n 称为**量子数**。由此可见,势阱中粒子的能量只能取一系列分立的值,即能量是量子化的。图 21.8 是粒子在势阱中的能级图。在量子力学中,能量量子化是求解薛定谔方程的必然结果,而非人为强加的假设。

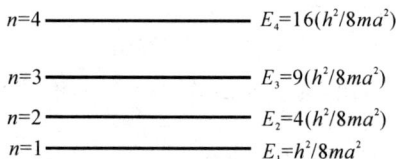

$$n=4 \ \rule{4cm}{0.4pt} \ E_4=16(h^2/8ma^2)$$

$$n=3 \ \rule{4cm}{0.4pt} \ E_3=9(h^2/8ma^2)$$

$$n=2 \ \rule{4cm}{0.4pt} \ E_2=4(h^2/8ma^2)$$

$$n=1 \ \rule{4cm}{0.4pt} \ E_1=h^2/8ma^2$$

图 21.8 能级图

2. 粒子的最小能量

势阱中粒子的最小能量不为零,而是 $E_1 = \dfrac{\pi^2\hbar^2}{2ma^2}$,这个能量称为

零点能。零点能是一切量子系统所特有的现象。它说明了势阱中的粒子不可能是静止的,即使在绝对零度的情况下,也在永无休止地运动着。

实际上零点能的存在是因为我们将粒子限制在一定范围内运动的缘故。若粒子的最低能量为零,则动量亦为零,根据不确定性关系,此时粒子位置的不确定量将为无限大,显然与粒子被限制在势阱中运动的前提是会发生矛盾的。

3.粒子在阱中不同位置处出现的概率

对于无限深势阱,定态薛定谔方程的解(21.26)式具有驻波形式,见图(21.9(a))。驻波波长为

$$\lambda_n = \frac{2a}{n} \qquad n = 1, 2, 3, \cdots$$

这与两端固定的弦线上形成的驻波非常相似。

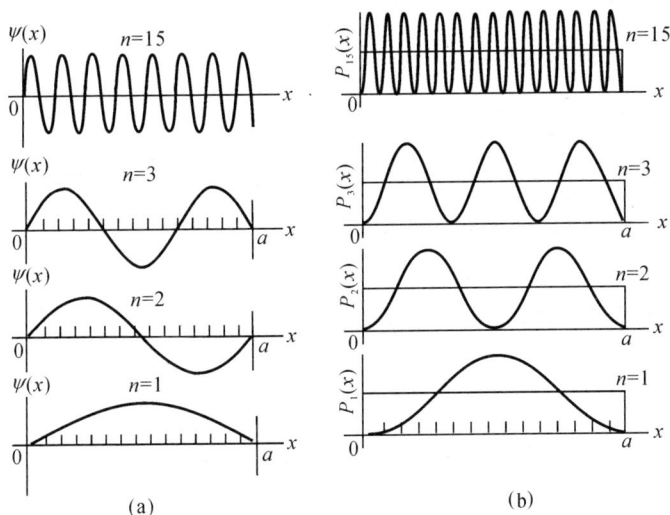

(a)   (b)

图 21.9 势阱中的波函数和概率密度

从图(21.9(b))中可以看出,粒子的概率密度 $P(x) = |\psi(x)|^2$ 的分布曲线是振荡起伏的,说明粒子在阱中各处出现的概率不同。例

如,当粒子处于最低能量状态($n=1$)时,粒子在阱的中部出现的概率最大;当粒子处于 $n=2$ 的状态时,粒子在阱的中点出现的概率为零。这与经典理论所预言的完全不同。根据经典观点,粒子在阱内不受力而作匀速运动,因此它在阱内各点出现的概率处处相同,如图(21.9(b))中水平线所示。但随着量子数的增大,概率密度曲线的振荡频率越来越高,在 n 很大时,振荡非常密集,以致在实验中无法分辨概率密度的起伏,而只能测得其平均值。这时量子力学的结论与经典力学的结论就渐趋一致了。

例 21.6 设有一质量为 1×10^{-9}kg 的尘埃粒子,在相距 0.1mm 的不可穿透、完全弹性的坚壁间作一维运动,粒子从一端移动到另一端耗时 100s。试求粒子所处能级的量子数。

解 由于尘粒在一维空间自由运动,其能量就是动能,故得

$$E = \frac{1}{2}mv^2 = \frac{1}{2}(1 \times 10^{-9})(1 \times 10^{-6})^2 \text{J} = 5 \times 10^{-22} \text{J}$$

将数据代入能级公式(21.28),得

$$n = \frac{a}{\pi\hbar}\sqrt{2mE} = \frac{a}{h}\sqrt{8mE}$$

$$= \frac{1 \times 10^{-4}}{6.63 \times 10^{-34}}\sqrt{8(1 \times 10^{-9})(5 \times 10^{-22})} = 3 \times 10^{14}$$

这个量子数非常大,实验中无法将 3×10^{14} 与 $3 \times 10^{14}+1$ 这两个量子数的差别区分开来,就是说,显示不出尘埃微粒能量变化的不连续性。可见,尽管尘粒的质量和动能都非常小,但还远远不是微观粒子,它仍属宏观粒子。

§21.6 势垒 隧道效应

一、势垒和隧道效应

下面我们讨论一个有重要实际意义的量子力学现象,即**隧道效**

应，或称为**势垒穿透**。

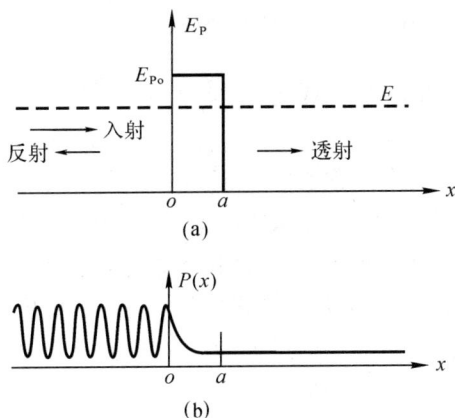

图 21.10 势垒

设有能量为 E 的粒子，在图(21.10(a))所示的势场中作一维运动。这种形式的势场通常称为**势垒**。按照经典力学的观点，只有当能量 $E > U_0$ 时，粒子才能越过势垒到达 $x > a$ 的区域；如果 $E < U_0$，粒子将在 $x = 0$ 处被反弹回来，无法穿越势垒。然而，根据量子力学，情况并非如此，薛定谔方程的解给出了出人意料的结果。

我们可以将上述势能函数写成下列形式

$$E_p = \begin{cases} E_{p0}, & 0 \leqslant x \leqslant a \\ 0, & x < 0, x > a \end{cases} \tag{21.29}$$

粒子的定态薛定谔方程为

$$\frac{d^2\psi(x)}{dx^2} + \frac{2m}{\hbar^2}[E - E_p]\psi(x) = 0 \tag{21.30}$$

方程的解为

$$\psi_1(x) = A_1 e^{i\alpha x} + A_2 e^{-i\alpha x} \qquad x < 0 \tag{21.31}$$

$$\psi_2(x) = B_1 e^{i\beta x} + B_2 e^{-i\beta x} \qquad 0 < x < a \tag{21.32}$$

$$\psi_3(x) = C e^{i\alpha x} \qquad\qquad x > a \tag{21.33}$$

其中 $\alpha = \frac{1}{\hbar}\sqrt{2mE}$，$\beta = \frac{1}{\hbar}\sqrt{2m(E - E_{p0})}$。式中 A_1、A_2、B_1、B_2 及 C 均

为常数,可由波函数所需要满足的物理条件来确定。根据波函数的标准条件,ψ 和 $\dfrac{\partial \psi}{\partial x}$ 应在整个空间连续,所以有

$$\psi_1(0) = \psi_2(0), \qquad \left(\frac{\mathrm{d}\psi_1}{\mathrm{d}x}\right)_{x=0} = \left(\frac{\mathrm{d}\psi_2}{\mathrm{d}x}\right)_{x=0}$$

$$\psi_2(a) = \psi_3(a), \qquad \left(\frac{\mathrm{d}\psi_2}{\mathrm{d}x}\right)_{x=a} = \left(\frac{\mathrm{d}\psi_3}{\mathrm{d}x}\right)_{x=a}$$

求解的结果是 B_1, B_2, C 都不为零。由此可见,粒子有可能透入并穿过势垒。上述结果表明,微观粒子具有波动性,入射粒子的物质波射向势垒时,如同光波从一种媒质传向另一种媒质一样,一部分通过势垒继续前进并可能穿透过去,另一部分则从势垒表面反射回来。式(21.31)中右边两项分别代表入射波和反射波;(21.32)式中右边两项为透射波和反射波;在 $x > a$ 的区域只能有透射波。这说明粒子有可能出现在 $x > a$ 的区域。图(21.10(b))给出了粒子穿透势垒的概率密度分布曲线。

微观粒子穿过势垒而"渗出"的现象,与光波透过介于两块光密媒质之间的薄层的现象相似。图(21.11)中两块直角棱镜的镜面互相平行,间隙不超过几个波长。按照几何光学的观点,入射光以一定角度入射时,它在玻璃与空气界面处应该发生全反射,但实验上发现,全反射的光并

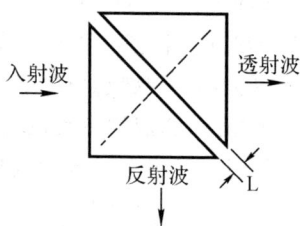

图 21.11　光波透过介于两块光密媒质间的薄层

不全部折回,仍有一小部分透过空气隙进入另一块棱镜,然后透射出去。空气薄层越厚,透射光越弱。

粒子贯穿势垒,从 $x < 0$ 的区域进入 $x > a$ 的区域的概率,可以用透射率 T 表示。透射率定义为透射波与入射波的"强度"之比,即

$$T = \frac{|C|^2}{|A_1|^2} \propto \mathrm{e}^{-\frac{2}{\hbar}\sqrt{2m(E_{p0}-E)}\,a} = \mathrm{e}^{-2ka} \tag{21.34}$$

式中令 $\quad k=\dfrac{1}{\hbar}\sqrt{2m(E_{p0}-E)}=\sqrt{\dfrac{8\pi^2 m(E_{p0}-E)}{h^2}}$

可以看出,透射率与势垒宽度及粒子总能量和势垒高度之差 $(E_{p0}-E)$ 有关,还与粒子质量 m 有关。当势垒的高度和宽度一定时,即使在粒子的总能量低于势垒 $(E<E_{p0})$ 的情况下,粒子也能透过势垒而到达 $x>a$ 的区域,这种现象常被形象地称为**隧道效应**,也称**势垒穿透**。

从经典力学看来,粒子进入 $E<E_{p0}$ 的势垒区域,就意味着粒子动能将出现负值,这是不可思议的。但是势垒穿透现象纯属量子效应,应该指出,造成量子效应的主因,完全是基于微观粒子具有二象性。

例 21.7 一个总能量为 4.0eV 的电子在势垒高度为 5.0eV 的势场中运动(如图 21.10(a)所示),若势垒宽度为 0.70nm,求:(1)电子对势垒的透射率;(2)势垒厚度减小到 0.30nm 时的穿透率;势垒高度升高到 6.0eV 时的穿透率;(3)质子对势垒的穿透率。

解 (1)根据式(21.34),当 $E_{p0}=5.0\text{eV},a=0.7\text{nm}$ 时

$$k=\sqrt{\dfrac{8\pi^2 m(E_{p0}-E)}{h^2}}$$

$$=\sqrt{\dfrac{8\pi^2(9.11\times10^{-31})(5.0-4.0)(1.60\times10^{-19})}{(6.63\times10^{-34})^2}}\ 1/\text{m}$$

$$=5.12\times10^9\ 1/\text{m}$$

则透射率为

$$T=e^{-2ka}=e^{-2(5.12\times10^9)(700\times10^{-12})}$$

$$=7.7\times10^{-4}$$

即每 $100\ 000$ 个撞击势垒的电子中,只有 77 个能穿透过去。

(2) 当 $E_{p0}=5.0\text{eV},a=0.30\text{nm}$ 时, $T=0.046$

$\qquad E_{p0}=6.0\text{eV},a=0.70\text{nm}$ 时, $T=3.9\times10^{-5}$

(3) 当 $m=1836m_e$, $E_{p0}=5\text{eV},a=0.7\text{nm}$ 时, $T=10^{-130}$

可见,电子比较容易穿透薄的势垒,而很难越过高的势垒。质量大的

粒子,穿透势垒的概率极小。

二、量子隧道效应的应用

物质波的势垒穿透或隧道效应是自然界中一种十分重要的现象,并有许多实际的应用。

1. 太阳的能源

这是一个十分奇妙的隧道效应的例子。当轻核聚合成平均结合能较高的重核时会释放能量,太阳辐射的巨大能量就是来自其内部的热核聚变反应。假定两个高速质子互相碰撞,间距达到核引力力程的范围,它们就有可能聚合成氘核而释放能量。但在互相靠近的过程中将同时出现库仑斥力,使它们减速、分离,即出现库仑势垒。因此聚变反应的能否实现,取决于质子穿透库仑势垒的能力。如果自然界不存在隧道效应,那么太阳的"炉火"将熄灭,太阳将崩坍。

2. 扫描隧道显微镜

扫描隧道显微镜简称 STM[①],它是瑞士苏黎世国际商用机器公司研究实验室的两位科学家,宾尼(G. Binnig)和罗雷尔(H. Rohrer)在 1981 年研制成功的。它拍摄的材料表面结构可以精细到原子的尺度,因而为表面科学、材料科学和生物科学等开辟了十分广阔的研究领域,提供了新型的表面分析技术。由于这一卓越贡献,1986 年的诺贝尔物理学奖一半授予罗雷尔和宾尼,另一半授予电子显微镜的发明者鲁斯卡。

扫描隧道显微镜是根据量子隧道效应的原理设计的,它的特点是没有光源和透镜系统,而是用一枚细而尖的探针在所研究的样品表面上扫描。我们知道,在样品的界面处存在表面势垒,阻止内部电子向外逸出,但由于隧道效应,电子仍有一定的概率穿透势垒到达样品外表面,弥散在界面之外,形成一定的分布,形象地称为电子云。电子云的密度随着与表面距离的增大呈指数衰减。电子云密度在表面

---

① STM 是 Scanning Tunneling Microscope 的缩写。

上的分布是由样品表面性质决定的。扫描时探针与样品表面十分接近,但没有接触,这个缝隙对两者的电子来说都形成一个势垒。由于探针的表面性能是固定并已知的,因此缝隙间电子云的分布反映了样品表面的微观结构(见图(21.12))。

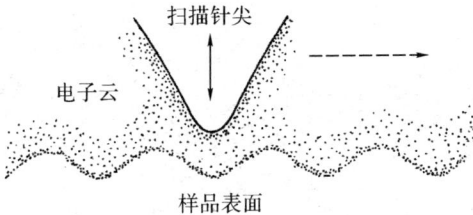

图 21.12　STM 中的针尖在样品表面扫描

用 STM 进行工作时,将样品与探针的间距调整到 $1nm(10^{-9}m)$ 左右,在探针和样品间加上电压,这时电子云就会形成隧道电流。隧道电流对间距大小十分敏感,随间距的增大而指数地衰减。当间距在原子尺度范围内改变一个原子距离时,隧道电流可以有上千倍的变化。扫描时自动控制针尖上下移动,使隧道电流保持恒定,这样,就可以通过探针相对于待测表面上的三维扫描,在屏幕上或记录仪上显示样品的三维图像。图 21.13 是一张吸附在铂单晶表面上的碘原子的 STM 图像。上面描述的工作方式称为恒电流扫描方式。与此相对的还有一种恒高度工作模式。在实际科研工作中,前者应用最广泛。

扫描隧道显微镜所达到的高灵敏度和高精密度都是空前的。目前横向(表面)及纵向(深度)分辨率达到了 0.1nm 及 0.01nm。在使用 STM 观察物质表面结构时不会损伤样品,也可以在常压空气中甚至液体中工作,因此对生物体的研究特别有利,这也是 STM 所特有的优点。

通过扫描隧道显微镜,我们已经能够看到原子的真实形貌,而且还能够触摸原子,用 STM 的针尖移动和操纵单个原子和分子。1990年 4 月,美国 IBM 公司的两位科学家发现,在用 STM 观测金属镍表面的氙原子时,氙原子会随针尖移动。经过 22 个小时的操作,他们把

209

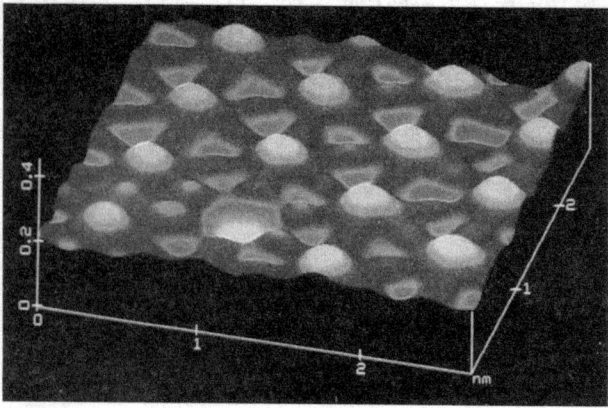

图 21.13　吸附在铂单晶表面上的碘原子的 STM 图像

35 个氙原子排列成 IBM 字样,每个字母高度约是一般印刷用字母的二百万分之一。1994 年初,中国科学院的研究人员成功地利用一种新的表面原子操纵方法,通过 STM 在硅单晶表面上直接提走硅原子,形成平均宽度为 2nm 的线条。从图 21.14 上可清晰地看到由这些线条形成的"100"字样。1991 年 2 月,IBM 科研小组又成功地移动了吸附于金属铂表面的一氧化碳分子,组成了只有 5nm 高的"分子人"图案。移动分子这项实验的成功,表明了人们朝着用单一原子和小分子构成新分子的目标又前进了一步,其内在意义尚不能完全估量。

　　此外,利用 STM 可以人为地制造出某些表面现象,这就是目前正在开展中的表面刻蚀工作,图形的线宽只有几个纳米。这种表面加工方法对于高密度信息存储技术具有重要意义。

　　扫描隧道显微镜的制造成功,是物理思想与高新技术相互结合相互促进的范例。

　　3.隧道两极管　约瑟夫森结

　　隧道两极管和约瑟夫森结都是以隧道效应为理论基础制造成功的固体电子元件。隧道两极管是用改变外加电压的方法控制势垒高度,使通过器件的电子流快速导通与切断,响应时间在 10^{-11}s 数量

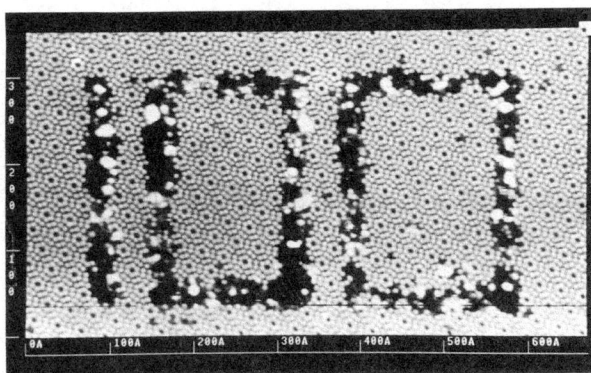

图 21.14　通过移走硅原子构成的文字

级。约瑟夫森结是由两层超导金属膜,中间夹一绝缘薄层构成的。由于势垒穿透现象,它具有十分奇特的性能和一些极有价值的应用。用超导结制造的灵敏度极高的磁场针,能够探测 10^{-11}GS 左右的磁场变化。这些电子元件都具有灵敏度高、噪声低、响应速度快和损耗小的特点,已在极广泛的技术领域中得到实际应用。

　　1973 年的诺贝尔奖授予约瑟夫森(B. Josephson,公元 1940 —),江崎玲于奈(L. Esaki,公元 1925—),加埃沃(I. Giaever,公元 1929—)等三位物理学家。他们分别在约瑟夫森效应、超导体和半导体的隧道效应上作出了杰出的贡献。

§21.7　谐振子

　　在经典物理中,谐振子是一种力学和电学振荡模型。同样,在量子力学中,谐振子也是一种十分重要的、实际系统的理想化模型。许多受到微小扰动的物理体系,如分子及固体晶格的振动等,都可以近似地将其作为线性谐振子系统处理。

　　在经典力学中,质量 m 的粒子在弹性力作用下作简谐振动,振

动角频率 $\omega = \sqrt{\dfrac{k}{m}}$，势能可写成

$$E_{\mathrm{p}} = \frac{1}{2}kx^2 = \frac{1}{2}m\omega^2x^2 \tag{21.35}$$

式中 x 为振子离开平衡位置的位移,此系统称为线性谐振子或一维谐振子。按照经典理论,线性谐振子的能量可以取任意的、连续变化的数值。若将此势能代入式(20.16),便可得到线性谐振子的定态薛定谔方程:

$$\frac{\mathrm{d}^2\psi(x)}{\mathrm{d}x^2} + \frac{2m}{\hbar}\Big[E - \frac{1}{2}m\omega^2x^2\Big]\psi(x) = 0 \tag{21.36}$$

根据线性谐振子的波函数应满足的标准化条件,此方程仅当能量取不连续的值时才有解(由于求解过程十分繁复,此处从略),可得到

$$E_n = (n + \frac{1}{2})\hbar\omega = (n + \frac{1}{2})h\nu \qquad (n = 0, 1, 2, \cdots) \tag{21.37}$$

可见与经典理论的结果完全不同,它是量子化的。这个结果与第 §19.2 中普朗克提出的能量子假设相差 $\dfrac{1}{2}h\nu$。但是,在说明黑体辐射的能谱分布时,这一能量差别被消去了,故对结果并无影响。

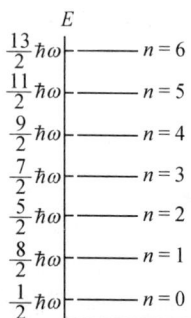

(a) 谐振子的能级是等间距的

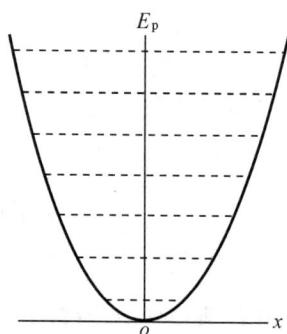

(b) 谐振子的势能 $E_{\mathrm{p}} = \dfrac{1}{2}m\omega^2x^2$ 能量的标度与能级图的相同

图 21.15

线性谐振子的最小能量不为零,即存在零点能:

$$E_0 = \frac{1}{2}\hbar\omega = h\nu \tag{21.38}$$

零点能是由于微观粒子具有波动性,是由不确定性关系决定的。这个结论被大量实验事实所证实。例如光被晶格散射是由于晶体中原子振动引起的,按照经典理论,如果降低温度,原子振动的振幅将减小,从而散射光强度也将减弱,原子能量将趋于零,即原子趋于静止。但实验表明,随着温度向绝对零度接近,散射光的强度趋于一个不为零的极限,这说明,即使在绝对零度下,原子也在永不停息地振动,存在零点能。又如,液体 ^{4}He 和 ^{3}He 的正常沸点只有几开(K),都有显著的零点能效应。

思考题

21.1 物质波与电磁波有哪些异同之点?

21.2 什么是波粒二象性?哪些实验证实了微观粒子具有波动性?

21.3 对于运动着的宏观实物粒子,其波动性是否明显?为什么?

21.4 什么是不确定性关系?微观粒子的物理量的不确定量是怎样产生的?

21.5 为什么波函数 Ψ 必须满足单值、连续、有限和归一化的条件?

21.6 图中画出了某一粒子的实物波的波函数,试问在哪些地方粒子出现的概率最大?

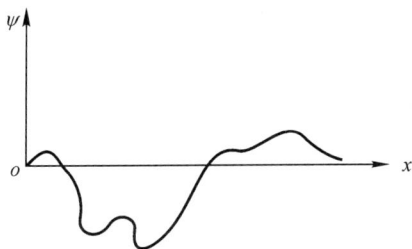

思考题 21.6 图

21.7 在一维无限深势阱中,若增加势阱的宽度,其能级将如何变化?若减小势阱的宽度其能级又将如何变化?

21.8 什么是势垒?什么叫隧道效应?

习 题

21.1 试求:(1)初速很小的电子经过 100V 电压加速后的德布罗意波长;(2)质量为 10^{-2}kg 的子弹以每秒 800m 速率运动时的德布罗意波长。

21.2 若电子和光子的德布罗意波长均为 0.2nm,则它们的动量和总能量各为多少?

21.3 当电子的动能等于它的静止能量时,它的德布罗意波长是多少?

21.4 电子在铝箔上散射时,第一级最大(k=1)的偏转角 θ 为 2°(参看题 21.4 图),铝的晶格常数 a 为 4.05×10^{-10}m,求电子速度。

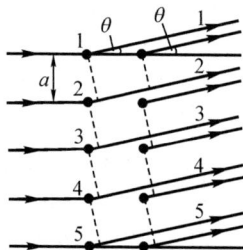

题 21.4 图

21.5 假定有一个粒子的动量不确定量等于它的动量,试求这个粒子的位置的最小不确定量与它的德布罗意波长的关系。

21.6 一般显像管中电子的速度约为 $v_x = 1.0 \times 10^7$m/s,若测量电子速度的精确度为 1%(这在实验中已很精确),试求射线束中电子位置的不确定量,并对所得结果进行讨论。

21.7 一束具有动量 p 的电子,垂直地射入宽度为 a 的狭缝,若在狭缝后面与狭缝相距为 f 的地方放置一块荧光屏,试证明屏幕上衍射图样中央最大强度的宽度 $d = 2fh/(ap)$,式中 h 为普朗克常量。

21.8 波长为 300nm 的平面光波沿 x 轴正向传播。若波长的相对不确定量 $\Delta\lambda/\lambda = 10^{-6}$,试求此光子坐标的最小不确定量。

21.9 如果一个原子处于某能态的寿命为 10^{-6}s,那么这个原子的这个能态的能量的最小不确定量是多少?

21.10 粒子在一维无限深势阱中运动,势阱宽度为 a,其波函数为 $\psi(x) = \sqrt{\dfrac{2}{a}} \sin \dfrac{3\pi x}{a}$ ($0 < x < a$)。求粒子出现的概率密度最大的各个位置。

21.11 一粒子被限制在相距为 l 的两个不可穿透的壁之间,描写粒子状态的波函数为 $\psi = cx(l-x)$,其中 c 为待定常量。求在 $0 \sim \frac{1}{3}l$ 区间发现该粒子的概率。

21.12 一维无限深方势阱中的粒子,其波函数在边界处为零,这种定态物质波相当于两端固定的弦中的驻波,因而势阱的宽度 a 必须等于德布罗意波半波长的整数倍。试利用这一条件导出能量量子化公式 $E_n = \frac{h^2}{8ma^2} \cdot n^2$。

21.13 一质量为 m 的微观粒子被约束在长度为 L 的一维线段上,试根据不确定性关系式估算该粒子所具有的最小能量值,并由此计算在直径为 10^{-14}m 的核内质子和中子的最小能量。

$(h = 6.63 \times 10^{-34} \text{J} \cdot \text{s}, m_p = 1.67 \times 10^{-27} \text{kg})$

21.14 试证明,对于作圆周运动的粒子,不确定性关系可表达为 $\Delta L \Delta \varphi \geqslant \frac{h}{4\pi}$。这里 ΔL 是角动量的不确定量,$\Delta \varphi$ 是角位置的不确定量。

21.15 在无限深方势阱中,当电子从 $n=3$ 的能级跃迁到 $n=2$ 的能级时,试问所辐射的光子的能量是多少? 设阱宽 $a = 0.6$nm。

21.16 计算宽度为 0.6nm 的无限深方势阱中,电子的最低的三个能级。

21.17 假设粒子在一维空间运动,处于如下波函数所描述的状态

$$\psi(x) = \begin{cases} Axe^{-\lambda x} & (x \geqslant 0) \\ 0 & (x < 0) \end{cases}$$

式中 λ 为正的常量。试求:

(1)归一化波函数;

(2)粒子在空间分布的概率密度。

21.18 设总能量为 5.0eV 的电子,在势垒高度为 6.0eV 的势场中运动,如图 21.10 所示。试问势垒厚度 a 为多大时电子有百分之一的概率穿透势垒。

第二十二章　氢原子及原子结构初步

上一章介绍了反映微观粒子属性和规律的量子力学,本章将在此基础上对原子结构进行初步研究。

早在 18 世纪,物理学和化学的成果已经证实了物质是由原子组成的,但直到 19 世纪末,汤姆孙(J. J. Thomson)确定了电子的存在以后,人们才对原子的结构开始有了一定的了解。1911 年,卢瑟福(E. Rutherford)在 α 粒子散射实验的基础上提出了核式模型,在这之后的 15 年中,对原子结构及其辐射的性质的研究又获得了惊人的进展,玻尔(N. Bohr)的氢原子理论是量子理论的一个辉煌胜利,量子力学的建立大大加快了原子物理学理论的发展。氢原子是宇宙中最简单的原子,我们将从分析原子光谱的实验规律入手,引入玻尔的氢原子模型。尽管这个模型从今天看来不尽正确,并有很大的局限性,但它给出了一些有意义和重要的结论,而且它的理论简单,易于理解,可以帮助人们完成从经典到量子概念的过渡。然后我们将进一步介绍量子力学对氢原子结构的处理,以及对更为复杂的原子的描述。

§22.1　玻尔氢原子理论

一、原子光谱的实验规律

对各种发光现象进行研究时发现,当原子受到辐射或与高能量粒子碰撞等外界因素激发时,所发射的光谱是**线状光谱**,它是由一系列分立的光谱线组成的,每条谱线代表一种波长成分。例如,在低压氢气放电管中,氢原子受加速带电粒子撞击后发光,用摄谱仪(如棱镜和光栅摄谱仪)进行分析,可以在照相底片上看到一系列的谱线。

图 22.1 是氢光谱在可见光区的谱线。实验中观察到,各种不同元素的原子光谱中谱线的波长和强度分布是不同的,这表明线光谱是原子的特征之一,它与原子内部结构有密切联系。因此,研究原子光谱的实验规律是探索原子结构的重要手段。

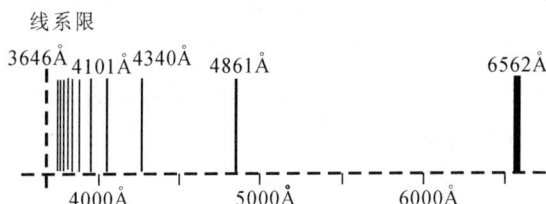

图 22.1　氢原子光谱

原子光谱的规律是相当复杂的,19 世纪后期,实验上虽然已经测量了许多元素的原子光谱,并达到很高的精度,但不能解释其规律性。1885 年,巴尔末(J. J. Balmer)研究了氢原子光谱中可见光区域的 4 条谱线后,提出一个计算氢原子谱线波长的经验公式,后来经过里德伯(J. R. Rydberg)修改、推广后以波数($\frac{1}{\lambda}$)表示,写成光谱学中常见的形式

$$\frac{1}{\lambda} = R\left(\frac{1}{k^2} - \frac{1}{n^2}\right) \qquad n = k+1, k+2, k+3, \cdots \quad (22.1)$$

称为**推广的巴尔末公式**。式中 R 为**里德伯常数**,实验测得 $R = 1.0973931571 \times 10^7$ 1/m。当 $k=2(n=3,4,5,\cdots)$ 时,就是实验中观察到的氢原子在可见光区的谱线系,称为**巴尔末线系**。

不久,实验上又相继发现了氢原子光谱中三个红外区的谱线系,对应于 $k=3(n=4,5,6,\cdots)$ 的一组谱线称为**帕邢系**;$k=4(n=5,6,7,\cdots)$ 的谱线称为**布喇开系**;$k=5(n=6,7,8,\cdots)$ 的谱线系称为**普芳德系**。以及另一组对应于 $k=1(n=2,3,4,\cdots)$ 的紫外区的谱线系,称为**莱曼系**。由公式(22.1)计算得到的波长与实验结果符合得很好。

我们可以将(22.1)式改写为两个整数 k 及 n 的函数之差,表示

为

$$\frac{1}{\lambda} = T(k) - T(n) \qquad (22.2)$$

式中 $T(k) = \dfrac{R}{k^2}$，$T(n) = \dfrac{R}{n^2}$，称为**光谱项**。上式说明，氢原子光谱中的任何一条谱线都可以用两个光谱项的差来表示。实验上还发现，其他原子光谱中也有类似的规律，只是它们的光谱项的具体形式不同。正是这种原子光谱的规律性，为原子理论的建立提供了依据。

1911 年，卢瑟福[①] 在 α 粒子被金属薄片散射实验的基础上建立了原子的核型模型，它向我们展示了一幅原子构造的特征图像。原子中心有一个带正电的核，它的半径不过 10^{-14}m 左右，约为原子半径的万分之一，但集中了原子绝大部分的质量。一些带负电的电子则在闭合轨道上绕核旋转着，似同行星绕太阳的运动。

但是这种原子的有核模型却使经典理论和光谱规律之间出现了不可调和的矛盾。电子绕核运动是加速运动，根据经典电磁理论，电子在旋转过程中应该不断辐射电磁波，其结果将使电子不断地丧失自己的能量，半径就会越来越小，最终沿螺旋线轨道陷落到原子核中，原子崩塌，其寿命不到 10^{-8}s，即原子不可能是一个稳定的系统。与此同时，由于电子绕行的轨道在连续地变小，旋转频率连续地增大，因此，原子发出的光谱将是连续光谱。显然，这些结论与实验观察到的结果不一致。原子结构的经典理论在解释原子光谱实验规律时陷入了困境。

二、玻尔的基本假设

为了摆脱上述经典电磁理论在氢原子问题上所面临的绝境，青

---

① 卢瑟福(E. Rutherford，公元 1871—1937 年)，新西兰人。1895 年起卢瑟福在英国剑桥大学卡文迪什实验室工作，师从汤姆孙。曾在加拿大麦克吉尔大学及英国曼彻斯特大学从事研究工作，1919 年任卡文迪什实验室主任。卢瑟福以研究放射性衰变和提出原子的核模型著称，在 1908 年获诺贝尔化学奖。

年物理学家尼·玻尔(N. Bohr)[①] 在卢瑟福核型模型的基础上,将普朗克和爱因斯坦的量子概念引入原子系统,大胆提出了三条基本假设,在 1913 年建立了**玻尔氢原子理论**。

1. 稳定态假设

原子存在着一系列具有确定能量的稳定状态,这些状态称为**定态**。处于定态的原子不辐射能量。

2. 频率假设

原子从一个能量为 E_i 的定态跃迁到另一个能量为 E_f 的定态时,会发射或吸收一个频率为 ν 的光子,光子能量是

$$h\nu_{if} = E_i - E_f \tag{22.3}$$

3. 轨道角动量量子化假设

原子处于定态时,电子在稳定的圆形轨道上运动,其角动量 L 必为 $h/2\pi$ 的整数倍,即

$$L = mvr = n\frac{h}{2\pi} = n\hbar \quad n = 1, 2, 3, \cdots \tag{22.4}$$

式中 n 称为**量子数**。上式称为**轨道角动量量子化条件**。

玻尔提出的氢原子轨道角动量量子化假设,显得生硬少理,其后 11 年,德布罗意对它作出了更为满意的物理解释。他认为,作圆周运动的电子可以用德布罗意波来描述,电子在稳定的圆形轨道上运动时,电子的德布罗意波在此圆周上形成驻波。如果德布罗意波的"首""尾"稍有相位差,由于叠加后的波动是不稳定的,电子的运动将

---

① 玻尔(N. Bohr,公元 1885—1962 年),丹麦理论物理学家。他获博士学位后去英国剑桥大学汤姆孙主持的卡文迪许实验室工作了几个月,后又到曼彻斯特在卢瑟福所在的实验室工作了四年,奠定了他在物理学上取得伟大成就的基础。他建立了原子的量子理论,成为旧量子论的主要创始人之一。1920 年,玻尔在哥本哈根建立理论物理研究所,创立了哥本哈根学派,为原子物理和量子力学的发展作出了杰出的贡献。20 世纪 30 年代中期,玻尔提出原子核液滴模型。由于对原子结构和原子辐射方面研究的杰出贡献,玻尔荣获 1922 年诺贝尔物理学奖。

处于不稳定状态(见图22.2(b)),也就是说,电子绕核运动时,只有在德布罗意波伴随电子在轨道上形成驻波的情况下,才具有稳定的状态(图22.2(a))。此时,圆周长度是驻波波长的整数倍,即

$$2\pi r = n\lambda \qquad n = 1, 2, 3, \cdots$$

将德布罗意关系式 $\lambda = \dfrac{h}{p} = \dfrac{h}{mv}$ 代入上式,直接可以得到(22.4)式,即玻尔假设中的角动量量子化条件。

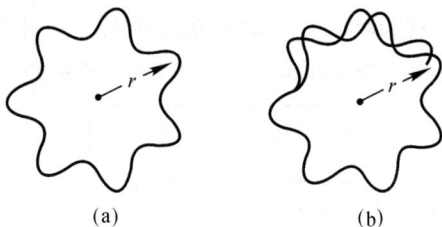

图 22.2　德布罗意波形成驻波

三、电子轨道和定态能级

玻尔以上述假设为基础,结合应用牛顿定律和库仑定律,建立了玻尔氢原子模型。当电子以速率 v 沿半径 r_n 的稳定轨道绕核作圆周运动时,向心力就是库仑力,即

$$\frac{1}{4\pi\varepsilon_0}\frac{e^2}{r^2} = m\frac{v^2}{r} \qquad (22.5)$$

将玻尔假设 3 的(22.4)式代入(22.5)式,消去 v,并以 r_n 代替 r,得到第 n 个稳定轨道的半径为

$$r_n = n^2\frac{\varepsilon_0 h^2}{\pi m e^2} \qquad n = 1, 2, 3, \cdots \qquad (22.6.\text{a})$$

即电子只能处在一系列不连续的轨道上。电子的最小轨道半径,即 $n = 1$ 时

$$r_1 = \frac{\varepsilon_0 h^2}{\pi m e^2} = 0.529 \times 10^{-10} \text{m} \qquad (22.6.\text{b})$$

称为**玻尔半径**。

由于原子核的质量比电子质量大得多,因而假设核静止不动,原子的总能量等于电子的动能与势能之和,即

$$E_n = \frac{1}{2} m v_n^2 - \frac{1}{4\pi\varepsilon_0} \frac{e^2}{r_n} \qquad (22.7)$$

将(22.5)式和(22.6.a)式代入(22.7)式,得

$$E_n = -\frac{1}{n^2} \left(\frac{m e^4}{8\varepsilon_0^2 h^2} \right) \qquad n = 1, 2, 3, \cdots \qquad (22.8.\text{a})$$

由上式可见,氢原子的能量只能取一系列不连续的值,即**能量是量子化的**。这种量子化的能量值称为**能级**。当 $n = 1$ 时,电子处在第一轨道,能量为

$$E_1 = -\frac{m e^4}{8\varepsilon_0^2 h^2} = -13.6 \text{eV} \qquad (22.8.\text{b})$$

是氢原子能量的最低值,称为**基态能级**,这时原子的状态称为**正常态**。量子数大于 1 的各个稳定状态,其能量大于正常状态,称为**激发态**。由(式 22.8.a)式可知,激发态与基态能量之间的关系为

$$E_n = \frac{E_1}{n^2} \qquad n = 1, 2, 3, \cdots \qquad (22.8.\text{c})$$

当 $n \to \infty$ 时,$E_n \to 0$,表明这时电子脱离原子核的束缚,原子处于电离状态。使原子电离所需的能量称为**电离能**。基态氢原子的电离能为 13.6eV。图 22.3(a)是玻尔氢原子理论的轨道图,图 22.3(b)是氢原子的能级和光谱线系图。

四、氢原子光谱的解释

根据玻尔假设 2 和能级公式(22.8a),当原子从较高能态 E_i 跃

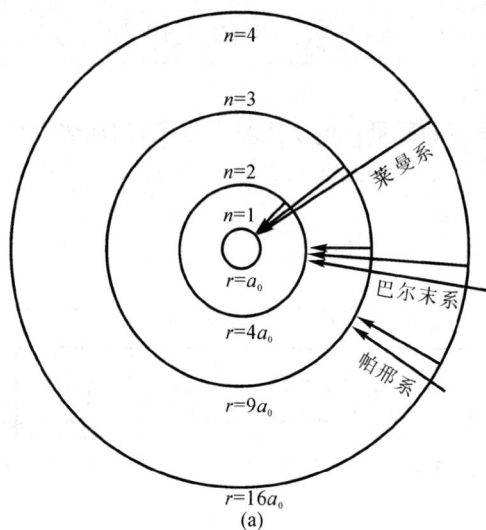

图 22.3(a) 氢原子轨道和状态跃迁图

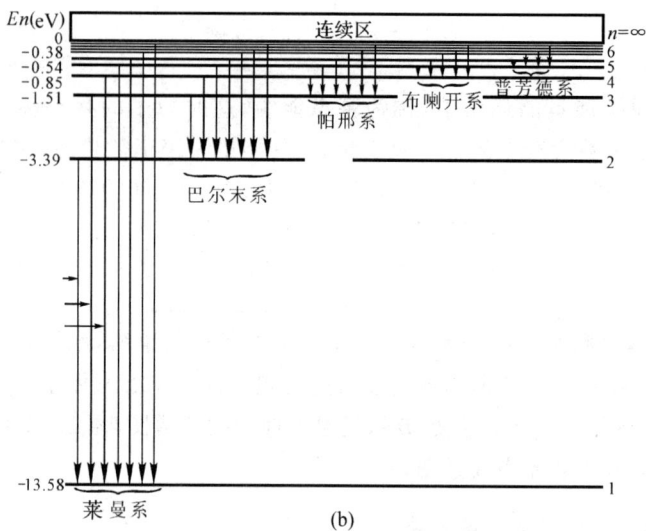

图 22.3(b) 氢原子能级图

迁到较低能态 E_f 时,会发射一个光子,其频率为

$$\nu_{if} = \frac{E_i - E_f}{h} = \frac{me^4}{8\varepsilon_0^2 h^3} \left(\frac{1}{n_f^2} - \frac{1}{n_i^2} \right) \tag{22.9.a}$$

波数为

$$\frac{1}{\lambda_{if}} = \frac{\nu_{if}}{c} = \frac{me^4}{8\varepsilon_0^2 h^3 c} \left(\frac{1}{n_f^2} - \frac{1}{n_i^2} \right) \tag{22.9.b}$$

将(22.9.b)与(22.1)式进行比较,显然两式在形式上是相同的。将有关常数代入,可得里德伯常数的理论值为

$$R_{理} = \frac{me^4}{8\varepsilon_0^2 ch^3} = 1.097373 \times 10^7 \ 1/m$$

这个值与实验结果完全符合。

从上面的讨论可见,莱曼系对应于电子从各个高能态 n_i 向最低能态 $n_f = 1$ 跃迁时辐射的谱线;巴尔末系则是向 $n_f = 2$ 的能态跃迁时辐射的谱线。其余各线系的形成可依此类推。各线系中波长最短的一条是由 $n = \infty$ 的状态向各最低能级跃迁时辐射的谱线,称为各线系的**系限**(见图22.1)。

玻尔理论在解释氢原子和类氢离子光谱上取得了很大的成功,但它是不完善的。例如,它无法解释多电子原子光谱,对谱线的宽度、强度、偏振和精细结构问题也无法处理。这是因为玻尔理论是以经典理论为基础,人为地加上一些量子条件来限制电子的运动,是一种半经典半量子的理论,未形成统一的体系。但它的稳定态概念和光谱线频率的概念至今仍然有用,而且玻尔理论的更为重要的价值是引入量子化概念,为建立更完善的原子结构理论提供了线索,是发展近代量子理论的重要基础。

例 22.1 计算氢原子中的电子从量子态 n 跃迁到量子态 $(n-1)$时,所发出谱线的频率,并说明当 n 很大时,该频率与用经典理论所算得的电磁辐射频率一致。

解 根据(22.8(a))式,谱线频率为

$$\nu = \frac{E_i - E_f}{h} = \frac{me^4}{8\varepsilon_0^2 h^3} \left[\frac{1}{(n-1)^2} - \frac{1}{n^2} \right] = \frac{me^4}{8\varepsilon_0^2 h^3} \left[\frac{2n-1}{n^2(n-1)^2} \right]$$

当 n 很大时, $\dfrac{2n-1}{n^2(n-1)^2} \approx \dfrac{2}{n^3}$, 则上式近似为

$$\nu = \frac{me^4}{4\varepsilon_0^2 h^3 n^3}$$

根据经典电磁理论,电子以速率 v_n 在半径为 r_n 的轨道上旋转的频率,就是其电磁辐射的频率,即

$$\nu_0 = \frac{v_n}{2\pi r_n} = \frac{mvr_n}{2\pi m r_n^2} = \frac{nh/2\pi}{2\pi m r_n^2} = \frac{nh}{4\pi^2 m r_n^2}$$

将(22.6)式代入上式,得

$$\nu_0 = \frac{nh}{4\pi^2 m} \left(\frac{\pi me^2}{\varepsilon_0 h^2 n^2} \right)^2 = \frac{me^4}{4\varepsilon_0^2 h^3 n^3}$$

ν_0 与前述结果一致,说明在量子数很大的极限情形,量子理论与经典理论的结论是一致的。此时,经典理论可看作是量子理论的特殊情形。这就是玻尔提出的**对应原理**。

* §22.2 弗兰克—赫兹实验

1914 年,在玻尔氢原子理论发表后的第二年,弗兰克(J. Franck)和赫兹(G. Hertz)[1] 用电子与稀薄气体的原子碰撞的方法,从实验上直接证实了原子能级的存在。

根据玻尔理论,原子只能处在一定的稳定状态,各稳定态的能量只能取分立的数值。当原子状态发生变化时,只能吸收或释放相当于两定态能量之差的能量。如果用具有一定能量的电子轰击气体原子,那么在电子与原子间将会发生两种类型的碰撞。当电子能量低于原子的第一激发态与基态能级的能量差

---

[1] 弗兰克(James Frank,1882—1964),德国物理学家。赫兹(Gustav Herty,1887—1975),德国物理学家,是电磁波的发现者 H. 赫兹的侄子。1924 年诺贝尔物理学奖授予两位杰出的科学家,以表彰他们发现了原子受电子碰撞的定律。弗兰克在领奖词中讲道:"在用电子碰撞方法证明向原子传递的能量是量子化的这一科学研究的发展中,我们所作的一部分工作犯了许多错误,走了一些弯路,尽管玻尔理论已为这个领域开辟了笔直的通路。后来我们认识到了玻尔理论的指导意义,一切困难才迎刃而解。我们清楚地知道,我们的工作所以会获得广泛的承认,是由于和普朗克,特别是和玻尔的伟大思想和概念有了联系"。

时,原子不可能被激发,电子与原子之间的碰撞将是弹性碰撞,电子碰撞后没有能量损失。当电子能量达到一定数值后,电子将与原子发生非弹性碰撞,原子受到激发从基态跃迁到激发态,碰撞后的电子将失去部分或全部能量。因此分析碰撞后电子的能谱,就可以确定原子的能级。

实验装置如图 22.4 所示。管内充有汞蒸汽,自灯丝 F 发出的热电子受到栅极 G 与阴极 F 之间电场加速而获得能量,在加速过程中与汞蒸汽原子发生碰撞。由于板极 P 的电势比栅极低,因此只有那些能量足够大的电子通过栅极后才能到达板极。实验中测量板极电流 I_p 随栅极电势 V_1 的变化关系,得到了图 22.5 所示的实验曲线。当加速电势 V_1 从零升高时,电流逐渐增大,V_1 升到 4.9 伏时,电流达到一极大值,V_1 再升高,电流却突然减小。此后,在 $V_1 = 9.8$ 伏,14.7 伏时都出现同样的情况。

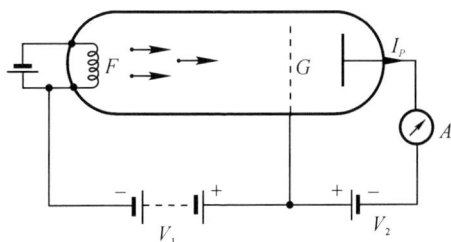

图 22.4　弗兰克-赫兹实验原理图　　图 22.5　电流-电压实验曲线

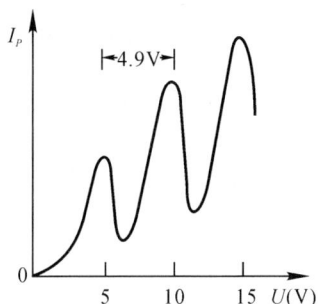

实验结果表明了原子能级的存在。因为当电子能量小于 4.9 eV 时,它和汞蒸汽原子的碰撞是弹性的,不可能把能量传给汞原子,因而有一定数量的电子,具有足够的能量克服反向电压 V_2 而抵达板极,形成板极电流 I_p,并随 V_1 的增大而增大。对于能量大于 4.9 eV 的电子,却能通过非弹性碰撞将能量转移给汞原子。如果这种碰撞发生在栅极附近,那么失去能量的电子将会受到反向电压 V_2 的阻挡,无法到达板极。所以板极电流下降了。当电子能量达到 9.8 eV,14.7 eV 时,通过一次或 n 次碰撞,电子将全部动能用来激发汞原子,使板极电流出现第二、第三次急剧下降。

实验中还观察到由汞蒸汽发出的波长 $\lambda = 253.7$ nm 的谱线,这正是受激的汞原子从第一激发态返回基态时发射光子的结果,其对应的光子的能量正好是4.9 eV。这就进一步验证了汞原子的能级确实是量子化的。弗兰克和赫兹因此获得了 1925 年诺贝尔物理学奖。

§22.3 量子力学对氢原子的描述

本节介绍量子力学处理氢原子的方法。虽然氢原子是自然界中最简单的原子体系,但比一维方势阱等问题在数学上要复杂得多,因此在下面的讨论中将略去求解薛定谔方程的过程,而着重讨论一些重要的结论。我们将看到,量子力学给出的氢原子图像和玻尔模型有显著的不同。

一、氢原子的定态薛定谔方程

我们假设氢原子中的原子核是静止的,质量为 m 的电子在原子核的库仑场中的势能为 $E_p = -\dfrac{1}{4\pi\varepsilon_0}\dfrac{e^2}{r}$,所以氢原子中电子的定态薛定谔方程为

$$\frac{\partial^2\psi}{\partial x^2}+\frac{\partial^2\psi}{\partial y^2}+\frac{\partial^2\psi}{\partial z^2}+\frac{2m}{\hbar^2}\Big[E+\frac{e^2}{4\pi\varepsilon_0 r}\Big]\psi=0 \tag{22.10}$$

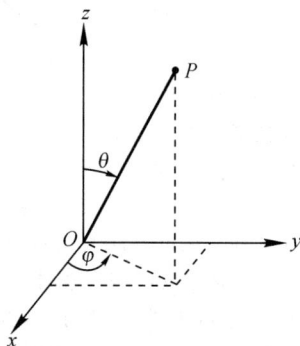

图 22.6 球坐标系与直角坐标系关系

由于力场的分布是球对称的,为了求解方便,采用球坐标 (r,θ,φ) 代替直角坐标 (x,y,z)。两组坐标之间的关系(图 22.6)是

$$x=r\sin\theta\cos\varphi; \quad y=r\sin\theta\sin\varphi; \quad z=r\cos\theta$$

用上面的变换式代入(22.10)式,则在球坐标系中的薛定谔方程为

$$\frac{1}{r^2}\frac{\partial}{\partial r}(r^2\frac{\partial \psi}{\partial r})+\frac{1}{r^2\sin\theta}\frac{\partial}{\partial\theta}(\sin\theta\frac{\partial \psi}{\partial\theta})$$

$$+\frac{1}{r^2\sin^2\theta}\frac{\partial^2\psi}{\partial\varphi^2}+\frac{2m}{\hbar^2}(E+\frac{e^2}{4\pi\varepsilon_0 r})\psi=0 \qquad (22.11)$$

这是一个二阶线性偏微分方程,由于势能 U 仅是 r 的函数,可以用分离变量法求解,将定态波函数 $\psi(r,\theta,\varphi)$ 写作三个独立函数 $R(r)$、$\Theta(\theta)$、$\Phi(\varphi)$ 的乘积,即

$$\psi(r,\theta,\varphi)=R(r)\Theta(\theta)\Phi(\varphi)$$

将此式代入(22.11)式,用分离变量法得到三个常微分方程

$$\frac{\mathrm{d}^2\Phi}{\mathrm{d}\varphi^2}+m_l^2\Phi=0 \qquad (22.12)$$

$$\frac{1}{\sin\theta}\frac{\mathrm{d}}{\mathrm{d}\theta}(\sin\theta\frac{\mathrm{d}\Theta}{\mathrm{d}\theta})+[l(l+1)-\frac{m_l^2}{\sin^2\theta}]\Theta=0 \qquad (22.13)$$

$$\frac{1}{r^2}\frac{\mathrm{d}}{\mathrm{d}r}(r^2\frac{\mathrm{d}R}{\mathrm{d}r})+[\frac{2m}{\hbar^2}(\frac{e^2}{4\pi\varepsilon_0 r}+E)-\frac{l(l+1)}{r^2}]R=0 \quad (22.14)$$

根据波函数必须满足的标准条件,分别解出 $\Phi(\varphi)$,$\Theta(\theta)$ 和 $R(r)$,即可得到定态波函数 $\psi(r,\theta,\varphi)$ 和相应的三个量子化条件和量子数。

二、量子数

1. 能量量子化和主量子数 n

求解径向波函数 $R(r)$ 的方程(22.14)的过程表明,只有当

$$E_n=-\frac{1}{n^2}(\frac{me^4}{8\varepsilon_0^2 h^2}) \qquad n=1,2,3,\cdots \qquad (22.15)$$

时,方程才有满足波函数标准条件的解,n 称为**主量子数**。所以电子能量是量子化的。式(22.15)的能量值虽与玻尔模型所得到的氢原子能级公式一致,但现在是由求解实物粒子所遵循的薛定谔方程得出的。

2. 轨道角动量量子化和角量子数 l

角向波函数 $\Theta(\theta)$ 的方程式(22.13)和径向波函数 $R(r)$ 的方程

式(22.14)的解指出,当原子处于第 n 个能级上时,电子绕核旋转的角动量 L 为

$$L = \sqrt{l(l+1)}\hbar \qquad l = 0, 1, 2, \cdots, (n-1) \tag{22.16}$$

l 称为**角量子数**。这种角动量通常称为**电子的轨道角动量**。电子虽然不在经典的轨道上运动,但仍借用这个名词,以区别后面要讲的电子自旋的概念。在式(22.16)中,当 n 给定时,l 可以取 n 个不连续的数值。通常用 s,p,d,f 等字母分别表示 $l = 0, 1, 2, 3, \cdots$ 等各种量子状态。例如,1s 表示 $n=1, l=0$ 的量子态;2p 表示 $n=2, l=1$ 的量子态等。

在玻尔氢原子模型中,角动量量子化是人为引入的假设,其具体表达式,以及角量子数可能取的值也与(22.16)式有别。实验结果证明,量子力学的结果更为准确。

3. 空间量子化和磁量子数 m_l

求解方程式(22.12),可得轨道角动量矢量 L 在空间的取向也是量子化的,它在指定的 Z 轴方向上的分量具有特定值,即

$$L_z = m_l \hbar \qquad m_l = 0, \pm 1, \pm 2, \cdots, \pm l \tag{22.17}$$

m_l 称为**磁量子数**。对某一给定的 l 值,m_l 只能取 $2l+1$ 个数值。这种现象称为**空间量子化**。例如,$l=1$ 时,m_l 可取 0 和 ± 1,L_z 有三种可能值,也就是轨道角动量矢量 L 在空间有三种可能的取向;当 $l=2$ 时,L 在空间有五种可能的取向,如图 22.7(a)、(b)所示。由于 L_z 的取值是量子化的,因此,角动量 L 与 Z 轴的夹角 θ 也是量子化的,它的取值受到了相应的限制。

此外,在外磁场中角动量矢量还绕 z 轴旋进,也就是说,L 的方向并不是固定不变,如图 22.7(c)所示。这意味着对于某个确定的量子数 m_l,L 在 z 轴方向的分量 L_z 的值是完全确定的,即 $\Delta L_z = 0$,但在 x 轴和 y 轴方向的分量却在不断变化,是不确定的。这一规律可以用不确定性关系进行解释。根据海森伯不确定性关系的角量表示

式,$\Delta L_z \Delta \varphi \geqslant \dfrac{\hbar}{2}$(请与方程(22.3)比较),倘若 $\Delta L_z = 0$,则得到 $\Delta \varphi \rightarrow \infty$,即角位置 φ 是完全不确定的,因此角动量矢量 L 必然绕 Z 轴不断旋进。

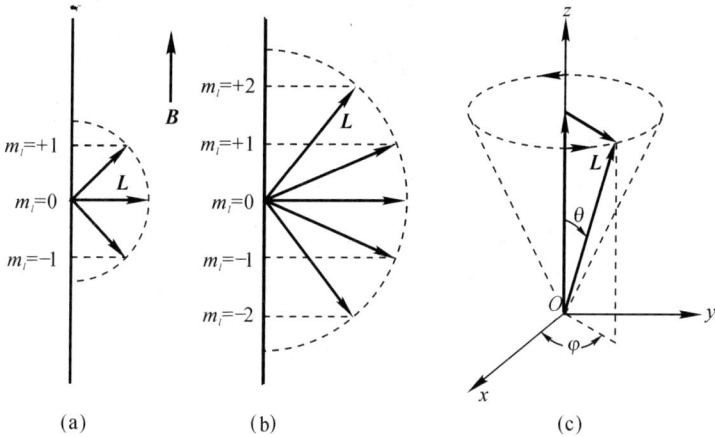

图 22.7 (a)(b)角动量的空间量子化;(c)角动量矢量 L 绕 z 轴旋进

一般情况下 z 轴可以任意选择,相对任一选定的 z 轴都存在空间量子化现象。只有当原子处于磁场中时,才显示出这个方向的重要性。这时原子的能量取决于 L 在磁场中的取向,因此,通常将磁场方向作为 z 轴方向。由于量子数 m_l 表征了角动量在磁场方向上的分量大小,所以称 m_l 为**磁量子数**。

4. 塞曼效应

早在 1898 年,荷兰物理学家塞曼(P. Zeeman)已经发现,当原子在磁场中发光时会发生光谱线分裂的现象。例如,氢灯在没有磁场时发射的一条谱线,放在强磁场中会分裂成三条谱线。强磁场引起的这种谱线分裂现象称为**正常塞曼效应**。它是空间量子化的实验验证,同时也只有空间量子化理论才能对此作出解释。

如前所述,原子中电子绕核运动具有轨道角动量 L,又因电子是带电粒子,故它与载流小线圈类似,具有磁矩 $\mu = -\dfrac{e}{2m}L$(见

§13.1）。由于轨道角动量是量子化的，因此磁矩在磁场方向（取为 z 方向）的投影也必然是量子化的。因此，原子与磁场的磁相互作用能 ΔE（$=-\boldsymbol{\mu}\cdot\boldsymbol{B}$）亦不能任意取值，而只能有 $(2l+1)$ 个分立值，ΔE 附加到原来的能级 E_m 上，使原来的一个能级分裂为 $(2l+1)$ 个能级。例如，$l=1$，有 $m_l=0,\pm1$，使氢原子的第一激发态能级分裂成三个能级，而原来的一

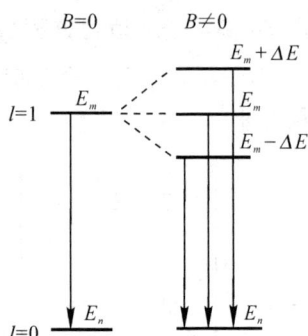

图 22.8　能级在磁场中分裂

条谱线就相应地分裂成三条，如图 22.8 所示。这就是实验中观测到的塞曼效应。

综上所述，氢原子的每一个定态由三个量子数 n,l,m_l 表征。于是，氢原子中电子的波函数应写成

$$\psi_{nlm_l}(r,\theta,\varphi)=R_{nl}(r)\Theta_{lm_l}(\theta)\Phi_{m_l}(\varphi)$$

表 22.1 中列出了氢原子的几个波函数。

表 22.1　氢原子的几个归一化波函数

n	l	m_l	$\psi_{nlm_l}=R_{nl}\Theta_{lm_l}\Phi_{m_l}$		
			$R_{nl}(r)$	$\Theta_{lm_l}(\theta)$	$\Phi_{ml}(\varphi)$
1	0	0	$\dfrac{2}{\sqrt{a_0^3}}\mathrm{e}^{-r/a_0}$	$\dfrac{1}{\sqrt{2}}$	$\dfrac{1}{\sqrt{2\pi}}$
2	0	0	$\dfrac{1}{\sqrt{(2a_0)^3}}(2-\dfrac{r}{a_0})\mathrm{e}^{-r/2a_0}$	$\dfrac{1}{\sqrt{2}}$	$\dfrac{1}{\sqrt{2\pi}}$
2	1	0	$\dfrac{1}{\sqrt{(2a_0)^3}}\dfrac{r}{\sqrt{3}\,a_0}\mathrm{e}^{-r/2a_0}$	$\sqrt{\dfrac{3}{2}}\cos\theta$	$\dfrac{1}{\sqrt{2\pi}}$
2	1	±1	$\dfrac{1}{\sqrt{(2a_0)^3}}\dfrac{r}{\sqrt{3}\,a_0}\mathrm{e}^{-r/2a_0}$	$\dfrac{\sqrt{3}}{2}\sin\theta$	$\dfrac{1}{\sqrt{2\pi}}\mathrm{e}^{\pm\mathrm{i}\varphi}$

三、概率分布和电子云

按照波函数的统计解释, $|\psi(r,\theta,\varphi)|^2$ 代表概率密度, 在球坐标系统中, $|\psi(r,\theta,\varphi)|^2 dV = |R(r)\Theta(\theta)\Phi(\varphi)|^2 r^2 \sin\theta dr d\theta d\varphi$ 则代表电子出现在距核为 r, 方位在 θ, φ 处体积元 dV 中的概率。因此电子的径向概率分布 $|R(r)|^2 r^2 dr$ 即代表电子出现在与原子核距离 r 处, 厚度为 dr 的薄球壳内的概率, 与坐标 θ 及 φ 无关。$r^2 |R_{nL}(r)|^2$ 称为**径向概率密度**, 记作 $P(r)$。在图 22.9 中, 横坐标为离核距离 r, 以 a_0 为单位, 纵坐标为 $P(r)$, 画出了电子的径向概率密度随距离 r 变化的曲线。从图中可见, 电子 1s 态的径向概率密度最大值恰好位于玻尔第一圆形轨道半径处; 2s 态有 2 个峰值; 而 2p 态的峰值恰好位于玻尔第二圆形轨道半径处等等。这表明玻尔氢原子理论的结果仅是量子力学概率分布中的一种特殊情况。

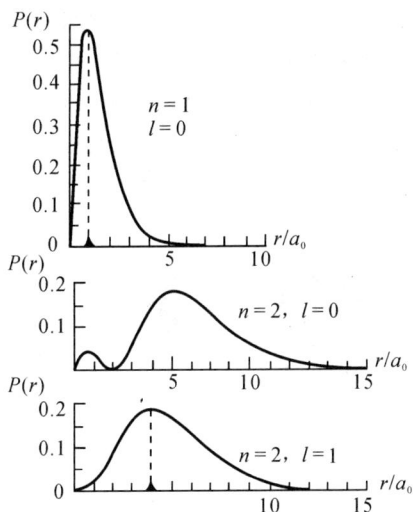

图 22.9 $P(r)$ 与 r 的关系

图 22.10 是角向概率分布的几个例子。在图中从原点到曲线某点的距离代表在该方向上的概率大小。由于角向概率分布与 φ 无关,

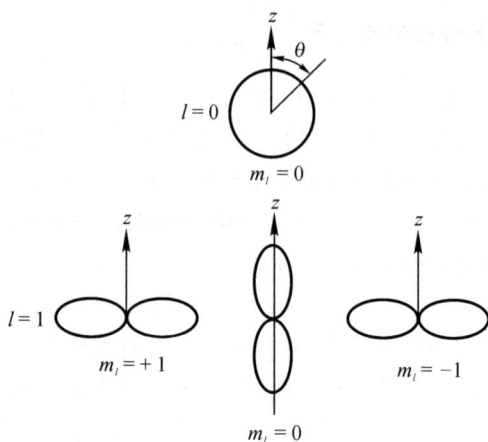

图 22.10 氢原子一些量子态的角向概率分布

只与 θ 有关,因此图 22.10 对于 z 轴是旋转对称的。把径向分布和角向分布结合起来,就构成了原子中电子在空间的概率分布。为了形象地进行描述,通常将概率密度大的区域用浓影表示,概率密度小的区域用淡影表示,我们称这些阴影为**"电子云"**(见图 22.11)。需要强调指出,电子云是关于电子运动具有波动性的直观描述,是电子在空间的概率分布,并非电子真的分裂成云雾弥散在空间。

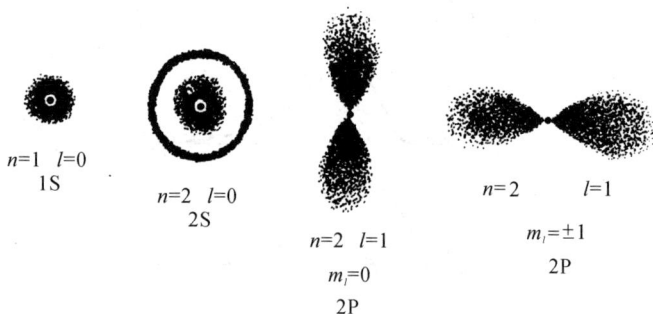

图 22.11 电子云

例 22.2 试证明氢原子 1s 态电子的径向概率分布极大值在玻

尔半径处。

由表 22.1 可知,氢原子 1s 态的径向波函数为 $R_{1,0}(r) = \dfrac{2}{\sqrt{a_0^3}}$

e^{-r/a_0},则径向概率密度为

$$P(r) = r^2 |R_{1,0}(r)|^2 = r^2 \frac{4}{a_0^3} e^{-2r/a_0}$$

取 $\dfrac{\mathrm{d}P(r)}{\mathrm{d}r} = 0$,就可得到径向概率密度的极大值的位置,即

$$\frac{\mathrm{d}}{\mathrm{d}r}\left[r^2 \frac{4}{a_0^3} e^{-2r/a_0}\right] = (4r^2 \frac{1}{a_0^3})(-\frac{2}{a_0} e^{2r/a_0}) + 8r \frac{1}{a_0^3} e^{-2r/a_0}$$

$$= \frac{8r}{a_0^3} e^{-2r/a_0} (1 - \frac{r}{a_0}) = 0$$

则有

$$1 - \frac{r}{a_0} = 0, \quad r = a_0$$

电子在 $r = a_0$ 处出现的径向概率最大。

§22.4 电子的自旋

从求解氢原子定态薛定谔方程中,我们得到了表征电子稳定状态的 3 个量子数 n,l 和 m_l,但许多事实表明,这样的描述仍不完善。

1921 年,斯特恩(O. stern)和革拉赫(W. Gerlach)为了研究电子轨道角动量的空间量子化,使一束处于 s 态的银原子通过非均匀磁场,用照相底板检测原子束发生偏转的情况。实验装置如图 22.12 所示。实验发现,在无外磁场时,照相底片上记录了一条正对狭缝的条纹,在有外磁场时,观察到的是两条分立的条纹。这是个奇怪的现象。因为原子只有在具有磁矩的情况下,通过不均匀磁场时,才会受到磁力作用而偏离原来的运动方向,使原子束分裂。但迄今为止,我们只知道原子的磁矩是由原子内电子绕核轨道运动引起的。根据角动量

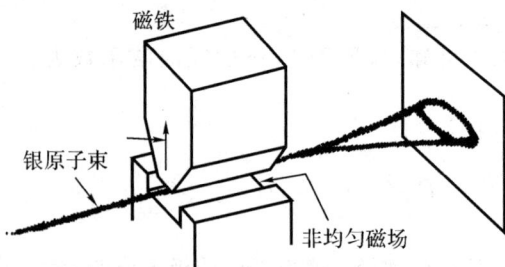

图 22.12　斯特恩—革拉赫实验简图

量子化的结论,当角量子数 l 一定时,电子轨道角动量和相应的磁矩有 $2l+1$ 个空间取向,因此原子束穿过磁场后,应在底片上留下奇数条分立的痕迹,而绝不可能只有两条。更何况 s 态 $(l=0,m_l=0)$ 银原子的轨道磁矩为零。

　　为了解释这个实验事实,1925 年,两位荷兰青年学生乌仑贝克(G. E. Uhlenbeck)和古兹密特(S. Goudsmit)提出 **电子具有自旋** 的假设。他们假定电子除了绕原子核的轨道运动外,还有自旋运动,因而具有自旋角动量 S 和相应的自旋磁矩 μ_s。s 态银原子的磁矩是由自旋引起的,而自旋在外磁场方向只有两种可能的取向,所以是量子化的。

　　电子自旋角动量的形式与轨道角动量的相似,为

$$S= \sqrt{s(s+1)}\hbar \qquad (22.18)$$

s 为 **自旋量子数**,它只有一个值,即 $s=\dfrac{1}{2}$。

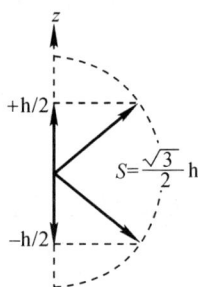

图 22.13　自旋的空间量子化

电子自旋角动量同样是空间量子化的,在外磁场方向的分量为

$$S_z=m_s\hbar \qquad (22.19)$$

式中 m_s 称为 **自旋磁量子数**,它只能取两个值,即 $m_s=\pm\dfrac{1}{2}$。图 22.13 给出了电子自旋的空间量子化。因而

$$S=\sqrt{\frac{3}{4}}\hbar, \qquad S_z=\pm\frac{1}{2}\hbar$$

事实上不仅电子具有自旋,实验证明中子、质子、光子等均有自旋,自旋是微观粒子的基本属性之一。1928年,狄拉克(P. Dirac)[①]发展了适用于高速运动粒子的相对论量子力学,通过求解狄拉克方程,从理论上得到电子自旋角动量量子化等有关结论,与实验结果完全符合。

§22.5   原子的电子壳层结构

除了氢原子及类氢离子外,一般原子含有多个电子,原子中每个电子在受到核的作用的同时还受到其他电子的作用。因此多电子原子的薛定谔方程中势能 E_p 的形式是比较复杂的,在数学上难于精确求解,只能采用近似方法处理。结果表明,任何原子中电子状态均可用 n,l,m_l,m_s 四个量子数来确定,与氢原子不同的是,多电子原子中电子的能量不仅与主量子数 n 有关,而且与角量子数 l 有关。n 相同而 l 不同的电子,其能量略有差别。

根据多电子原子中电子在核外分布的壳层模型,主量子数相同的电子分布在同一壳层上,对 $n=1,2,3,4,5,\cdots$ 的电子,其主壳层分别用 K,L,M,N,Q,$\cdots$ 等符号表示。主量子数相同,而角量子数不同的电子分布在同一主壳层的不同支壳层上,与 $l=0,1,2,3,4,\cdots$ 相应的支壳层分别用 s,p,d,f,g,$\cdots$ 等符号表示。

核外电子在不同壳层上的分布应遵从下列两条原理:

---

① 狄拉克(P·A·M·Dirac,公元 1902—1984 年),英国物理学家。由于对量子力学的发展作出卓越贡献而于 1933 年被授予诺贝尔物理学奖。狄拉克相对论量子力学方程、费米—狄拉克统计,以及存在正电子这一预言被证实等,使他成为当代著名的理论物理学家。他提出的"磁单极",受到广泛的关注。

1. 泡利不相容原理

泡利(W. Pauli)[1] 于 1925 年指出,一个原子内不可能有两个或两个以上的电子具有相同的量子状态。也就是说,同一原子中任何两个电子不能有四个完全相同的量子数(n, l, m_l, m_s)。根据**泡利不相容原理**,可以决定各个壳层中可能容纳的最多电子数。当 n 给定时,$l = 0, 1, 2, \cdots, (n-1)$,共有 n 个不同的 l 值。当 l 给定时,m_l 的可能取值为 $0, \pm 1, \pm 2, \cdots, \pm l$,共 $(2l+1)$ 个。当 (n, l, m_l) 都给定时,m_s 有 $(+\frac{1}{2})$ 和 $(-\frac{1}{2})$ 两个可能的值。所以在主量子数为 n 的电子壳层中最多可容纳的电子数为

$$Z_n = \sum_{l=0}^{(n-1)} 2(2l+1) = 2n^2 \tag{22.20}$$

表 22.2 列出了原子中几个电子壳层中最多可以容纳的电子数。

表 22.2　原子中电子壳层最多可容纳的电子数

电子壳层	n	l	m_l	m_s	支壳层的状态数	最多电子数
K	1	0	0	$\frac{1}{2}$	2 个 1s 状态	2
	1	0	0	$-\frac{1}{2}$		
L	2	0	0	$\frac{1}{2}$	2 个 2s 状态	8
	2	0	0	$-\frac{1}{2}$		
	2	1	1	$\frac{1}{2}$	6 个 2p 状态	
	2	1	1	$-\frac{1}{2}$		
	2	1	0	$\frac{1}{2}$		
	2	1	0	$-\frac{1}{2}$		
	2	1	-1	$\frac{1}{2}$		
	2	1	-1	$-\frac{1}{2}$		

① 泡利(W. Pauli,公元 1900—1958 年),奥地利人,是 20 世纪杰出的理论物理学家之一。他对量子力学、量子电动力学、磁学、相对论、基本粒子物理学等都有不可磨灭的贡献。泡利因提出不相容原理而荣获 1945 年诺贝尔物理学奖。是他第一个假设"中微子"的存在,后被证实。

电子壳层	n	l	m_l	m_s	支壳层的状态数	最多电子数
	3	0	0	$\frac{1}{2}$	2 个 3s 状态	
	3	0	0	$-\frac{1}{2}$		
	3	1	1	$\frac{1}{2}$		
	3	1	1	$-\frac{1}{2}$		
	3	1	0	$\frac{1}{2}$	6 个 3p 状态	
	3	1	0	$-\frac{1}{2}$		
	3	1	-1	$\frac{1}{2}$		
	3	1	-1	$-\frac{1}{2}$		
M	3	2	2	$\frac{1}{2}$		18
	3	2	2	$-\frac{1}{2}$		
	3	2	1	$\frac{1}{2}$		
	3	2	1	$-\frac{1}{2}$		
	3	2	0	$\frac{1}{2}$	10 个 3d 状态	
	3	2	0	$-\frac{1}{2}$		
	3	2	-1	$\frac{1}{2}$		
	3	2	-1	$-\frac{1}{2}$		
	3	2	-2	$\frac{1}{2}$		
	3	2	-2	$-\frac{1}{2}$		

在 1s、2p、3d 等各支壳层中,分别最多能容纳的电子数为 2 个、6 个、10 个、…,可表示成 $1s^2$、$2p^6$、$3d^{10}$ 等。

2. 能量最小原理

在正常情况下,原子中的每个电子都趋向于占据能量最低的能级,称为**能量最小原理**。当原子中电子处于可能的最低能级时,整个原子的能量最低,即原子处于稳定状态。

将泡利不相容原理和能量最小原理结合起来,就可以确定各元素的电子分布。在原子序数 Z 不太大的情况下,电子之间的相互作用可以忽略不计,能量只由主量子数 n 决定。因此,在不违背泡利不相容原理的情况下,根据能量最小原理,原子中电子由能量最低的 K 壳层开始填充,一个壳层填满再填下一个壳层。例如氦有两个电子,正好把 K 壳层填满。锂有三个电子,其中两个填满 K 壳层,根据泡利不相容原理,第三个电子必须填到 L 电子壳层。但当 $n > 3$ 时情况就不同了,从原子序数 $Z=19$ 的钾开始,电子的能量不仅决定于主量子数,还与角量子数 l 有关。在这种情况下,电子不完全是按照电子壳层的次序来填充,而是根据从光谱实验归纳所得的电子能级的规律,由低能向高能在各电子壳层上填充。n 较小的壳层尚未填满,而 n 较大的壳层上已开始有电子填入了。关于 n 和 l 都不同的状态的能级高低问题,我国科学工作者总结出这样的规律:对于原子的外层电子,能级高低可以用 $(n+0.7l)$ 值的大小来确定。如 4s 态能级比 3d 态能级低,因此钾的第 19 个电子不是填入 3d 态,而是填入 4s 态。又如镭 $Ra(Z=88)$,5f 和 6d 支壳层都空着,而填充 7s 支壳层,也是由于 7s 能量比 5f 和 6d 能量来得小的缘故。

表 22.3 原子的电子结构

周期			K	L		M			N				O			
			1s	2s	2p	3s	3p	3d	4s	4p	4d	4f	5s	5p	5d	5f
I	1	H 氢	1													
	2	He 氦	2													
II	3	Li 锂	2	1												
	4	Be 铍	2	2												
	5	B 硼	2	2	1											
	6	C 碳	2	2	2											
	7	N 氮	2	2	3											
	8	O 氧	2	2	4											
	9	F 氟	2	2	5											
	10	Ne 氖	2	2	6											
III	11	Na 钠	2	2	6	1										
	12	Mg 镁	2	2	6	2										
	13	Al 铝	2	2	6	2	1									
	14	Si 硅	2	2	6	2	2									
	15	P 磷	2	2	6	2	3									
	16	S 硫	2	2	6	2	4									
	17	Cl 氯	2	2	6	2	5									
	18	A 氩	2	2	6	2	6									

周期				K	L		M			N				O			
				1s	2s	2p	3s	3p	3d	4s	4p	4d	4f	5s	5p	5d	5f
IV	19	K	钾	2	2	6	2	6		1							
	20	Ca	钙	2	2	6	2	6		2							
	21	Sc	钪	2	2	6	2	6	1	2							
	22	Ti	钛	2	2	6	2	6	2	2							
	23	V	钒	2	2	6	2	6	3	2							
	24	Cr	铬	2	2	6	2	6	5	1							
	25	Mn	锰	2	2	6	2	6	5	2							
	26	Fe	铁	2	2	6	2	6	6	2							
	27	Co	钴	2	2	6	2	6	7	2							
	28	Ni	镍	2	2	6	2	6	8	2							
	29	Cu	铜	2	2	6	2	6	10	1							
	30	Zn	锌	2	2	6	2	6	10	2							
	31	Ga	镓	2	2	6	2	6	10	2	1						
	32	Ge	锗	2	2	6	2	6	10	2	2						
	33	As	砷	2	2	6	2	6	10	2	3						
	34	Se	硒	2	2	6	2	6	10	2	4						
	35	Br	溴	2	2	6	2	6	10	2	5						
	36	Kr	氪	2	2	6	2	6	10	2	6						
V	37	Rb	铷	2	2	6	2	6	10	2	6			1			
	38	Sr	锶	2	2	6	2	6	10	2	6			2			
	39	Y	钇	2	2	6	2	6	10	2	6	1		2			
	40	Zr	锆	2	2	6	2	6	10	2	6	3		2			
	41	Nb	铌	2	2	6	2	6	10	2	6	4		1			
	42	Mo	钼	2	2	6	2	6	10	2	6	5		1			
	43	Tc	锝	2	2	6	2	6	10	2	6	5		2			
	44	Ru	钌	2	2	6	2	6	10	2	6	7		1			
	45	Rh	铑	2	2	6	2	6	10	2	6	8		1			
	46	Pd	钯	2	2	6	2	6	10	2	6	10					
	47	Ag	银	2	2	6	2	6	10	2	6	10		1			
	48	Cd	镉	2	2	6	2	6	10	2	6	10		2			
	49	In	铟	2	2	6	2	6	10	2	6	10		2	1		
	50	Sn	锡	2	2	6	2	6	10	2	6	10		2	2		
	51	Sb	锑	2	2	6	2	6	10	2	6	10		2	3		
	52	Te	碲	2	2	6	2	6	10	2	6	10		2	4		
	53	I	碘	2	2	6	2	6	10	2	6	10		2	5		
	54	Xe	氙	2	2	6	2	6	10	2	6	10		2	6		

周期				K	L	M	N				O				P			Q
							4s	4p	4d	4f	5s	5p	5d	5f	6s	6p	6d	7s
	55	Cs	铯	2	8	18	2	6	10		2	6			1			
	56	Ba	钡	2	8	18	2	6	10		2	6			2			
	57	La	镧	2	8	18	2	6	10		2	6	1		2			
	58	Ce	铈	2	8	18	2	6	10	1	2	6	1		2			
	59	Pr	镨	2	8	18	2	6	10	3	2	6			2			
	60	Nd	钕	2	8	18	2	6	10	4	2	6			2			
	61	Pm	钷	2	8	18	2	6	10	5	2	6			2			
	62	Sm	钐	2	8	18	2	6	10	6	2	6			2			
	63	Eu	铕	2	8	18	2	6	10	7	2	6			2			
	64	Ge	钆	2	8	18	2	6	10	7	2	6	1		2			
	65	Td	铽	2	8	18	2	6	10	9	2	6			2			
	66	Dy	镝	2	8	18	2	6	10	10	2	6			2			
	67	Ho	钬	2	8	18	2	6	10	11	2	6			2			
	68	Er	铒	2	8	18	2	6	10	12	2	6			2			
	69	Tm	铥	2	8	18	2	6	10	13	2	6			2			
VI	70	Yb	镱	2	8	18	2	6	10	14	2	6			2			
	71	Lu	镥	2	8	18	2	6	10	14	2	6	1		2			
	72	Hf	铪	2	8	18	2	6	10	14	2	6	2		2			
	73	Ta	钽	2	8	18	2	6	10	14	2	6	3		2			
	74	W	钨	2	8	18	2	6	10	14	2	6	4		2			
	75	Re	铼	2	8	18	2	6	10	14	2	6	5		2			
	76	Os	锇	2	8	18	2	6	10	14	2	6	6		2			
	77	Ir	铱	2	8	18	2	6	10	14	2	6	7		2			
	78	Pt	铂	2	8	18	2	6	10	14	2	6	9		1			
	79	Au	金	2	8	18	2	6	10	14	2	6	10		1			
	80	Hg	汞	2	8	18	2	6	10	14	2	6	10		2			
	81	Tl	铊	2	8	18	2	6	10	14	2	6	10		2	1		
	82	Pb	铅	2	8	18	2	6	10	14	2	6	10		2	2		
	83	Bi	铋	2	8	18	2	6	10	14	2	6	10		2	3		
	84	Po	钋	2	8	18	2	6	10	14	2	6	10		2	4		
	85	At	砹	2	8	18	2	6	10	14	2	6	10		2	5		
	86	Rn	氡	2	8	18	2	6	10	14	2	6	10		2	6		

周期				K	L	M	N				O				P			Q
							4s	4p	4d	4f	5s	5p	5d	5f	6s	6p	6d	7s
	87	Fr	钫	2	8	18	2	6	10	14	2	6	10		2	6		1
	88	Ra	镭	2	8	18	2	6	10	14	2	6	10		2	6		2
	89	Ac	锕	2	8	18	2	6	10	14	2	6	10		2	6	1	2
	90	Th	钍	2	8	18	2	6	10	14	2	6	10		2	6	2	2
	91	Pa	镤	2	8	18	2	6	10	14	2	6	10	2	2	6	1	2
	92	U	铀	2	8	18	2	6	10	14	2	6	10	3	2	6	1	2
	93	Np	镎	2	8	18	2	6	10	14	2	6	10	4	2	6	1	2
	94	Pu	钚	2	8	18	2	6	10	14	2	6	10	6	2	6		2
	95	Am	镅	2	8	18	2	6	10	14	2	6	10	7	2	6		2
VII	96	Cm	锔	2	8	18	2	6	10	14	2	6	10	7	2	6	1	2
	97	Bk	锫	2	8	18	2	6	10	14	2	6	10	9	2	6		2
	98	Cf	锎	2	8	18	2	6	10	14	2	6	10	10	2	6		2
	99	Es	锿	2	8	18	2	6	10	14	2	6	10	11	2	6		2
	100	Fm	镄	2	8	18	2	6	10	14	2	6	10	12	2	6		2
	101	Md	钔	2	8	18	2	6	10	14	2	6	10	13	2	6		2
	102	No	锘	2	8	18	2	6	10	14	2	6	10	14	2	6		2
	103	Lr	铹	2	8	18	2	6	10	14	2	6	10	14	2	6	1	2
	104	Rf	鑪	2	8	18	2	6	10	14	2	6	10	14	2	6	2	2
	105	Ha	𨭆	2	8	18	2	6	10	14	2	6	10	14	2	6	3	2

元素周期表是门捷列夫于 1869 年发现的,但当时无法解释为什么元素的化学、物理性质会出现周期性。在量子力学发展以后才认识到,这种周期性实际上就是电子在原子中分布的周期性的结果(表22.3)。元素的电子壳层数,就是它所在的周期数。同一周期中元素性质的差异,是由于元素最外层电子,即价电子的数目和排列的不同。而电子壳层数不同、最外层电子结构相似的元素具有相似的性质。因此,元素周期表完全可以用上述原子的壳层结构模型加以解释。

思考题

22.1 根据卢瑟福提出的原子核型模型,使经典电磁理论和原子光谱规律之间出现了什么矛盾?

22.2 为什么通常把氢原子中的电子状态能量作为整个氢原子的状态能量?

22.3 若要使一个氢原子的电子脱离氢原子,并使它具有 $\frac{1}{2}mv^2$ 的动能,则需要提供氢原子多少能量?

22.4 氢原子可能发射的光子的最大能量是多少?

22.5 试比较玻尔氢原子基态图像和由薛定谔方程得出的氢原子基态图像。它们之间有哪些相似之处,有哪些不同之处?

22.6 在著名的斯特恩、革拉赫实验中,什么实验现象揭示了电子自旋的存在?

22.7 求 $n=1、2、3、4、5$ 各电子壳层中最多可容纳的电子数。

22.8 试问 $s、3s、3p^4、5p^6$ 各代表什么?

习　题

22.1 试计算氢的莱曼系的最短波长和最长波长。

22.2 氢原子光谱的巴耳末线系中,有一光谱线的波长为 434.0nm,试求:
(1)与这一谱线相应的光子能量为多少电子伏特?
(2)该谱线是氢原子由能级 E_n 跃迁到能级 E_k 产生的,n 和 k 各为多少?
(3)最高能级为 E_5 的大量氢原子,最多可以发射几个线系,共几条谱线?
请在氢原子能级图中表示出来,并说明波长最短的是哪一条谱线?

22.3 在气体放电管中用能量为 12.2 电子伏特的电子去轰击氢原子,试确定此时的氢所能发射的谱线的波长。

22.4 已知巴尔末系的最短波长是 364.6nm,试求氢的电离能。

22.5 假设一个波长为 300nm 的光子被一个处于第一激发态的氢原子所吸收,求发射电子的动能?

22.6 已知氢光谱的某一线系的极限波长为 364.6nm,其中有一谱线波长为 656.5nm。试由玻尔氢原子理论,求与该波长相应的始态与终态能级的能量。($R=1.097\times10^7$/m)

22.7 一电子处于原子某能态的时间为 10^{-8}s,计算该能态的能量的最小不确定量。设电子从上述能态跃迁到基态对应的能量为 3.39eV,试确定所辐射的光子的波长及此波长的最小不确定量。

22.8 处于 $n=6$ 这一激发态的氢原子跃迁到基态而发射一个光子。问:(1)反冲氢原子的动能多大?(2)这一反冲能量与 300K 时氢原子的平均热能 $\frac{3}{2}kT$ 相比较,结果怎样?

22.9 如果不计电子的自旋,试列出氢原子 $n=3$ 的 9 组量子数。标出每组的量子数(n,l,m_l)。

22.10 对于氢原子中 4f 态的电子,其轨道角动量矢量在 Z 方向的可能分量有几个? 请给出可能的分量值。

22.11 对于 3d 态的电子,求它的 L 和 L_z 的值,以及 L 与 Z 轴方向的最小夹角。

22.12 试求 1s 态氢原子半径的平均值。

22.13 试证明对于 2p 态,电子离氢核的最概然距离为 $4a_0$。

22.14 二次电离的锂原子(Li^{++})是 $Z=3$ 的类氢原子,试问其电离能是多少?

22.15 在宽度为 a 的无限深势阱中,每米含有 5×10^9 个电子。如果所有的最低能级都被填满,试求能量最高的电子的能量。

第二十三章 激光和固体能带基本知识

20 世纪 20 年代末和 60 年代初,量子物理对近代科学技术作出了两项巨大贡献,即晶体管和激光器的制造成功。前者促使了电子学的迅猛发展,它是处理电子和物质在量子级别上的相互作用;后者则开发了一个称作光子学的新领域,它处理光子和物质的相互作用。本章将分别对激光和固体能带的基本知识进行介绍。

§23.1 激光产生的原理

激光在英语中称 *Laser*(是 *Light Amplification of Stimulated Emission of Radiation* 的缩写),原意是"受激辐射引起的光放大"。为了阐明激光产生的原理,需要先从原子发光的机理讲起。

一、光和物质的相互作用

从微观来看,光和物质的相互作用是光子和原子、分子、离子等粒子体系的相互作用,它主要包括三个基本过程,即受激吸收、自发辐射和受激辐射过程。

1. 受激吸收过程

图 23.1 中 E_1 和 E_2 为粒子系统一系列能级中的两个能级。倘若处于低能级 E_1 上的一个粒子受到外来光的照射,如果光子频率恰好为 $\nu = (E_2 - E_1)/h$,那么该粒子就有可能

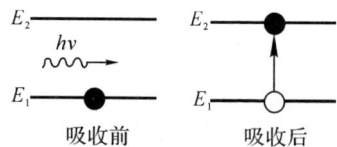

图 23.1 光的吸收

吸收这个外来光子而被激发到高能级 E_2 上,这个跃迁过程称为**受激吸收**。

假设在某时刻 t，粒子系统处于高能级 E_2 和低能级 E_1 的粒子数密度分别为 N_2 和 N_1，满足频率条件的外来光场的能量密度为 $\rho(\nu)$。对于受激吸收过程，单位时间内，从能级 E_1 跃迁到能级 E_2 的粒子数密度 $\mathrm{d}N_{12}$，与 N_1 以及外来光场的能量密度 $\rho(\nu)$ 成正比，即

$$(\frac{\mathrm{d}N_{12}}{\mathrm{d}t})_{吸收} = B_{12}\rho(\nu)N_1 \tag{23.1}$$

式中的比例系数 B_{12} 称为**爱因斯坦受激吸收系数**。

2. 自发辐射过程

被激发到高能级上的粒子是不稳定的，它可能以两种方式向较低能级跃迁，并同时发射一个光子。一种是，在没有任何外界光场影响的情况下自发地向低能级跃迁，同时

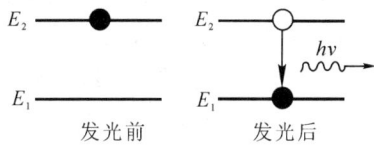

图 23.2 光的自发辐射

发射一个频率为 $\nu = (E_2 - E_1)/h$ 的光子，我们称这个过程为**自发辐射**（见图 23.2）。

假定粒子系统在高能级 E_2 和低能级 E_1 上的粒子数密度分别为 N_2 和 N_1。显然，单位时间内发生自发辐射跃迁的粒子数密度 $\mathrm{d}N_{21}$ 与 N_2 成正比，为

$$(\frac{\mathrm{d}N_{21}}{\mathrm{d}t})_{自发} = A_{21}N_2 \tag{23.2}$$

式中比例系数 A_{12} 称为**爱因斯坦自发辐射系数**。

普通光源，如白炽灯、日光灯、高压汞灯等的发光过程就是自发辐射。在自发辐射中，处于同一高能级上的大量原子的跃迁是完全随意的，独立的，彼此无关的，有的早跃迁有的迟跃迁；有的直接向基态跃迁发出一个光子，有的先跃迁到较低能级，由此再跃迁到基态能级，发出两个以上不同频率的光子，这些光子在发射方向，偏振方向及初始相位上都不一定一致，因此普通光源发出的光是非相干光。

3. 受激辐射过程[①]

另一种方式是,处于激发态的粒子在一定频率的外界光场作用下,受激地发射出一个光子,向低能级跃迁。如若有频率为 $\nu=(E_2-E_1)/h$ 的光子趋近处于高能级 E_2 上的粒子,则该粒子就有

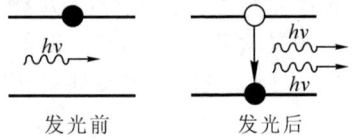

图 23.3 光的受激辐射

可能受到感应,以一定的概率从能级 E_2 跃迁到能级 E_1,同时发射一个与外来光子的频率、相位、偏振方向和传播方向完全相同的光子,这种跃迁过程称为**受激辐射**(见图 23.3)。

假设外来光场的能量密度为 $\rho(\nu)$,E_2 能级的粒子数密度为 N_2,则单位时间内产生受激辐射的粒子数密度 $\mathrm{d}N_{21}$ 不仅决定于 N_2 的多少,还与 $\rho(\nu)$ 有关,应有

$$\left(\frac{\mathrm{d}N_{21}}{\mathrm{d}t}\right)_{\text{受激}}=B_{21}\rho(\nu)N_2 \tag{23.3}$$

式中比例系数 B_{21} 称为**爱因斯坦受激辐射系数**。由受激辐射产生的光是相干光。

上述三式中的三个系数 A_{21}、B_{12}、B_{21} 虽然含义不同,但均表征粒子本身的属性,与系统中粒子按能级的分布无关。

二、粒子数反转和光放大

由上述讨论可知,粒子的受激吸收过程使光子数减少,粒子的受激辐射过程使光子数增加。在寻常情况下这两个过程是同时存在的,概率也几乎相等。至于何者为主,则由粒子系统中处于高、低能级的

[①] 爱因斯坦是在论述普朗克黑体辐射公式的推导中提出受激辐射概念的。他又在玻尔氢原子理论的基础上进一步发展了光量子理论,论述了辐射的两种形式:自发辐射和受激辐射。不过爱因斯坦并没有想到利用受激辐射来实现光的放大。因此在爱因斯坦提出受激辐射理论的许多年内,并没有得到多大运用,仅仅局限于从理论上讨论光的散射、折射、色散和吸收等过程。直到 1933 年,在研究反常色散问题时才接触到光的放大。

粒子数的多少决定。如果处于低能级 E_1 上的粒子数 N_1 多于高能级 E_2 的粒子数 N_2，在宏观上表现为光被吸收；反之，则受激辐射占优势，表现为光的发射。在温度为 T 的热平衡情况下，任何系统中处于各能级 E_i 的粒子数 N_i 的分布，遵循玻尔兹曼能量分布规律，即 $N_i = Ce^{-E_i/kT}$。因此，处于高、低能级 E_2 和 E_1 上的粒子数目之比为

$$\frac{N_2}{N_1} = e^{-(E_2 - E_1)/kT}$$

由于 $E_2 > E_1$，所以处于高能级上的粒子数 N_2 比处于低能级的粒子数 N_1 少得多，即 $N_1 > N_2$。也就是说，常温下大多数粒子都处于基态，只有少数处于激发态。这就是**热平衡状态下粒子的正常分布**，见图 23.4(a)。

由式(23.1)和(23.3)可知，单位时间内，在单位体积中受激辐射和受激吸收过程净辐射的光子数为

$$\left(\frac{\mathrm{d}N_{21}}{\mathrm{d}t}\right)_{\text{受激}} - \left(\frac{\mathrm{d}N_{12}}{\mathrm{d}t}\right)_{\text{吸收}} = B_{21}\rho(\nu)N_2 - B_{12}\rho(\nu)N_1$$

由统计理论可以证明 $B_{12} = B_{21}$，故有

$$\left(\frac{\mathrm{d}N_{21}}{\mathrm{d}t}\right)_{\text{受激}} - \left(\frac{\mathrm{d}N_{12}}{\mathrm{d}t}\right)_{\text{吸收}} = B_{21}\rho(\nu)(N_2 - N_1)$$

可见，光通过处于热平衡状态的介质时，吸收总是大于辐射，光被减弱。只有当 $N_2 > N_1$ 时，受激辐射的光子数才多于受激吸收。也就是说，为了使受激辐射占优势，必须使处在高能级上的粒子数超过低能级上的粒子数，即 $N_2 > N_1$，实际要求 $N_2 \gg N_1$。这种反常的分布是**非热平衡分布**，又称粒子数反转分布，如图 23.4(b)所示。这时的工作物质称为**激活介质**或**增益介质**。入射光子通过处于这种分布下的介

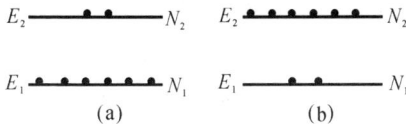

E_2 ———————— N_2　　　E_2 ———————— N_2

E_1 ———————— N_1　　　E_1 ———————— N_1

　　　　(a)　　　　　　　　　　(b)

图 23.4　粒子数反转

质时,将会引发越来越多的特征相同的光子,使输出光的能量超过入射光的能量,形成光的放大。

如何实现粒子数反转分布呢?它涉及到两方面的问题:①是选取适当的激光工作物质,要求粒子体系本身有一个合适的能级结构;②是需要从外界输入能量,把尽可能多的处于低能级的粒子激发到高能级去,这一过程称为**激励**或**抽运**(泵浦)。

在上述的二能级系统中,由于自发辐射、受激辐射、受激吸收三种过程都存在,从理论上推得,无论抽运速率多么大,高能级 E_2 上的粒子数永远小于低能级 E_1 上的粒子数,即不可能实现粒子数反转。然而对于存在寿命较长的亚稳态能级的三能级和四能级系统,却均有可能实现粒子数反转分布。

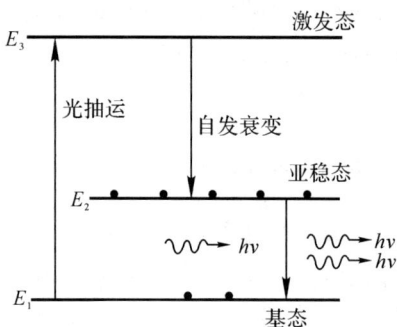

图 23.5 铬离子能级示意图

红宝石是在基质 Al_2O_3 中掺入少量铬离子(Cr^{3+})的晶体。在晶体中形成激光的是铬离子,它是典型的三能级系统,如图 23.5 所示。当用频率 $\nu_{31} = (E_3 - E_1)/h$ 的强光(脉冲氙灯)照射晶体时,大量处于基态的铬离子受激跃迁到激发态 E_3 上。由于 E_3 能级的寿命很短,只有 10^{-8}s 左右,铬离子很快将能量传给周围晶格,通过无辐射跃迁到达能级 E_2。E_2 是一个亚稳态能级,处于 E_2 上的铬离子寿命比较长,约为 10^{-3}s,它的自发跃迁概率很小,如果激励光强足够强,就有可能使处于 E_2 能级的粒子数 N_2,超过处于 E_1 能级的粒子数 N_1,并

达到 $N_2 \gg N_1$,在 E_2 和 E_1 能级之间实现粒子数反转。

三、光学谐振腔　*激光模式

1. 光学谐振腔和谐振条件

介质一旦达到粒子数反转状态就可以对光起放大作用,但尚不能形成可供应用的稳定的激光束。因为导致初始受激辐射的引发光子来源于自发辐射,它们的传播方向和偏振方向各不相同,也没有恒定的位相关系,而且其中大部分通过放电管侧壁很快散逸出去,在管内有限长的传播路程内,由受激辐射所产生的光放大不足以弥补光强的损耗。因此,还必须加一对平行的反射镜(见图 23.6),其中一块是全反射镜,另一块是部分透射的反射镜,使接近轴线方向传播的光子在两个反射镜之间来回反射,沿途不断引起受激辐射。那些新产生的光子又引起其他粒子的受激辐射,形成连锁反应,结果获得雪崩式的光放大效果,称为**光振荡**。当光子数的增加足以补偿各种损耗导致的光子数的减少时,在腔体内才有可能保持稳定的光振荡,形成很强的激光。以这一对反射镜为端面的腔体称为**光学谐振腔**。

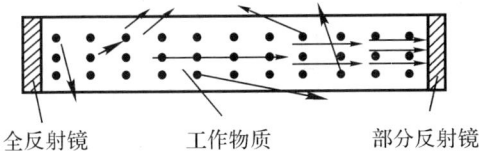

全反射镜　　　工作物质　　　部分反射镜

图 23.6　光学谐振腔

在谐振腔内,受激辐射光在轴线附近往返传播,它们相干叠加的结果,只有某些频率的光因干涉得到加强,形成以反射镜为波节的驻波,产生激光振荡。由波动学可知,波长 λ 的光沿轴向形成稳定驻波的条件是

$$2nL = q\lambda \qquad\qquad q = 1, 2, 3, \cdots$$

式中 L 为谐振腔腔长,n 为介质折射率,q 为正整数。如果将波长换成频率,则有

$$\nu_q = q\,\frac{c}{2nL} \qquad (23.4)$$

上述讨论说明,在腔长 L 和折射率 n 确定以后,只有频率满足 (23.4)式的光波才能形成光振荡,故将上式称为**谐振条件**,ν_q 为**谐振频率**。不满足上述条件的光则很快衰减,被淘汰。若谐振腔 L 足够长,在腔内会有许多频率的光波满足谐振条件。由式(23.4)式可得,相邻两频率的间隔为

$$\Delta\nu_q = \nu_{q+1} - \nu_q = \frac{c}{2nL} \qquad (23.5)$$

因此,在谐振腔内存在着一系列频率间隔相等的谐振频率的光。

*2. 激光的纵模

在谐振腔内沿轴向形成的稳定的驻波花样称为**纵模**。满足谐振条件的每一个谐振频率对应一个振荡纵模。然而,即使在充满增益介质的谐振腔中,也并非每个谐振频率的光都能从激光器中输出,而只有落在工作物质的谱线宽度 $\Delta\nu$ (图 23.7(a))内的几个频率才有可能形成激光,见图 23.7(b),(c)。因此,激光器中包含的纵模数为

$$N = \frac{\Delta\nu}{\Delta\nu_q} \qquad (23.6)$$

以氦氖激光器为例,它输出 6328 Å 的红色激光,谱线宽度 $\Delta\nu = 1.5 \times 10^9 \mathrm{Hz}$。若腔长 $L = 0.3\mathrm{m}$,气体折射率 $n = 1$,则由式(23.5)得纵模间隔 $\Delta\nu_q = 5 \times 10^8 \mathrm{Hz}$。根据式(23.6),这种激光束可能出现三种频率的激光,也就是出现三个纵模。如果腔长 $L = 0.1\mathrm{m}$,则只有一个纵模可以形成振荡。正由于谐振腔的这种频率限制作用,我们可以通过设计适当的激光管的腔长,获得单一频率工作的激光器。

3. 激光的横模

在谐振腔中,除了在纵向(z 轴方向)存在不同的稳定的光强分布外,在垂直于光束传播方向的横截面(xy 平面)也存在不同的稳定分布,通常称为**横模**。将激光束投射到光屏上,我们可以观察到各种光强分布的光斑,即横模花样。激光横模通常用符号 TEM_{mn} 来标记,其中 m、n 为横模序号,它表征光斑上光强的分布情况。图 23.8 中左端的图形称为基模(或横向基模,单横模),记作 TEM_{00},

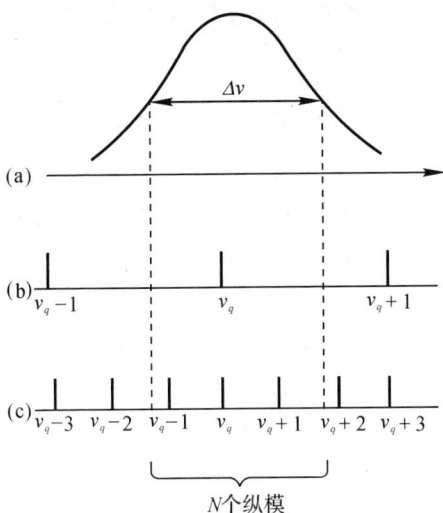

图 23.7　激光的纵模

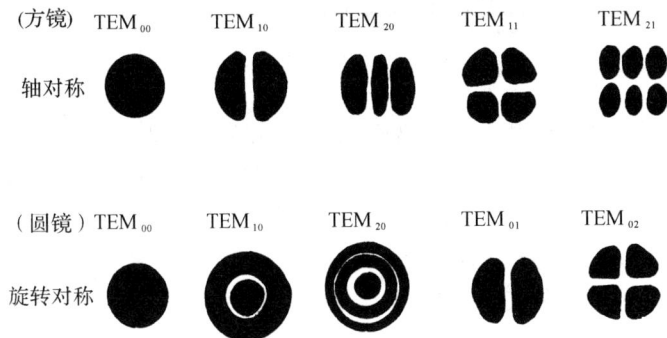

图 23.8　激光束横截面上几种光斑花样

其他的模式则称为高阶模。基模的光强分布比较均匀,光束发散角较小,是比较理想的光束。采用选模技术可以获得单横模的激光。

横模的产生与光波通过光阑系统一再受到周期性损失,其振幅和相位不断地进行再分布所造成的结果有关,这里不作进一步介绍。

综上所述,谐振腔不仅产生和维持了光振荡,是获得激光所必不可少的装置,而且还决定了激光的频率和光强分布等特性。

§23.2　激光器

　　早在 1917 年爱因斯坦就预言了受激辐射的存在,但在一般热平衡情况下,物质的受激辐射总是被受激吸收所掩盖,因而未能在实验中观察到这种现象。直到 1960 年才用受激辐射的方法获得光放大,制造成功了第一台红宝石激光器。从此激光技术的发展非常迅速,在实验中找到的激光材料有近千种,获得的激光谱线达万余条,波长几乎遍及从红外到紫外的整个光谱段。

　　激光器的种类很多,按工作物质的不同,可以分成气体激光器、固体激光器、半导体激光器和液体激光器等;按工作方式的不同,还可以分成脉冲激光器和连续激光器。下面我们简要介绍第一台连续运转的氦氖气体激光器,以及脉冲输出的红宝石固体激光器。

一、氦氖气体激光器

　　一般激光器都由工作物质、谐振腔和激励能源三个基本部分组成。图 23.9 所示为内腔式氦氖激光器。激光管中间的毛细管就是放电管,放电管两端封装电极,管内抽去空气后以 5∶1～10∶1 的比例充入氦和氖的混合气体,总气压约 $2.66 \times 10^2 \sim 3.99 \times 10^2$ Pa。激光管两端面装有反射镜,组成光学谐振腔。采用气体放电的方式进行激励。

　　氦氖激光器的工作气体是氖,氦是辅助气体,它们的能级结构如图 23.10 所示。当电极接上高压时管内发生辉光放电,被电场加速的电子与大量的 He 原子发生非弹性碰撞,使 He 原子由基态跃迁到亚稳态 2^3s 和 2^1s。处于这两个激发态的 He 原子的寿命较长,又因受选择定则的限制,不能通过辐射跃迁回到基态,因此能够积累大量的激发态 He 原子。Ne 的 2s 和 3s 能级与 He 的这两个亚稳态能级十分

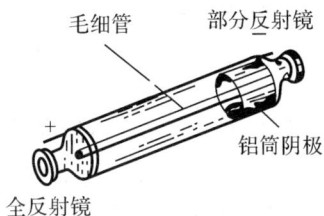

图 23.9　He-Ne 气体激光器

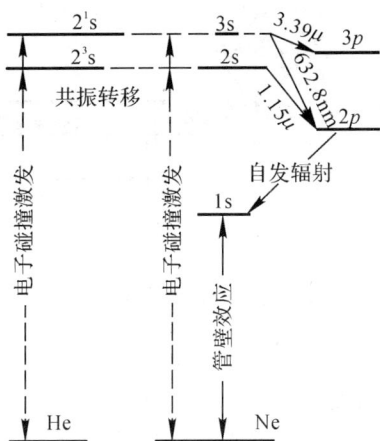

图 23.10　He-Ne 原子的能级示意图

接近,He 原子很容易通过与基态 Ne 原子的碰撞把能量转移给 Ne 原子,并将它们激励到 2s 与 3s 能级(称为共振转移)。同时也有少量 Ne 原子被高速电子碰撞,直接从基态跃迁到高能态。又因为 Ne 的 3s 态寿命比 3p 态和 2p 态的寿命长,Ne 的 2s 态寿命亦比 2p 态的长。这样在 Ne 原子的 3s-2p、2s-2p 和 3s-3p 之间能够形成粒子数反转。跃迁到 2p 和 3p 能级上的 Ne 原子寿命很短,很快通过自发辐射及与管壁碰撞回到基态,使 2p 和 3p 能级迅速抽空。

当受激辐射引起 Ne 原子在 3s→2p 能级之间的跃迁时,发射波长为 632.8nm 的红色激光。其他能级间的跃迁所产生的辐射都是红外线。若将谐振腔的反射镜镀上对波长为 632.8nm 的光反射率很高的介质膜,那么其他波长的光会被抑制,使波长为 632.8nm 的光产生振荡,从而获得波长为 632.8nm 的激光输出。

如果将组成谐振腔的两块反射镜置于管外,如图 23.11 所示,称为外腔式激光器。激光管两端的窗口可以倾斜成布儒斯特角,用玻璃片封闭,因此只有振动面平行于入射面的偏振光才能无损耗地从布儒斯特窗口透射,使激光器输出线偏振激光。

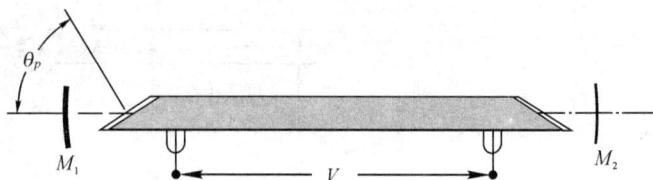

图 23.11　外腔式 He-Ne 气体激光器

二、红宝石激光器

红宝石激光器是用红宝石晶体作为工作物质的固体激光器,发射波长为 694.3nm 的红色激光。图 23.12 是结构示意图。晶体棒的两端面严格平行,与棒轴垂直并且抛光。在工作物质的两端各放一块与端面平行的平面反射镜,其中一块是全反射镜,另一块是部分反射镜,构成谐振腔。激光器用脉冲氙灯作为光泵光源。氙灯和红宝石晶体棒分别位于椭圆柱聚光器的两条焦线上,聚光器内表面抛光并镀有金属高反射膜。脉冲氙灯、氙灯光源和聚光器构成激光器的激励能源。为了维持工作性能的稳定,红宝石激光器必须通水冷却(或强风冷却)。

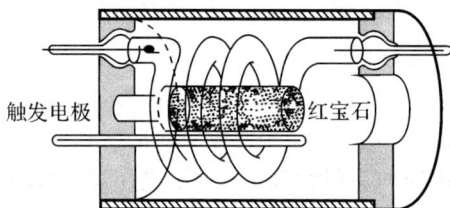

图 23.12　红宝石激光器结构示意图

*三、自由电子激光器(FEL)[1]

自由电子激光器的发光机理与基于受激辐射产生光放大,以固

---

① FEL 是 Free Electron Laser 的缩写

体、气体、液体为工作物质的一般激光器不同。自由电子激光是以不受原子、分子束缚的自由电子为工作物质,利用自由电子与电磁波相互作用,产生从微波到 X 射线的受激辐射的新型光源。1971 年,美国的杰·梅迪(John Maday)在他的博士论文中首次提出自由电子激光的激念,并于 1976 年和他的同事们在斯坦福大学研制成功了自由电子激光器,观察到波长 $10.6\mu m$ 的光辐射。

根据工作机理的差异,自由电子激光器大致分为两类。第一类中的能量较高(约 $10\sim10^{3}MeV$)、密度较低,其中电子间的库仑相互作用可以忽略,这类激光器称为康普顿(Compton)型自由电子激光器。梅迪在斯坦福大学的实验属于这一类型。第二类中的电子束能量相当低,只有几兆电子伏,但密度较高,电子间的相互作用非常强烈,这种类型的激光器通常称为拉曼(Raman)型自由电子激光器。下面我们简要介绍康普顿型自由电子激光器的工作原理。

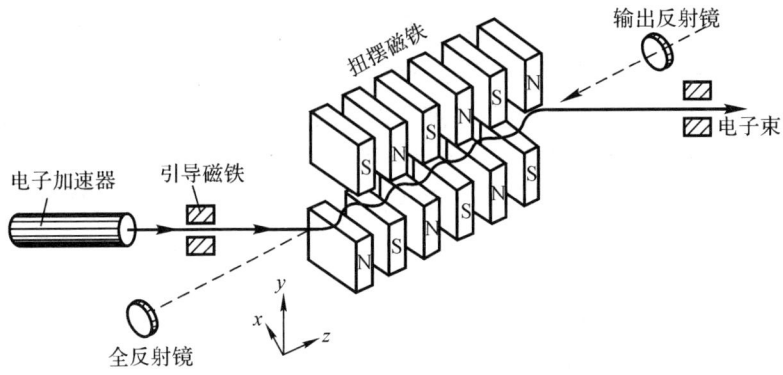

图 23.13　自由电子激光器结构示意图

自由电子激光器主要由三部分组成:电子加速器、扭摆磁场和光学谐振腔。图 23.13 是结构和原理示意图。其中扭摆磁场是由数百对磁铁周期排列组成,形成极性交替变化的恒定磁场。来自加速器的高速电子束由偏转磁场引导进入扭摆磁场,穿过这一磁场工作区时由于受洛仑兹力的作用,电子束在垂直于磁场的平面(x-z 平面)内沿 z 轴方向作扭摆运动,轨迹是周期变化的。由于扭摆运动是一种加速运动,因此电子束会辐射电磁波,且主要集中在 z 轴方向。只要电子速度与磁场周期配合适当,一个电子(或电子团)在不同地点相继辐射的电磁波会相互加强。当它们越出周期磁场区域后,电子向远方射去,光子则经反射镜两次反射后又重新进入扭摆磁场。此时辐射场与前方的高速电子相互作用,由于电子的能量远大于光子,当满足一定条件时,电子会把部分能量传递给光子,使辐射场获得能量,也就是说,将电子的动能有效地转换为光能,形成极强的相干辐射。这就是自由电子激光器的受激辐射光放大。电磁辐射在谐振腔内往返传播,反复放大,最后从部分反射镜中输出强激光。

可以推得,激光的波长为

$$\lambda_{\mathrm{s}} = \frac{\lambda_{\mathrm{w}}(1 + a_{\mathrm{w}}^2)}{2\gamma}, \quad a_{\mathrm{w}} = \frac{\lambda_{\mathrm{w}} B_{\mathrm{w}}}{2\pi m_0 c} = 0.93 B_{\mathrm{w}} \lambda_{\mathrm{w}}$$

式中 $\gamma = \dfrac{mc^2}{m_0 c^2}$,是电子运动能量与静止能量之比,$B_{\mathrm{w}}$ 为扭摆磁场的强度,λ_{w} 为极性交替变化的磁场结构周期。可见,自由电子激光的波长与 γ^2 成正比。由于电子速度可以连续改变,也就是电子能量可以连续改变,因此激光波长也可以连续改变。

自由电子激光器具有一系列其他光源无法替代的优越性能:输出激光波长连续可调,只要改变来自加速器的电子束能量,就能调节输出激光的波长;峰值功率和平均功率高,且可调;具有 ps 级脉冲时间结构,且时间结构可控等。由于上述突出的优点,自由电子激光在国防、医学、固体物理、材料科学、生命科学和能源领域等都有极其广阔的应用前景。

§23.3　激光的特性及应用

一、激光的特性

激光不同于普通光,有下列特性:

1.方向性好

普通光源发出的光是向四面八方散开的,而激光器只朝一个方向发射激光,光束的发散角很小,一般在毫弧度量级。1毫弧度是指光束传播1米,光束的直径增加1毫米。一台普通红宝石激光器发射的光束射到月球上,散开的光斑直径只有几百米。激光束的这种高度定向性,主要是由受激辐射的机理和谐振腔对光束的方向限制决定的。激光的方向性好的特点可用于准直、导向、测距和通讯等。

2.亮度高

光源的亮度是表征光源定向发光能力强弱的一个重要参量。它的定义是:光源单位发光表面,在单位时间内沿垂直表面方向上单位立体角内发射的能量,即

$$L_e = \frac{\Delta P}{\Delta S \cdot \Delta \Omega}$$

式中 ΔP 为光源在面积 ΔS 的发光表面上和 $\Delta \Omega$ 立体角范围内发出的光功率,称为辐射亮度。对于激光器来说, ΔP 相当于输出的激光功率, ΔS 为激光束截面, $\Delta \Omega$ 为光束的立体发散角。普通光源的亮度值极低,自然界中最强的光源,太阳的亮度值 $L_e \approx 10^3 \text{W}/(\text{cm}^2 \cdot \text{sr})$ 。而大功率激光器输出激光的亮度可达 $L_e \approx 10^{12} \sim 10^{17} \text{W}/(\text{cm}^2 \cdot \text{sr})$ 的数量级。激光光源亮度远远大于普通光源,这个数量级上的飞跃是由于激光的方向性好,能量在空间上的高度集中,以及可以采用调 θ 和锁模技术压缩激光器输出脉冲的持续时间,使能量在时间上高度集中。高亮度的激光在应用上有其独特之处,一束激光被会聚后,在

焦点附近能产生数百万度的高温,因此可以引起热核反应;使材料在局部小区域内熔化和汽化,可用来对高熔点、高硬度的材料进行加工;并用作医疗手术工具等。

3. 单色性好

单色性是指光源发射的光谱线成分的纯净程度,通常用光谱线的宽度(线宽)$\Delta\lambda$,或频率范围 $\Delta\nu$ 来描述。线宽越小,光源的单色性越好。

在普通光源中单色性最好的氪灯(Kr^{86})发出波长 $\lambda = 605.7nm$ 的光谱线,在低温条件下谱线宽度 $\Delta\lambda = 0.047nm$。与此相比,一台单模稳频氦氖激光器发出 $\lambda = 632.8nm$ 的激光,谱线宽度可窄到 $\Delta\lambda < 10^{-6}nm$。显然,激光光源的单色性比普通光源要好上万倍。这是因为激光工作物质的粒子数反转只能发生在确定的高低能级之间,又由于谐振腔的选频作用,使输出激光的谱线宽度很小。由于激光的单色性好,激光波长已被用来作为长度的标准,使激光在精密计量和测量方面得到越来越广泛的应用。

4. 相干性好

激光束的相干性是由光束本身的高定向性和单色性决定的。由于激光的单色性好,决定了它具有很好的相干长度,即具有很好的时间相干性。一台特制的氦-氖激光器输出的光束,其相干长度可达 $2 \times 10^7 km$,而具单色性之冠的氪灯发射的红光,其相干长度只有 $38.5cm$。由于激光束的发散角很小,因此具有很好的空间相干性。单横模激光器发出的 TEM_{00} 模激光束,接近于一列沿腔轴传播的平面波,激光束波前平面上任意两点都是相干的,即接近于完全空间相干的光。相干性优异的激光为实现光波段通讯开辟了广阔的前景,也使全息技术、全息干涉计量和全息显微术等得到飞速发展。

二、激光冷却

由于激光具有优异的特性,激光技术已成为整个科学技术领域强有力的研究工具。20 世纪 80 年代,激光冷却和捕陷原子的方法在理论和实验上取得的重大突破,大大推进了原子、分子和光物理基础研究的发展,并具有很大的实用意义。利用最先进的激光冷却技术,使测量精度大大提高,可望将目前的原子钟的精度提高两个量级。用激光冷却和捕陷原子方法做成的原子喷泉,已使频率基准准确度达到 10^{-15} 数量级,有望达到 10^{-16}。应用捕陷原子的基本技术,可制成能控制 $20nm \sim 10\mu m$ 尺度的微粒的"光学镊子",在生物学和高分子聚合物的研究中十分有价值,已有用这种光学镊子对单个 DNA 分子进行模拟试验的报道。

我们知道,原子、分子的热运动十分激烈,室温时,氢分子的速率为 1100m/s,即使降温到 3K,仍以 110m/s 的速率运动。对这样的高速运动的粒子难以进行仔细的观察和测量。要想实现操纵、控制孤立原子,首先必须使它降速,"冷下来"。但在降温时一般原子会凝结成液体或固体,其结构和性能将发生显著的变化。如何使原子、分子的运动速度降至极低,又能保持相对独立,是物理学家长期以来渴望解决的一大难题。随着激光技术和原子、分子物理学的发展,经过近 20 年的努力,采用激光和其他综合技术,这一难题已得到基本解决,已可将中性原子冷却到 20nK,捕陷在空间小区域达几十分钟之久,其最基本的物理机制是多普勒冷却和光学黏胶。

1. 多普勒冷却

设原子沿某方向以速度 v 作一维运动,激光束迎面照射原子(图 23.14)。原子静止时,吸收频率等于其本征跃适频率 v_0 的光波的概率最大,即共振吸收的情况。当原子运动时,由于多普勒效应,被共振吸收的光波频率为

$$v = v_0(1 - \frac{v}{c}) \qquad (23.7)$$

原子吸收光子后,以自发福射的方式发射光子回到基态。接着是再吸收、再辐射,连续不断。每次吸收一个迎面而来的光子,原子都会获得与其运动方向相反的动量,即原子将损失动量而减速。原子每次发射的光子无特定的传播方向,因此原子因自发辐射损失的动量平均为

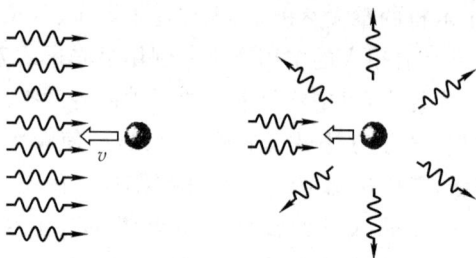

图 23.14 多普勒冷却原理

零。由于每次吸收光子是定向的,而发射光子是随机的,因此吸收和发射的净效果是使原子减速,平均每次降低的速度为

$$m\Delta v = -h\frac{v_0}{c}$$

$$\Delta v = -\frac{hv_0}{mc} \tag{23.8}$$

式中 m 为原子质量。随着原子的减速,其多普勒频移也将变小,为此采用了"激光频率扫描法"及"塞曼减速法"等方法,使激光的频率跟随多普勒频移改变,以持续保持共振。这样,每碰撞一次,原子的动量就减少一点,速度也就降低一点。这种在激光作用下使原子减速的方法称多普勒冷却。

用多普勒冷却方式使原子减速是有极限的,不可能无限制的减小下去。当原子速度被降至极低时,原子共振谱线增宽被消除,谱线只有由原子能级寿命决定的自然宽度,这种与自然半宽度对应的热运动能量是多普勒冷却所无法带走的,相应的温度是多普勒冷却的极限温度 T_D,即为

$$kT_D = \frac{1}{2}mv_D^2 = \frac{1}{2}\hbar\Gamma \tag{23.9}$$

Γ 是由原子能级寿命决定的谱线的自然宽度。因此可得多普勒冷却的极限速度和极限温度为:

$$v_D = \sqrt{\frac{\hbar\Gamma}{m}} \tag{23.10}$$

$$T_{\mathrm{D}} = \frac{\hbar\Gamma}{2k} \qquad (23.11)$$

对 ^{23}Na、^{87}Rb、^{133}Cs、^{4}He，这一极限温度分别为 240μK、144μK、124μK 和 23μK。

2. 光学黏胶

如果原子在两个频率相同而传播方向相反的光波场中作一维无规则运动，见图 23.15，无论原子速度是正还是负，总是优先吸收迎面来的光子而被逐渐减速、冷却。

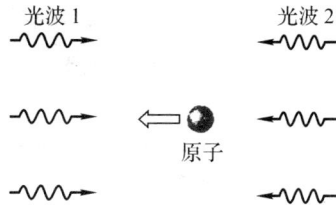

图 23.15　原子在两个频率相同而传播方向相反的光波场中

1985 年，贝尔实验室的朱棣文[①]小组，将一维情况推广到三维，采用三组两两相对传播且相互垂直的 6 束激光，同时照射从原子束上冷却下来的钠原子团（图 23.16）。在 6 束激光交汇处，原子不断吸收和发射光子，原子与光子不断交换动量，原子在激光交汇处的运动犹如在黏稠介质中的无规运动，被不断减速。朱棣文等把这种状态形象地称作光学黏胶，测温结果是 240μK。在激光冷却技术中，当原子被冷却到一定速度后，常用"光学黏胶"来进一步冷却。1987 年，美国国家标准局菲利浦小组重复了这一试验，测得温度竟低达约 40μK。在"光学黏胶"中除了最基本的多普勒冷却极限的冷却机制，主要是考虑了原子实际存在着多能级结构，而不能过于简单地将原子看成只有两能级结构（一个基态和一个激发态）。

---

　　① 朱棣文(Stephen Chu，公元 1948——)美籍华裔物理学家，1976 年在美国伯克利加州大学获物理学博士学位。1983 年任贝尔实验室量子电子学研究部主任，1987 年任斯坦福大学物理学教授，1990 年任斯坦福大学物理系主任。因在发展用激光冷却和陷俘原子的方法方面所作的贡献，1997 年诺贝尔物理学奖授予朱棣文与法国巴黎的法兰西学院和高等师范这院的科恩—塔塔季(Claude Cohen—Tannoudji，1933—)和美国国家技术学院的菲利浦斯(William D. Phillips，1948—)。

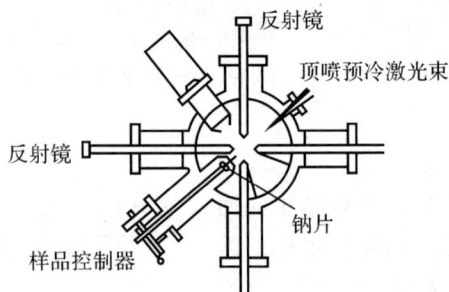

图 23.16 6 束激光同时照射钠原子团

3. 激光原子阱

上述实验中原子只是被冷却,并没有被捕陷。重力会使它们在 1 秒钟内从光学黏胶中下落。为了将原子进一步捕获,需要设置一个真正的原子阱。1987 年朱棣文和普利查德(Prichard)等首次在实验上实现了磁光原子阱,采用三对相向传播的圆偏振激光束和弱磁场组合在一起,构成磁光陷阱。两个线圈产生的磁场略微可变化,其最小值处于激光束相交的区域。由于塞曼效应,磁场对原子的特征能级的作用,产生一个比重力大的力,从而将预先用激光减速的钠原子捕陷在磁光阱中,为各种实验提供了基本手段(图 23.17)。采用一些特殊措施后,可以使原子进一步深度冷却,20 世纪 80 年代后期已将氢原子冷却到 $2\mu K$,20 世纪 90 年代已将铯原子冷却到 $2.8nK$。

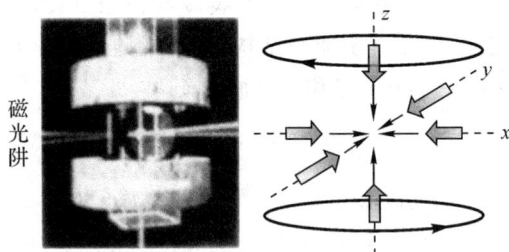

图 23.17 磁光阱示意图

激光冷却和捕获原子的研究是当代物理学的热门课题,新成果和新的应用技术正在不断涌现,前景十分诱人。

§23.4 固体的能带

固体分成晶体和非晶体两大类。晶体具有规则的几何形状,各向异性的物理性质,以及一定的熔点。非晶体则没有。通过 X 射线晶体衍射研究得知,晶体的上述宏观规律性是晶体中原子(分子、离子)有规则周期性排列的结果。在晶体中原子的这种有规则排列称为**晶体点阵**,也称**晶格**。

晶体的导电性能与晶体结构,以及原子间的相互作用和运动规律有关。下面我们就大量孤立原子聚合成晶体后,晶格离子对电子运动的影响,以及固体能带的形成等问题作简要的介绍。

一、电子共有化

在孤立原子中,一个核外电子在由原子核和原子中其他电子所产生的库仑场中运动,其势能曲线如图 23.18(a)所示。当电子的能量 $E<0$ 时,电子处在一个形似势阱的势场中,根据 §23.4 对势垒的讨论,电子虽有一定概率穿入势垒,但概率很小,一般情况下只能在 AB 区域内运动。

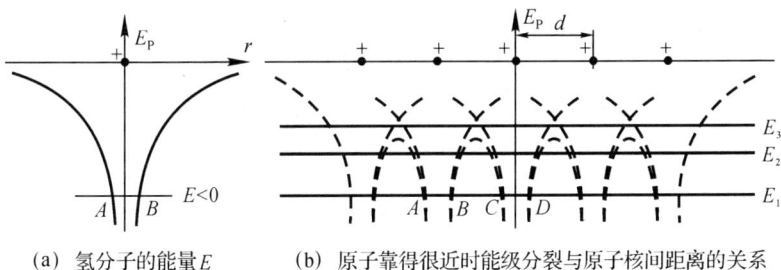

(a) 氢分子的能量 E (b) 原子靠得很近时能级分裂与原子核间距离的关系

图 23.18

当大量原子组合成晶体后,原子在空间是按周期性规律排列的,原子间距 d 十分小,只有自身线度的数量级,以致它们的外层电子将受到邻近原子不同程度的作用。作为初步近似,可以把每个原子核都看作在点阵位置上固定不动,而每个电子则在这些原子核和其他电子的平均电场中运动。由于单个原子中电子的势能曲线有图23.18(a)的形状,经过叠加后,电子在周期排列(一维)的原子核电场中的势能曲线有图 23.18(b)的形状,呈现与晶体点阵相同的周期性。对于原子内壳层上的电子,它们的能量 E_1 比较低,势垒相对来说显得高而宽,穿透概率很小,电子只能定域在各自的原子核附近运动。如果电子能量 E_2 比较高,由于势垒宽度比较小,穿透概率就大,电子有可能到达邻近的原子核附近,如从 AB 区域越过势垒到达 CD 区域运动。至于原子外壳层上的价电子,它们的能量最高,甚至可能超过势垒的高度,这些电子不再受特定原子的束缚,可以在整个晶体范围内自由运动,为各原子核所共有,这种现象称为**电子的共有化**。

二、固体能带的形成

理论计算及实验指出,由于电子共有化,使原来各孤立原子中的能量值相同的能级都产生了不同程度的变化。例如两个孤立的氢原子结合成分子后,两个相同的基态 1s 能级分裂成靠得很近的 E_a 和 E_b 能级,见图 23.19(a)。也就是说,氢原子形成氢分子时,由于力场

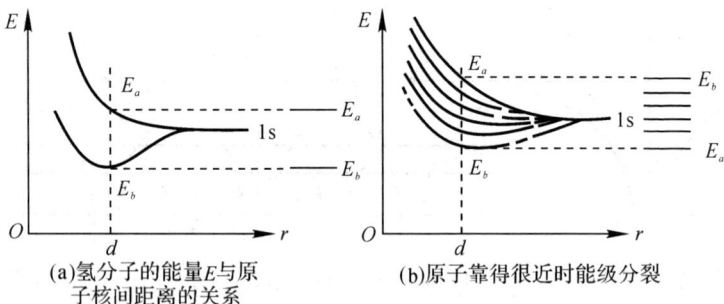

(a)氢分子的能量 E 与原子核间距离的关系

(b)原子靠得很近时能级分裂

图 23.19 能带的形成

发生变化,电子的能量状态也发生了变化。图 23.19(b)为六个氢原子靠得很近时,原子的能级分裂成六个非常接近的能级的情况。

与此类似,当 N 个相同的原子组成晶体时,由于原子间的相互作用,使电子在晶体中的能量状态与在单个原子中不同,原先的一个能级,将分裂成和组成晶体的原子数相同的 N 个能级,其最高和最低能级(E_a 和 E_b)之间的间隔一般不超过十个电子伏特的数量级。在实际的晶体中,原子的数目 N 非常大,每立方厘米约有 10^{23} 个原子,这样,在分裂成的 N 个新能级中,相邻能级之间的间距将小于 10^{-22} eV 的数量级,因而这些能级可视为连续分布,形成一个能量范围,称为**能带**。图 23.20 为能带的示意图。

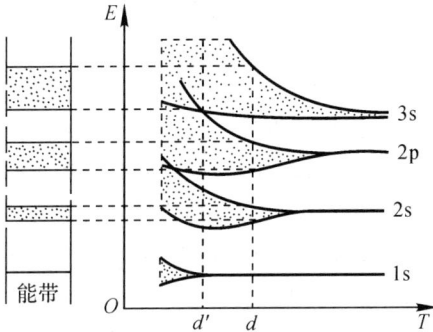

图 23.20　能带示意图

由于能带是从能级分裂而成的,因此在一般情况下我们仍可沿用能级的符号,如用 1s,2s,2p,…来表示能带。由 §23.5 可知,每个能级有 $2(2l+1)$ 个量子态,按照泡利不相容原理,每个能级可容纳 $2(2l+1)$ 个电子。因此形成具有 N 个能级的能带时,可容纳的电子数为 $2(2l+1)N$ 个。例如,1s 能带可容纳 $2N$ 个电子,2p 能带可容纳 $6N$ 个电子等。

在某些情况下,由于相邻能带的相互重叠,已分不清哪些能级属于某些能带,此时能带与能级间没有一一对应的关系。

满带、价带和空带

在相邻能带之间有一段没有能级的能量间隔,称之为**禁带**,其宽度用 E_g 表示,如图 23.21 所示。晶体中的电子与原子中的电子类似,根据能量最小原理和泡利不相容原理依次填入能带中各能级。假如一个能带中各能级都被电子填满,则该能带称为**满带**。一般地说,原子的内层能级原来就已被电子填满的,在晶体中相应的能带基本上就是满带。不论有无外电场的作用,若满带中有任一电子自它原来占有的能级向该能带中的其他能级转移,因

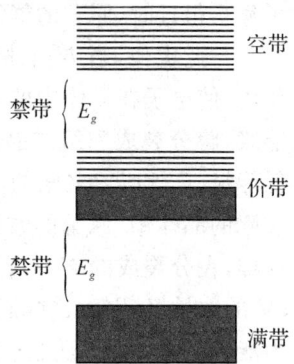

图 23.21 晶体的能带

受泡利不相容原理的制约,则必有另一电子发生相反方向的转移与之相抵消,其总的效果与没有发生电子转移一样,所以满带中的电子不起导电作用。价电子所在的能级分裂后形成的能带称为**价带**。价带可能全部被填满,也可能部分被填满。当晶体中有外电场作用时,这种部分被填满的价带中的电子将受到电场加速,动能增大,并能从原来占有的能带中较低能级,转移到该能带中未被其他电子填满的较高能级上去,从而在晶体中形成电流。因此,在未被电子填满的能带中的电子表现有导电性能。此外,晶体中与原子的激发态能级相对应的能带,在原子未被激发的正常情况下完全没有电子填入,这种能带称为**空带**。见图 23.21。如果电子因受激发进入空带,则在外电场作用下空带中电子也具有一定的导电能力。所以空带和没有填满的价带又称为**导带**。

三、导体、绝缘体和半导体

按照导电性能的不同,可以将晶体分成导体、绝缘体和半导体三大类。下面我们将用能带理论说明它们之间的区别。

1. 导体

各种金属都是导体,它的电阻率约为 $10^{-4} \sim 10^{-8} \Omega \cdot m$。金属中传导电流的载流子就是晶体内部的共有电子。金属能带的特点是存在未被电子填满的导带,一般可分成三种情况,其结构如图 23.22 所示。

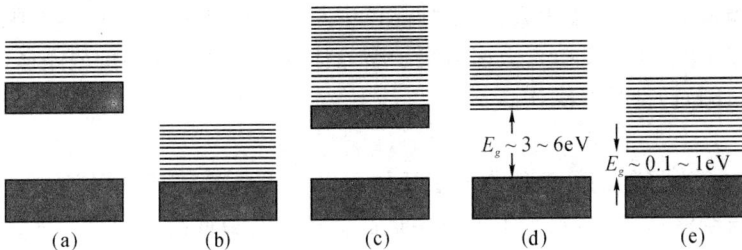

图 23.22　五种不同的能带结构

在图 23.22(a)中,价电子能带——价带未被填满。单价金属晶体就属于这种情况。如钠晶体的 3s 能带可容纳 $2N$ 个电子,但实际上只有 N 个电子占据着 N 个量子态,另一半空着。由于能带中相邻能级的间隔极小($\sim 10^{-22}$eV),所以在外电场作用下,电子通常可以获得足够能量从低能级跃迁到高能级,在宏观上形成电流。这些电子与自由电子没有区别。

有些原子的最外层能级原来是填满的,如二价金属 Mg、Be、Ca 等,它们似乎是不导电的,但在形成晶体后,相应的能带和上面的一个空带有部分重叠,结果也形成一个不满的能带,如图 23.22(b)所示,这种晶体也是导体。以镁原子为例,它有 12 个电子($1s^2$、$2s^2$、$2p^6$、$3s^2$),组成晶体时 3s 价带被 $2N$ 个价电子填满了,但是由于 3s 价带与 3p 能带相互重叠成一个能带,价电子仅填满其中的一部分,所以金属镁是导体。从这里还可以看出,由于能带的重叠,3s 价带和 3p 能带不能再和原来的 3s 和 3p 能级一一对应。

另外一些金属,如 Na、K、Ca、Al、Ag 等的价电子能带原来就没有被填满,而它又与相邻的空带部分重叠,如图 23.22(c)所示,因而它们的导电性能良好。

2. 绝缘体

绝缘体的能带结构如图 23.22(d)所示。价带中所有的能级都已被电子填满,形成满带。满带与上面的空带之间相隔一个相当宽的禁带,Eg 约为 3～6eV,因此电子很难在热激发或一般外电场作用下从满带跃迁到空带中去。在这种晶体中几乎没有电子参与导电,电阻率在 10^{10}～$10^{20}\Omega \cdot m$。大多数离子型晶体(如氯化钠)和共价型晶体(如金刚石)都是绝缘体。

3. 半导体

半导体的导电能力介于导体与绝缘体之间,半导体的能带结构与绝缘体类似,只是半导体中最高的满带与最低的空带之间的禁带比较窄,Eg 约为 0.1～1eV,见图 23.22(e)。因此,在满带中能量较高的电子容易在外界的热、光或电能激发下跃迁到空带中去而导电。在外电场作用下,导带中的电子参与导电,称为**电子导电**。与此同时,由于少数电子被激发到空带中去,在满带中留下了一些空着的能态,称为**空穴**。在外电场作用下,满带中的其他电子获得能量后可以填充这些空穴,并在原先占有的能态上留下新的空穴,空穴又可被另外的电子填充,新空穴则向更低能态方向转移,起着导电作用。这一过程可等效地看作是一些带正电的粒子,在外场的作用下沿电场方向运动而形成电流。故将满带中的这种导电作用称为**空穴导电**。在半导体中,电子导电和空穴导电是同时存在的。

§23.5　n 型半导体和 p 型半导体

半导体分成纯净的与掺有杂质的两大类。前面讲的半导体是指不含杂质的纯净半导体,称之为**本征半导体**。它们的导电机构是电子和空穴导电并存的,称为**本征导电**。其中参与导电的电子和空穴称为**本征载流子**。本征半导体虽有导电性,但电导率太低,一般不能作为电子器件。

在纯净半导体里,用扩散的方法掺入少量其他元素的原子,就会大大提高半导体的电导率。这种掺有杂质的半导体称为**杂质半导体**。在杂质半导体里,有的以电子导电为主,称为 n **型半导体**;有的以空穴导电为主,称为 p **型半导体**。

一、n 型半导体

在四价元素的晶体中掺入少量五价元素,如在硅或锗中掺入磷就形成了电子型半导体,或 n 型半导体。以硅为例,每个原子的四个价电子和四个相邻硅原子的四个价电子组成共价键,当掺入杂质后,一个磷原子替代了硅原子,磷原子的五个价电子中有四个参与共价键的组合,剩下的一个价电子在磷离子的电场范围内运动。理论计算表明,这个电子的能级位于禁带中,而且靠近导带的边缘,称为**杂质能级**。它们到导带底部的能量间隔 E_i 约为 10^{-2}eV 数量级,如图 23.23所示。处在这种能级上的电子在受到激发时,很容易跃迁到导带成为自由电子,参与导电。通常我们称这种杂质原子为**施主**。相应的杂质能级为**施主能级**。在这种半导体中,杂质原子的数量并不多,但是在常温下靠热运动能量就能使相当多的电子跃迁到导带上去,这就使导带中自由电子的浓度比同温度下本征半导体的导带中的自由电子浓度大好几个数量级,从而显著地提高了材料的导电性能。这种半导体的导电基本上决定于导带中电子的运动,所以称之为**电子型半导体**或 n **型半导体**。

二、p 型半导体

在纯净的四价元素的晶体中掺入少量三价元素,就构成了 p **型半导体**。如在硅中掺入硼,硼原子只有三个价电子,在它替代硅原子形成共价键时缺少一个电子,这相当于因为杂质原子的存在而出现了一个空的能量状态,即空穴。这种空穴能级也是位于禁带中,而且靠近满带的顶部,它与满带顶的能量间隔 E_i 为 10^{-2}eV 的数量级,如

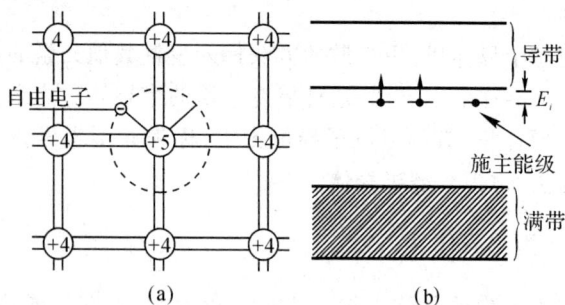

图 23.23 n 型半导体

图 23.24 所示。满带中的电子在常温下就很容易被激发到杂质空穴
能级中去,同时在满带中留下许多空穴。一般我们称这种提供空穴、

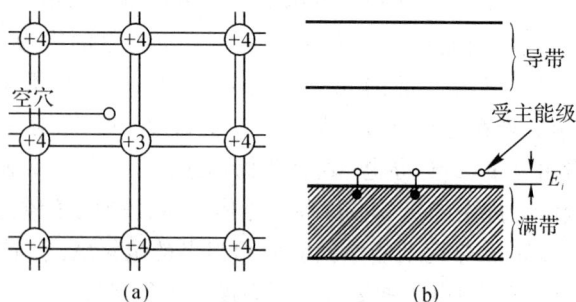

图 23.24 p 型半导体

接受电子的杂质原子为**受主**,相应的空穴能级为**受主能级**。在这种杂
质半导体中的空穴浓度比本征半导体中的空穴浓度大得多,使空穴
导电能力大大提高。由于在这种半导体中空穴导电占绝对优势,通常
称之为**空穴型半导体**,或 p 型半导体。

§23.6 p-n 结

在本征半导体中掺以不同的杂质,使一边成为 p 型,另一边成为 n 型。由于 p 型半导体中空穴浓度较大,n 型半导体中电子浓度较大,那么就会发生电子从 n 型区向 p 型区扩散,而空穴从 p 型区向 n 型区扩散的现象。因为材料原先是电中性的,结果在 p 型一边出现过剩的负电荷,在 n 型一边出现过剩的正电荷,使界面两侧形成一层电偶极层,如图 23.25所示。这层电偶极层称 p-n 结,其厚度约为 10^{-7}m。显然,在 p-n 结内存在由 n 型指向 p 型的电场。这个电场要阻止扩散作用的进一步进行,促使电子和空穴向相反方向漂移。当扩散作用与相反的漂移作用达到动态平衡后,电偶层

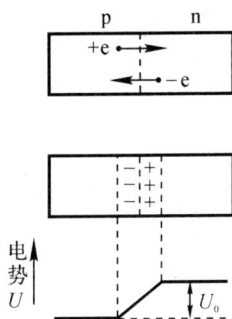

图 23.25　p-n 结和电势曲线

内电荷分布一定,在交界面两侧形成一定的接触电势差 U_0。

由于接触电势差的存在,使电子在 p-n 结两侧的静电势能不等,在电势高处电势能低,在电势低处电势能高。因此在分析半导体的能带结构时,必须把这附加电子静电势能考虑进去。图 23.26 中(a)是 p 型和 n 型半导体未接触时各自的能带,(b)是形成 p-n 结后的能带(为简化起见,图中只画出满带的顶部和导带的底部)。在 p-n 结处,能带出现弯曲,能带高度有一相对平移,其差值为电子势能的变化值 $|eU_0|$,形成势垒区。势垒阻止 n 型中的电子进入 p 型,也阻止 p 型中的空穴进入 n 型。

若将 p-n 结两端分别与电源的正、负极相接,就会改变半导体内部的电势,则有可能打破动态平衡。例如,在图 23.27(a)中,外电场与 p-n 结内的静电场方向相反,结果使 p-n 结中电场减弱,势垒高度

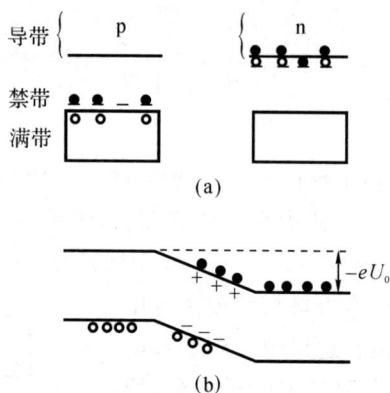

图 23.26 p-n 结形成前后能带示意图

降低为 $e(U_0-U)$。由于势垒的降低,使原来达到的动态平衡遭到破坏,n 型中的电子和 p 型中的空穴易于通过阻挡层,不断向对方扩散,形成从 p 型到 n 型的正向宏观电流,p-n 结导通。外电压越大,电流亦越大。

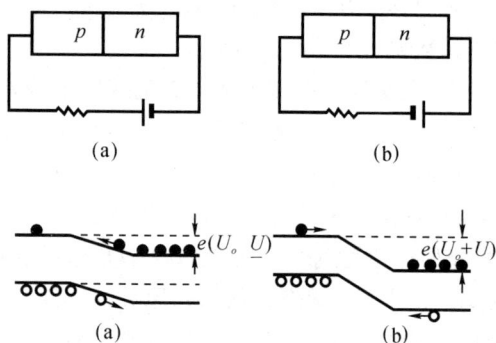

图 23.27 p-n 结的单向导电作用

反之,若在 p-n 结两端加上反向电压,如图 23.27(b)所示,即外电场方向与 p-n 结内静电场方向一致,则使 p-n 结中的势垒升为 $e(U_0+U)$。由于势垒的升高,使 n 型中的电子和 p 型中的空穴更难于通过阻挡层。但是,却促使为数不多的由热激发产生的 p 型中的电子,和 n 型中的空穴通过阻挡层,形成了由 n 型到 p 型方向的微弱的反向电流。它的大小也随电压的增加而增加。但很快达到饱和。

由此可见,当加上正向外电压时,电流易于通过,且随外电压的增加而增加,该方向称**通流方向**。当接上反向外电压时,电流不易通过,电流十分微弱,而且很快达到饱和,该方向称为**阻流方向**。所以 p-n 结具有单向导电作用,其伏安特性曲线如图23.28所示。

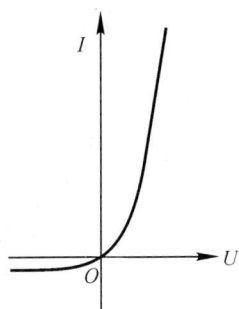

图 23.28 伏-安特性曲线

利用半导体的各种物理性质,可以制成许多半导体器件,如用 p-n 结制成晶体管,作为整流器、放大器、振荡器,甚至电阻、电容等元件。1958 年,在美国研制成功了世界上第一块半导体集成电路[1],按特定的电子线路要求,把所需要的各种元件同时制作在一块半导体基片上。发展至今已可将相当复杂的逻辑功能部件制成一块部件,即大规模及超大规模集成电路,集成密度已达到每平方毫米面积上有 70 万个元件。半导体器件的进展已整整促进了计算机发展过程中的四代,并且至今方兴未艾。

我们知道,金属导体的电阻率随温度升高而增大,但半导体的电阻率却随温度的升高呈指数关系下降。当温度增高 10 ℃时,纯净硅的电阻降低到原来的一半以下。这是由于温度升高时进入导带的电子数,或满带的空穴数激增的缘故。根据这种现象可以制成热敏元件,用于温度的测量和控制。

光照能使半导体的电导明显地增加。在光的照射下,半导体中的

---

① 基尔比(Jack S. kilby,公元 1924 年—),美国科学家,是制造第一块集成电路的人。2000 年度的诺贝尔物理学奖授予在信息和通讯技术方面作出了基础性工作的 3 位科学家,其中一半授予杰克·基尔比,以嘉奖他在发明集成电路中的作用。基尔比继续了他作为发明家的生涯,大约有 60 项专利。特别是,他是口袋计算机的发明者之一,也是首先应用集成电路的人之一。

电子吸收了光子的能量,可能引起电子从满带向导带的跃迁,也可能引起电子从施主能级向导带跃迁,或者电子从满带向受主能级跃迁,使半导体中载流子数目增多,导电能力增大。这种由光激发引起的电导称光电导。利用光电导现象已发展了各种类型的光敏电阻,作为光电自动控制元件。

当光线照射在 p-n 结上时,在 p-n 结附近将产生大量的电子和空穴,它们有可能在复合前通过无规则的布朗运动到达 p-n 结的强电场区域。强电场将把电子推到 n 区,把空穴推到 p 区,如同一个化学电池。若把外电路接通,电路中将有电流通过,这就是**光生伏特效应**。硅光电池所利用的正是这种效应。

思考题

23.1　试比较受激辐射与自发辐射的特点。

23.2　什么是粒子数反转分布?实现粒子数反转需要具备什么条件?

23.3　二能级系统的工作物质能不能实现粒数反转分布?试说明之。

23.4　激光谐振腔在激光形成的过程中起哪些作用?

23.5　激光有哪些特性?为什么会有这些特性?

23.6　在红宝石激光器中,当铬离子在两个能级间跃迁时发射波长为694.3nm 的激光。试计算在 $T=300K$ 时,在热平衡条件下处于两能级上离子数的比。

23.7　如何从能带图中判断某一固体是导体、半导体或绝缘体?

23.8　本征半导体、n 型半导体和 p 型半导体中载流子各是什么?它们的能带结构图有何不同?

23.9　对半导体加热和在半导体中适当掺入杂质都能使它的电导率增加,这两者有何不同?

23.10　试阐述激光多普勒冷却的基本原理。

第二十四章 原子核和粒子物理

§24.1 原子核的一般性质

一、原子核的发现

二十世纪的最初十年，人们对原子的结构了解甚少，只知道原子含有电子，对于与原子中的电子有关的其他情况则一无所知。此外，根据原子是电中性的，人们推测在原子中还有正电荷。至于正电荷的形状大小，正电荷与电子的质量比例等等，在那时均为悬而未决的问题。

1908 年，卢瑟福（E. Rutherfold）建议他的助手盖革（H. Geiger）和学生马斯登（E. Marsden）做这样一个实验：用高能 α 粒子轰击薄金属箔，测量 α 粒子在与金属箔碰撞后的偏转角度。实验结果表明，大多数 α 粒子都只偏转了一个很小的角度，但也有少数 α 粒子发生了大角度偏转，有的偏角甚至接近 180°。对于这一结果，卢瑟福感到十分惊讶。他说，这就好像一颗炮弹打到一张薄纸上而被反弹回来一样令人难以置信。

为什么卢瑟福会感到如此惊讶呢？在那个时代，许多物理学家相信汤姆孙（J. J. Thomson）的原子模型，即原子是一个正电荷均匀分布的球体，其中散布着若干电子，犹如西瓜中的瓜子。按照这个模型，当 α 粒子穿过带正电的球体时，作用于其上的静电斥力非常微弱，连使 α 粒子偏转一度也嫌过小。至于原子中的电子对 α 粒子的影响，那更是微乎其微，因为 α 粒子的质量要比电子的质量大得多（约 7300 倍）。α 粒子与原子中的电子相撞犹如将一块石头扔向一团飞舞的蚊子。总之,汤姆孙的原子模型无法解释 α 粒子的大角度散射。

为了解释上述实验结果,卢瑟福于 1911 年提出,原子的正电荷集中在原子中心的微小区域,且拥有原子的绝大部分质量。这个模型的推论与盖革、马斯登的实验数据基本相符。随后,盖革和马斯登重复并改进了他们的实验,从而进一步证实了卢瑟福的模型。有核模型的提出标志着原子核物理的诞生。

二、原子核的组成和性质

1. 原子核的组成和大小

原子核是由质子和中子组成的,核中的质子和中子的数目分别称为原子序数(记作 Z)和中子数(记作 N)。质子带一个单位的正电荷,中子不带电。除此之外,两者在其他性质上都非常相似,如质量几乎相等,在核内所受的核力相同。因此,质子和中子通称核子。原子核中核子的总数称为质量数(记作 A),且有 $A=Z+N$。

具有确定的 Z 和 A 的原子核称为核素。核素用它所从属的元素的化学符号及质量数来表示,质量数写在化学符号的左上角,如 ^{12}C,^{23}Na,^{107}Ag,^{238}U 等。有时为了计算方便还把原子序数写在化学符号的左下角,如 $^{12}_{6}C$,$^{23}_{11}Na$,$^{107}_{47}Ag$,$^{238}_{92}U$ 等。

具有相同的 Z 但不同的 A(或 N)的核素称为同位素,如 ^{81}Br 和 ^{82}Br 是溴的两种同位素。

假定原子核是球形的,则核的大小可用球形的半径表示。实验表明,核的半径 R 与质量数 A 之间有如下关系

$$R=r_0A^{\frac{1}{3}} \tag{24.1}$$

式中 r_0 是对所有的核均相同的常量,通常取

$$r_0=1.2\times10^{-15}m=1.2fm,1fm=10^{-15}m$$

测量核半径的方法归纳起来有两类。一类是核力的方法,即分析各种核过程如原子核对快中子的散射定出核力的作用范围。另一类是静电的方法,比如利用原子核对快速电子的散射定出核内的电荷分布。

有些核偏离球形较大,必须假定它们是椭球形或梨形的。

例 24.1 求核物质的质量密度的近似值。

解 利用式(24.1)得质量数为 A 的核的体积为

$$V = \frac{4}{3}\pi R^3 = \frac{4}{3}\pi r_0^3 A$$

假定单个核子的质量为 m,则核的质量 $M \simeq Am$。因此,核物质的质量密度为

$$\rho \simeq \frac{M}{V} = \frac{3m}{4\pi r_0^3} = 2.3 \times 10^{17} \text{ kg/m}^3$$

这里取 $m \simeq 1.67 \times 10^{-27}$kg。由上式可见,核的密度惊人巨大,约为水的密度的 10^{14} 倍。

2. 原子核的自旋和磁矩

原子核的总角动量称为原子核的自旋,简称核自旋。因为原子核是由核子组成的,所以核自旋等于原子核中所有核子的自旋和轨道角动量的矢量和。核子即质子和中子的自旋均为 $\frac{1}{2}$(以 $\hbar$ 为单位)。它们的轨道角动量取决于所处的能态,但均为整数。核自旋用它在某个方向的最大分量 I 来标记。原子核按所包含的质子和中子数目的奇偶性可分为偶-偶核、奇-偶(或偶-奇)核和奇-奇核。实验表明,这三种核的自旋分别为零,半整数和整数。这个事实是核子的自旋为 $\frac{1}{2}$ 的依据之一。稳定核的自旋的取值范围由 0(如 ^{4}He)到 7(如 ^{176}Lu)。

如同原子的情形,核自旋也有与之相联系的核磁矩。先讨论核子的自旋和磁矩。设核子的自旋为 s,则核子的自旋磁矩可写为

$$\mu_{Ns} = g_{Ns}\mu_N s/\hbar \text{ 或 } \mu_{Ns} = g_{Ns}\mu_N m_s$$

式中的常量

$$\mu_N = \frac{e\hbar}{2m_p c} = 5.05 \times 10^{-27} \text{ J/T}$$

称为核磁子。g_{Ns} 称为自旋回磁比,是表征核子特性的常量。对于质子

$g_{ps}=+5.5855$，正号表示 μ_{ps} 平行于 s。中子虽然不带电荷，但仍具有自旋磁矩，因为它是由带有分数电荷的夸克组成的。中子的 g_{ns} 为 -3.8263，负号表示 μ_{ns} 与 s 反平行。此外，质子由于带有电荷，还具有与轨道运动相联系的轨道磁矩 μ_{pl}。μ_{pl} 与轨道角动量 L 的关系具有通常的形式，即

$$\mu_{pl}=\mu_N L/\hbar$$

原子核的磁矩等于它所包含的所有核子的轨道和自旋磁矩的矢量和。核磁矩与核自旋(I)之间的关系可写为

$$\mu=g_I\mu_N I/\hbar \quad 或 \quad \mu_z=g_I\mu_N m_I$$

式中 g_I 是核回磁比。表 24.1 给出了某些核素的自旋和磁矩。

表 24.1　一些核素的性质

核素	Z	N	A	稳定性*	半径(fm)	自旋	磁矩
^{7}Li	3	4	7	92.5%	2.30	3/2	$+3.26$
^{14}N	7	7	14	99.6%	2.89	1	$+0.403$
^{31}P	15	16	31	100%	3.77	1/2	$+1.13$
^{88}Rb	37	51	88	18分	5.34	2	$+0.508$
^{120}Sn	50	70	120	32.4%	5.92	0	0
^{157}Gd	64	93	157	15.7%	6.47	3/2	-0.340
^{197}Ag	79	118	197	100%	6.98	3/2	$+0.146$
^{239}Pu	94	145	239	24100年	7.45	1/2	$+0.203$

* 对稳定核素给出了该同位素的丰度，对不稳定核素给出了半衰期。

三、核力

1. 核力的主要性质

为了将核子牢固地束缚在微小的原子核内，核子之间必须存在足够强大的吸引力，以克服质子之间的库仑斥力。这是一种不同于静电力或重力的全新的力，称为核力或强相互作用。核力具有以下主要性质。

(1)核力的电荷无关性。这就是说，在两个质子、两个中子或一个

质子与一个中子之间的核力基本上是相同的。支持这一性质的事实有：

(a)轻核都是由相同数目的质子和中子组成的。

(b)单个核子的结合能近似等于常量。

(c)在轻核中有成对的记作 $^{2Z+1}_Z X$ 和 $^{2Z+1}_{Z+1} Y$ 的核素,称为镜核。镜核的质量差可单独用库仑势能之差来解释。

(2)核力的短程性。它意味着存在一个临界距离(约为 $10^{-15} m$),当核子之间的距离小于这一距离时,核力是显著的,大于这一距离,核力就可忽略不计。由短程性可知,除了少数最轻的原子核,一个核子不能与核中所有其他核子发生强作用,而只能与最邻近的几个核子发生强作用。与核力相反,库仑力不是短程力,核中的任何两个质子之间均存在库仑斥力,不论两者之间的距离有多远。

图 24.1 是以 N 为横坐标、Z 为纵坐标的核素分布图,黑格代表在自然界中存在的稳定核素,阴影区是放射性核素。由图可见,最轻的和较轻的稳定核素位于或接近直线 $Z=N$,较重的稳定核素则偏离此直线向下,且随 N 的增大偏离越来越大。利用核力和库仑力的性质可以解释分布图的上述特征。因为一个核子只与少数邻近的核子发生强作用,所以与核力相关的能量与 A 成正比。而库仑力是长程力,与库仑力相联系的能量近似与 A^2 成正比,如果核中的质子、中子数总是各半,则在重核的情形,库仑能会占压倒优势。因此,为了得到稳定的重核,中子数必须超过质子数,以减少库仑能对稳定性的破坏作用。

2.结合能

所谓结合能就是将组成原子核的核子全部分开所需要的能量。研究核的结合能可使我们对核力的强度有所了解。首先以氘核(重氢原子的核)为例说明如何计算核的结合能。氘核是由质子和中子通过核力结合而成的。当质子和中子相距很远时,两者之间没有相互作用,它们的总能量就是静能量之和：

$$E = (m_p + m_n)c^2 \qquad (24.2)$$

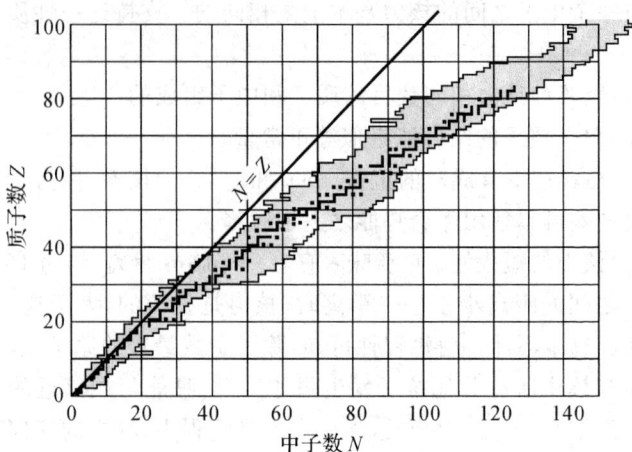

图 24.1　核素分布图

式中 m_p 和 m_n 分别是质子和中子的质量。质子和中子结合为氘核时，会放出一定量的能量，称为结合能（E_b）。由能量守恒定律得

$$E_b = (m_p + m_n)c^2 - m_d c^2$$

式中 m_d 是氘核的质量。在上式的右端同时加上和减去 $m_e c^2$（m_e 是电子的质量），得

$$E_b = [m(^1H) + m_n]c^2 - m(^2H)c^2 \tag{24.3}$$

式中 $m(^1H)$ 和 $m(^2H)$ 分别是氢原子和氘原子的质量。代入以下数值

$$m_n = 1.008665u, m(^1H) = 1.007825u, m(^2H) = 2.014102u,$$

得氘核的结合能为 2.224MeV。同氢原子的基态结合能（13.6eV）相比，大了五个量级。

　　彷照推导氘核结合能的方法，可得任何核素 $_Z^A X$ 的结合能：

$$E_b = [Zm(^1H) + (A-Z)m_n - m(_Z^A X)]c^2 \tag{24.4}$$

式中 $m(_Z^A X)$ 是元素 $_Z^A X$ 的原子质量。在核物理的计算中，之所以用原子质量而不用核质量是因为在通常的数据表中所给出的（即实验测得的）是原子质量，而不是核质量。

　　为了表征原子核的稳定性，我们定义每核子的平均结合能，即原

子核的结合能与质量数之比。各种核素的平均结合能如图 24.2 所示。由图可见,平均结合能曲线在 $A=50$ 到 $A=80$ 之间最高,且接近水平,从这个区间向低 A 或高 A 端移动都要降低。因此,一个大质量的核分裂为两个中等质量的核(这一过程称为裂变)会释放出能量;两个小质量的核融合为一个中等质量的核(这一过程称为聚变)也会释放出能量。

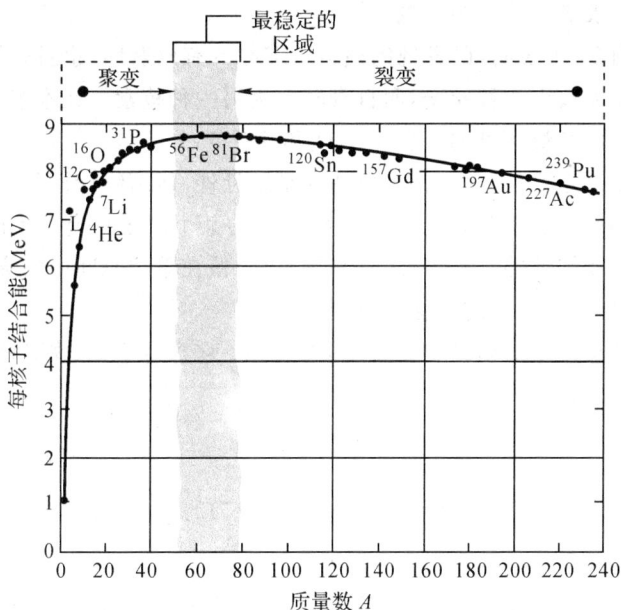

图 24.2 平均结合能曲线

质量数大于 10 的原子核的平均结合能接近常量,这说明每个核子仅同最邻近的核子发生强作用,与核子的总数无关。这个性质反映了核力的短程性。

§24.2 放射性衰变

一、放射性衰变的规律和应用

1. 衰变定律 半衰期

图 24.1 表明,已发现的核素中多数具有放射性。也就是说,它们会自发地放出一种粒子,而自身转变为另一种核素。在本节中,我们将讨论两种最常见的衰变:α 衰变和 β 衰变。

无论是哪种衰变,其主要特征是统计性。所谓统计性是说我们不能准确地预言一块放射性物质样本中的某个原子核究竟何时衰变,我们所能知道的只是该样本的所有原子核在单位时间内的衰变概率相同,且不随时间的推移而改变。

设想一块放射性物质样本,在时刻 t 它含有 N 个放射性核。由统计性的含义可得

$$\frac{1}{N}\frac{\mathrm{d}N}{\mathrm{d}t}=-\lambda \tag{24.5}$$

式中的常量 λ 称为衰变常量。求式(24.5)的积分,得

$$N=N_0\mathrm{e}^{-\lambda t} \tag{24.6}$$

式中 N_0 是 $t=0$ 时样本包含的放射性核的个数。式(24.6)称为衰变定律。

一个表征放射性物质衰变快慢的量是半衰期。半衰期是指放射性核的数目因衰变而减少为原来的一半所经过的时间。将半衰期记作 $t_{1/2}$,利用式(24.6)得

$$\frac{1}{2}N_0=N_0\mathrm{e}^{-\lambda t}\quad 或\quad t_{1/2}=\frac{\ln 2}{\lambda} \tag{24.7}$$

这是一个联系半衰期和衰变常量的关系式。

例 24.2 考虑一金属铀的样本,它包含 2.5×10^{18} 个 ^{238}U 原子。

在任一秒内,样本中有 12 个 ^{238}U 核发生 α 衰变。求 ^{238}U 的衰变常量和半衰期。

解 由于 ^{238}U 是长寿命的放射性核,故在短时期内 N 和 $\dfrac{\mathrm{d}N}{\mathrm{d}t}$ 均可视为常量。由题中所给的条件得

$$N = 2.5 \times 10^{18} \text{个}, \left|\frac{\mathrm{d}N}{\mathrm{d}t}\right| = 12 \text{ 个 } \mathrm{s}^{-1}$$

代入式(24.5)得衰变常量

$$\lambda = \frac{1}{N}\left|\frac{\mathrm{d}N}{\mathrm{d}t}\right| = 4.8 \times 10^{-18}\mathrm{s}^{-1}$$

将 λ 之值代入式(24.7),得半衰期

$$t_{1/2} = \frac{\ln 2}{\lambda} = 4.6 \times 10^{9} \text{ 年}$$

2. ^{14}C 鉴年法

放射性衰变有多种应用,这里只介绍其中的一种,即 ^{14}C 鉴年法。之所以能用 ^{14}C 来鉴定古物(这里指古代的动植物残骸及其制品)的年代是基于以下三点理由:

(1)大气中的 ^{14}C 是宇宙线中的中子与大气中的 ^{14}N 发生反应而产生的。所产生的 ^{14}C 会发生 β^{-} 衰变,半衰期为 5730 年。当 ^{14}C 的产生和衰变达到平衡时,大气中的 ^{14}C 与 ^{12}C 的数目之比成为常数,不再随时间的推移而改变。实验测得的比值为 1.3×10^{-12}。

(2)动植物通过食物链和新陈代谢不断地与大气进行碳的交换。因此,动植物体内的 ^{14}C 与 ^{12}C 的比例与大气中的相同。

(3)动植物死亡后,不再有 ^{14}C 进入体内,但体内的 ^{14}C 继续发生衰变。这样,遗体内的 ^{14}C 与 ^{12}C 的比例就要逐渐减少。利用衰变定律可将减少的数量与衰变时间联系起来,从而算出古物的年代。

例 24.3 实验测得古尸的骸骨含有 m 千克的碳,其 β^{-} 衰变率为 A。已知 ^{14}C 的半衰期为 $t_{1/2}$,求古尸的死亡年代。

解 以 r 记大气中的 ^{14}C 与 ^{12}C 的数目之比,则骸骨主人死亡时

该骸骨含有 $m\left(\dfrac{r}{1+r}\right) \simeq mr$ 千克的 ^{14}C,即含有

$$N_0 = mrN_A/\mu$$

个 ^{14}C 原子,式中 μ 是 ^{12}C 的摩尔质量,N_A 是阿弗加德罗常数。

由衰变率的定义 $A = |\dfrac{dN}{dt}| = \lambda N$ 得现今该骸骨含有 ^{14}C 原子

$$N = A/\lambda (个)$$

设骸骨主人死亡至今所经历的时间为 t,由衰变定律得

$$\frac{A}{\lambda} = \frac{mrN_A}{\mu} e^{-\lambda t}$$

取上式两端的对数,并利用关系式 $\lambda = \dfrac{\ln 2}{t_{1/2}}$,得

$$t = \frac{1}{\lambda}\ln\left(\frac{mr\lambda N_A}{\mu A}\right) = \frac{t_{1/2}}{\ln 2}\ln\left(\frac{mrN_A \ln 2}{\mu A t_{1/2}}\right)$$

即骸骨主人死亡于 t 年之前。

二、α 衰变

一个放射性核(母核)自发地放出一个 α 粒子(即氦核 ^4He)而自身转变为另一种核(子核),这样的过程称为 α 衰变。若以 X,Y 分别表示母核和子核,则 α 衰变过程可写为

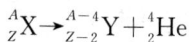

$$^A_Z X \rightarrow ^{A-4}_{Z-2} Y + ^4_2 He$$

例如,$^{238}_{92}U$ 是 α 粒子发射体,它按以下方式衰变

$$^{238}_{92}U \rightarrow ^{234}_{90}Th + ^4_2 He$$

实验表明,每种核素所放出的 α 粒子均具有完全确定的动能。这说明 α 衰变是两体过程。现在计算子核和 α 粒子的动能。假定在实验室系中母核是静止的,子核与 α 粒子的速度分别为 V 和 v,衰变放出的能量即衰变能为 Q。由能量和动量守恒定律[1]

$$\frac{1}{2}MV^2 + \frac{1}{2}mv^2 = Q \tag{24.8a}$$

$$MV = mv \tag{24.8b}$$

式中 M 和 m 分别是子核和 α 粒子的质量。由式(24.8)解出 V 和 υ，再代入子核和 α 粒子的动能表达式，得

$$K_Y = \frac{1}{2} M V^2 = \frac{m}{M+m} Q \qquad (24.9)$$

$$K_\alpha = \frac{1}{2} m \upsilon^2 = \frac{M}{M+m} Q \qquad (24.10)$$

式(24.10)表明 α 粒子具有完全确定的动能，与实验结果一致。衰变能 Q 等于母核(质量为 $\widetilde{M}$)与子核及 α 粒子的静能量之差，即

$$Q = (\widetilde{M} - M - m) c^2$$

由于发生 α 衰变的通常都是重核，即 $\widetilde{M} \gg m$，故由式(24.10)可得 $K_\alpha \simeq Q$，即 α 粒子的动能近似等于衰变能。

尽管各种 α 发射体放出的 α 粒子的动能差别不大，约在 4MeV 到 9MeV 之间，但 α 发射体的半衰期却相差巨大。例如，铀的同位素 ^{238}U 和 ^{228}U 均为 α 发射体，但前者的半衰期为 4.5×10^9 年，而后者的半衰期却只有 550s。为了解释这一现象，伽莫夫(G. Gamow)于 1928 年提出了如下的 α 衰变模型：α 粒子在逃离原子核前业已形成，并在如图 24.3 所示的势场中运动。势能曲线是由核内的势阱和核外的库仑势能组成的。库仑势能在核的表面($r=R$)达到最大值 U_m。这样，α 衰变过程化为了势垒穿透问题。由图 24.3 可见，α 粒子的能量 Q 越大，势垒的宽度($b-R$)和高度(U_m-Q)就越小。因此，按式(20.33)，透射率随 Q 的增加而增加。又因势垒的宽度和高度均出现在 e 的指数上，所以 Q 的微小变化都会引起透射率从而半衰期的巨大变化。

三、β 衰变

一个放射性核(母核)自发地放出一个电子而变为另一种核(子核)，这样的过程称为 β 衰变。实验表明，子核(Y)与母核(X)的质量数相同，但原子序数相差 1。因此，人们推测 β 衰变过程可写为

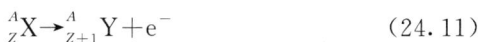

$$^A_Z X \rightarrow ^A_{Z+1} Y + e^- \qquad (24.11)$$

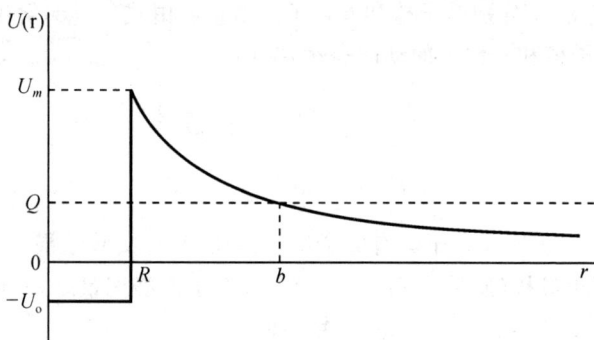

图 24.3 α衰变的势能曲线

也就是说,β衰变是两体过程。然而,这种推测遇到了两个令人困惑的问题:

（1）同α衰变类比,β衰变中放出的电子也应具有完全确定的动能。但实验表明,衰变产生的电子的动能并不固定,而是连续地分布在区间$(0, K_m)$中,这里K_m是动能的最大值。这样,如果电子的动能$K < K_m$,缺失的部分$(K_m - K)$跑哪儿去了呢？有些著名的物理学家如玻尔甚至怀疑在衰变过程中能量是否守恒。

（2）在β衰变过程中,母核和子核所含的核子数是相等的,因而它们的角动量同为整数或半整数。但衰变产物中还有电子,其自旋角动量为$\frac{1}{2}$。显然,衰变产物的总角动量不能等于母核的角动量。难道在衰变过程中角动量不再守恒？

为了解决这两个难题,泡利设想在衰变产物中还有一种自旋为$\frac{1}{2}$的粒子。考虑到式(24.11)两端的总电荷相等,总质量相差无几,泡利假定这种粒子的电荷为零,质量微乎其微乃至为零。稍后,费米(E. Fermi)将这种粒子命名为中微子。

利用中微子假说,泡利成功地解决了以上难题。首先,能量守恒不再成为问题,缺失的能量被中微子带走了。注意,子核也参与衰变能的分配,但它获得的份额微不足道,只有 eV 的量级。作为比较,电子和中微子的总能量达 MeV 的量级。其次,由于电子和中微子的自旋均为 $\frac{1}{2}$,故两者的总自旋为整数(1 或 0)。这个整数自旋与子核的自旋相加,所得的总自旋具有与子核自旋相同的性质,即同为整数或半整数。这样,角动量守恒也恢复了。

由于引入了中微子,式(24.11)应改写为

$$_Z^A\text{X} \rightarrow _{Z+1}^A\text{Y} + \text{e}^- + \tilde{\nu} \qquad (24.12)$$

式中 $\tilde{\nu}$ 是反中微子。应当指出,虽然电子和反中微子是从原子核中放射出来的,但它们不是核的组成部分(理由见习题 24.14)。电子和反中微子是在衰变过程中产生的,正如光子是在原子辐射时产生的。

天然的 β 衰变只有式(24.12)一种方式,称为 β⁻ 衰变。人工放射性同位素还可能产生另外两种 β 衰变方式:

$$\begin{aligned} &\beta^+ \text{衰变} \quad _Z^A\text{X} \rightarrow _{Z-1}^A\text{Y} + \text{e}^+ + \nu \\ &K \text{ 电子俘获} \quad _Z^A\text{X} + \text{e}_K^- \rightarrow _{Z-1}^A\text{Y} + \nu \end{aligned} \qquad (24.13)$$

式(24.13)中的 e⁺ 和 ν 分别是正电子和中微子,e_K^- 是原子中 K 壳层的电子。

例 24.4 求 ^{32}P 在 β 衰变 $_{15}^{32}\text{P} \rightarrow _{16}^{32}\text{S} + \text{e}^- + \tilde{\nu}$ 中的衰变能。已知 ^{32}P 和 ^{32}S 的原子质量分别为 31.973907u 和 31.972071u。

解 令 $m'(^A\text{X})$ 代表元素 ^AX 的核质量,则衰变能 Q 为

$$Q = [m'(^{32}\text{P}) - m'(^{32}\text{S}) - m_e]c^2$$

式中 m_e 为电子的静质量。在上式的右端加上和减去 $15m_e$,得

$$Q = [m(^{32}\text{P}) - m(^{32}\text{S})]c^2$$

式中 $m(^A\text{X})$ 代表 ^AX 的原子质量。代入 ^{32}P 和 ^{32}S 的原子质量,并利用等式(此式在计算反应能时经常用到)

$$1\text{u} = 931.5 \text{ MeV}/c^2$$

得衰变能 $Q = 1.71\text{MeV}$。

四、电离辐射及其单位

X 射线、γ 射线、α 粒子和 β 粒子等与原子碰撞时都会引起原子

的电离,因而被称为电离辐射。在自然界中,电离辐射来自宇宙线和地壳中的放射性元素。也有人工产生的电离辐射,如诊断和治疗用的 X 射线。

因为电离辐射会破坏活组织的细胞,所以它们的效果受到了公众的高度关注。本小节介绍四个描述电离辐射的性质和效果的物理量以及它们的单位。

1. 活度或衰变率

这是描写放射源衰变快慢的量,其定义为单位时间内在放射源中发生衰变的核的数目。利用式(24.6),得活度的表达式为

$$A = -\frac{dN}{dt} = \lambda N \qquad (24.14)$$

由上式可见,A 是时间 t 的函数。

活度的单位为居里(Ci)

$$1\ 居里 = 3.7 \times 10^{10} 个衰变/s$$

较小的单位为毫居里(mCi)和微居里(μCi)。三者的关系为

$$1Ci = 10^3 mCi = 10^6 \mu Ci$$

注意,这个单位并未说出衰变的性质,即属于何种衰变。此外,该单位仅适用于来自放射性核的电离辐射。

例 24.5 求 1 毫克^{239}Pu 的活度。

解 由表 24.1 得 Pu 的半衰期为 24100 年。代入式(24.7)得 Pu 的衰变常量为

$$\lambda = \frac{\ln 2}{t_{1/2}} = 9.12 \times 10^{-13} s^{-1}$$

1 毫克^{239}Pu 所含的 Pu 核的个数为

$$N = \frac{1 \times 10^{-3}}{239} \times 6.02 \times 10^{23} = 2.52 \times 10^{18}$$

由于^{239}Pu 的半衰期非常长,故在短时期内 N 可视为常数。将 λ 和 N 之值代入式(24.14),得活度

$$A = \lambda N = 2.3 \times 10^6 \ 个/s = 62 \mu Ci$$

注意,从 62μCi 看不出 Pu 是 α 发射体。

2.曝光量

这是描述 X 射线或 γ 射线在特定物质中产生离子对能力的量。它的单位是伦琴(R)。1 伦琴等于在 1 克处于标准状态的干燥空气中产生 1.6×10^{12} 对离子的曝光量。

3.吸收剂量是指传递给某一客体(如人体或人体的部分)的能量的多少。它的单位是拉德(rad),1 拉德等于每 1kg 客体吸收了 10^{-2}J 的能量,即

$$1 \text{ 拉德} = 10^{-2}\text{J/kg} = 10^{-5}\text{J/g}$$

4.等效剂量

由于同样剂量的不同辐射在生物组织中产生的效果差别很大,所以人们引入了一种加权的吸收剂量,称为等效剂量,来比较不同辐射对生命系统的影响。等效剂量等于吸收剂量乘以品质因数(QF)。品质因数取决于入射辐射的种类,如对于 X 射线和电子,QF=1,对于中子,QF=5,等等。

等效剂量的单位为雷姆(rem)。当吸收剂量与品质因数之积等于 10^{-2}J/kg 时,其等效剂量为 1rem。

§24.3　裂变

如前所述,导致卢瑟福发现原子核的实验是以 α 粒子撞击作为靶子的原子核。碰撞的结果仍然是 α 粒子和原来的原子核,只是前者的运动方向有了可观测的改变。这种的过程称为散射。但也有这样的过程:以一种粒子撞击原子核,结果得到不同的粒子和另一种原子核。这种过程称为核反应。以 a 和 X 表示入射粒子和靶核,b 和 Y 表示出射粒子和新核,则核反应的一般形式可写为

$$X + a \rightarrow Y + b$$

例如,卢瑟福曾以 α 粒子撞击 ^{14}N 核,结果得到质子和 ^{17}O 核。这

个过程可写为

$$\alpha + {}^{14}_{7}N \rightarrow p + {}^{17}_{8}O$$

它是第一个用人工方法实现的核反应。

本节和下一节将讨论两类重要的核反应,即裂变和聚变。

一、裂变的发现

1939 年,德国化学家哈恩(O. Hahn)和施特拉斯曼(F. Strassmann)以热中子轰击铀,发现被轰击的铀中出现若干新的放射性元素,其中一种元素在化学性质上与钡非常相像。经过反复试验,他们终于确信,这种新元素就是钡。但令他们感到奇怪的是,为什么用中子轰击重核铀会产生中等质量的核?不久之后,这个疑谜被物理学家迈特纳(L. Meitner)和弗里什(O. Frisch)破解。他们证明,铀原子核吸收中子后会分裂为两个质量可相比拟的碎片,其中一个碎片可以是钡。因此,他们将这种过程命名为核裂变。

二、裂变过程

原子核受到中子撞击,并不立即发生分裂,而是先将其吸收形成复合核,然后再发生裂变。例如,热中子引起的 ${}^{235}U$ 的裂变可写为

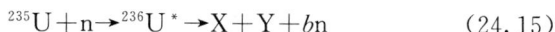

$$^{235}U + n \rightarrow {}^{236}U^* \rightarrow X + Y + bn \tag{24.15}$$

式中 ${}^{236}U^*$ 是复合核,X 和 Y 代表裂变生成的碎片,b 是裂变时放出的中子数。

实际的裂变过程比式(24.15)还要复杂。复合核首先分裂成两个初级碎片。初级碎片所含的中子数与质子数之比与 ${}^{236}U^*$ 中的相同,约为 1.6。因为这个比值高于中等质量($75 < A < 150$)稳定核的中子-质子数比(1.2—1.4),所以初级碎片会立即蒸发掉数个中子。剩下的碎片才是式(24.15)中的 X 和 Y。

裂变过程的一个重要特征是裂变产物(X,Y)具有多种组合方式。例如,${}^{235}U$ 裂变产生的两个碎片可以是(Ba,Kr),也可以是(Xe,Sr),等等。组合总数多达 60 余种。此外,不同的裂变产物(X,Y)出现

的概率各不相同。图 24.4 给出了 $^{236}U^*$ 裂变产物的相对产额按质量数的分布情况。由图可见，两个碎片质量相等的事件很少，仅占总数的 0.01%；碎片质量数为 $A=145$ 和 $A=95$ 的事件最有可能发生，约占事件总数的 7%。对于不同的裂变产物，释放的中子数 b 也不同。例如，对于 (Ba,Kr)，$b=3$；对于 (Xe,Sr)，$b=2$。平均说来，b 约等于 2.47。

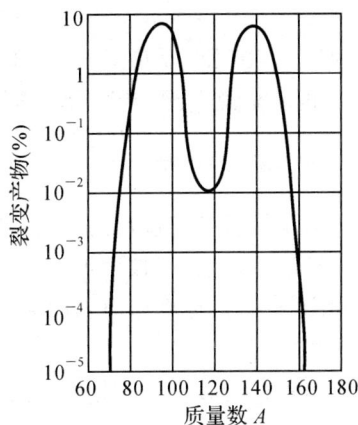

图 24.4　裂变产物的相对产额与质量数的关系曲线

碎片 X 和 Y 仍含过多的中子，因而是不稳定的，还需要经过一系列的 β 衰变才能变为稳定的核。例如 $^{236}U^*$ 裂变生成的碎片 Ba 和 Kr 是不稳定的，会按以下方式继续衰变：

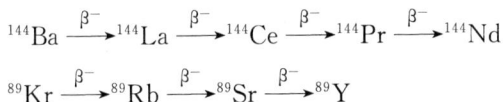

$$^{144}Ba \xrightarrow{\beta^-} {}^{144}La \xrightarrow{\beta^-} {}^{144}Ce \xrightarrow{\beta^-} {}^{144}Pr \xrightarrow{\beta^-} {}^{144}Nd$$

$$^{89}Kr \xrightarrow{\beta^-} {}^{89}Rb \xrightarrow{\beta^-} {}^{89}Sr \xrightarrow{\beta^-} {}^{89}Y$$

最后变为稳定的核钕 ^{144}Nd 和钇 ^{89}Y。箭头上方的 β^- 表示 β 衰变的方式。

裂变过程的另一特征是，对于不同的重核，同样的中子引发裂变的可能性差别巨大。例如，热中子很容易引起 ^{235}U 的裂变，但几乎不引起 ^{238}U 的裂变。

最后讨论裂变过程放出的能量，即衰变能。由定义知，衰变能等于发生裂变的核与中子的总静能量减去裂变产物的总静能量。它远大于在化学过程中放出的能量。为了说明这点，我们来估计一个裂变事件的衰变能。由§1 图 23.2 的结合能曲线可知，在 $A=236$ 附近的平均结合能为 7.6MeV。每个碎片的平均质量数为 $A=118$，对应的平均结合能为 8.5MeV。因此，衰变能为

$$Q = 8.5 \times 118 \times 2 - 7.6 \times 236 = 212 \text{(MeV)}$$

作为比较,在化学反应 $C + O_2 \rightarrow CO_2$ 中每个碳原子放出的能量为 4.1 eV。也就是说,衰变能约为化学能的 10^8 倍。

三、裂变的机制

为了解释裂变过程的主要特征,玻尔和惠勒(J. Wheeler)发展了液滴模型,即将原子核设想为带电的球形液滴,在其上作用着表面张力和库仑斥力。库仑斥力趋向使核的变形扩大,而表面张力则力图使核恢复球形。

当重核吸收了一个热中子后,中子的结合能(即把中子从核内移出所需做的功)就转化为重核内部的激发能。于是,重核像液滴那样地振荡起来。如果重核吸收的激发能很小,核的振荡和变形都不大。在以 γ 射线形式释放出激发能后,核就恢复为原来的形状。如果重核吸收的激发能很大,振荡就非常剧烈,在振荡中重核甚至会变成哑铃形,即由较细的颈部相连的两个球体。这时如果条件适合,两个球体之间的库仑斥力会将颈部拉长拉细,直至最终断裂。这就是裂变过程。此外,由于颈部两端的球体大小可以各不相同,所以裂变的产物有多种组合。

液滴模型虽然定性地解释了裂变过程,但还有一个困难的问题需解决:同样是受到热中子的撞击,为什么有些重核如 ^{235}U 很容易发生裂变,而另一些重核如 ^{238}U 却不能?

玻尔和惠勒也回答了这个问题。为了介绍他们的理论,首先解释一下变形参数(r)。粗略地说,参数 r 是一个特定的长度,描述振荡的核的变形程度。核分裂后,r 等于两碎片中心的距离。利用液滴模型,他们推出了裂变过程的势能与参数 r 的关系,如图 24.5 所示。由图可见,势能曲线是一个势垒。由于存在衰变能 Q,裂变前所需克服的势垒高度为 E_b(见图)。因此,仅当中子提供的激发能大于或略小于 E_b(有合理的隧穿概率)时,裂变才会发生。另一方面,激发能等于中子的结合能(E_n)与动能(E_k)之和。由于热中子的 $E_k \simeq 0$,故激发能近

似等于 E_n。综上所述,得热中子吸收可引发裂变的条件为 $E_n > E_b$ 或 E_n 略小于 E_b。

现在将所得的结果应用于 ^{235}U 和 ^{238}U。对 ^{235}U, $E_n = 6.5\text{MeV}$, $E_b = 5.2\text{MeV}$。由于 $E_n > E_b$, 故 ^{235}U 吸收热中子后会发生裂变。对 ^{238}U, $E_n = 4.8\text{MeV}$, $E_b = 5.7\text{MeV}$, 即 $E_b >$

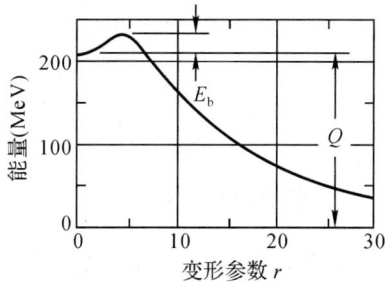

图 24.5　裂变过程的势能曲线

E_n。由于没有足够的能量越过势垒,且隧道效应也不明显,故 ^{238}U 核倾向于通过发射 γ 射线而不是通过衰变抛掉其激发能。但是,如果 ^{238}U 吸收的不是热中子而是快中子($E_k > 1.3\text{MeV}$),结果就不一样。由于在这种情形激发能已超过 E_b,裂变会以合理的概率发生。

势垒的高度 E_b 可利用玻尔和惠勒的理论算得,这里从略。中子的结合能可由已学过的知识求出。下面举一计算 E_n 的例子。

例 24.6　求从基态 ^{236}U 核内移去一个中子所需的能量。已知 ^{235}U 和 ^{236}U 的原子质量分别为

$$m(^{235}\text{U}) = 235.043924\text{u}, m(^{236}\text{U}) = 236.045563\text{u},$$

中子的质量为 $m(\text{n}) = 1.008665\text{u}$。

解　从基态 ^{236}U 核内移去一个中子后,系统质量的增量为

$$\Delta m = m(^{235}\text{U}) + m(\text{n}) - m(^{236}\text{U})$$

因此,移去一个中子所消耗的能量为

$$E_n = \Delta m c^2 = 6.545(\text{MeV})$$

按定义,这个能量就是 ^{236}U 核的中子的结合能。

§24.4 聚变

一、聚变和热核聚变

两个轻核相撞并结合为一个较重的核,这种过程称为聚变过程或简称聚变。由图 24.2 可见,平均结合能曲线在低 A 端是上升的,即随 A 的增大而增大。因此,聚变过程会放出大量的能量。不过,这并不意味着两个轻核相遇一定会发生聚变,因为在它们之间不仅存在核力,而且还存在库仑斥力。只有当两个轻核的动能足够大时,轻核才能克服库仑斥力,接近到核力起作用的距离,从而发生聚变。也就是说,同裂变的情形相似,聚变也可视为势垒的穿透。不同的是:在裂变的情形,两个碎片是从共有的势垒内部穿出势垒,而在聚变的情形,两个轻核是从共有的势垒外部穿入势垒。

接着我们来估计一下两个轻核之间的库仑势垒的高度。考虑到氘核-氘核过程在热核聚变中的重要性,我们以两个氘核为例。设想氘核是带有单位电荷(e)半径 $R = 2.1 \times 10^{-15}$m 的小球,则氘核系统的静电能为 $\dfrac{1}{4\pi\varepsilon_0}\dfrac{e^2}{r}$,这里 r 是两氘核中心的距离。假定在两氘核接触时($r = 2R$),它们的动能($2K$)全部转化为静电能,则有

$$2K = \frac{e^2}{4\pi\varepsilon_0 2R}$$

求解上式,得每个氘核的动能为 $K \simeq 200\text{keV}$。此值就是两个氘核之间的势垒高度。当两个或其中一个轻核带有更多的电荷时,轻核之间的库仑势垒还要高些。

由势垒高度的估计可知,为了产生聚变,必须加速轻核,使之获得足够的动能,以克服轻核之间的库仑势垒。加速轻核的办法有两种:

（1）用加速器加速轻核，然后使之射向作为靶子的轻核。利用这种办法固然可以产生聚变，但不能从其中获得有用的能量。

（2）加热燃料到足够高的温度，使燃料粒子仅凭自身的热运动即可穿透库仑势垒。这种办法被人们寄予厚望，因为利用它可在大块物质中产生可控聚变。在高温下进行的聚变称为热核聚变。

现在估计一下氘核发生热核聚变所需的温度（称为聚变温度）。由 §7.5 知，当温度为 T 时，粒子的平均动能为 $\frac{3}{2}kT$。为使热核聚变能够发生，平均动能应当等于库仑势垒的高度（200keV）。由此算得聚变温度 $T = 1.5 \times 10^9$ K，比太阳中心的温度（1.5×10^7 K）还高得多。显然，这个估计过于粗糙，因为它没有考虑到以下两个因素：

（1）粒子动能的统计性。即粒子的动能并不都等于平均动能。位于麦氏分布曲线高能尾部的粒子，其动能可远大于平均动能。

（2）量子效应。纵使粒子的动能达不到势垒的高度，它还有一定的概率通过隧道效应穿透势垒。

如果计及以上两点，理论估计的聚变温度可降为 10^8 K。当然，这仍然是非常高的温度。

二、太阳的能源

太阳每年都向其周围空间辐射出巨大的能量（1.2×10^{34} J）。这些能量从何而来呢？19 世纪的科学家曾作过两种猜测。

一种猜测认为来自化学反应，如煤的燃烧。太阳的质量为 2×10^{30} kg。如果这个质量是由碳和氧以符合完全燃烧的比例混合而成，则太阳的辐射仅能维持约 1500 年。这个数值比有文字记载的人类历史还短，显然是荒谬的。

另一种猜测认为来自引力势能。假定太阳是一团球形气体，在太阳系形成初期，其半径可视为无穷大。当太阳在引力的作用下收缩到现今的半径（$R = 7.0 \times 10^8$ m）时，由引力势能转化而来的能量为（已略去势能表达式中的数值系数）

$$G \frac{M^2}{R} = 3.81 \times 10^{41} \text{J}$$

式中 M 是太阳的质量。这个能量可以维持太阳辐射约 3.2×10^7 年。同太阳系的年龄(4.5×10^9 年)相比,此值仍然小了两个量级。

总之,19 世纪科学家的猜测均与事实矛盾并且被抛弃了。原因是当时的物理学水平还不能为这个问题的解决提供必要的基础。随着核物理的诞生和发展,解决太阳能源问题的时机逐渐成熟。1938年,德国物理学家贝特(H. Bethe)提出,太阳的能量来自下列热核反应:

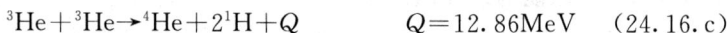

$$(^1\text{H} + {}^1\text{H} \rightarrow {}^2\text{H} + e^+ + \nu + Q) \times 2 \qquad Q = 0.42\text{MeV} \qquad (24.16.\text{a})$$

$$(^2\text{H} + {}^1\text{H} \rightarrow {}^3\text{He} + \gamma + Q) \times 2 \qquad Q = 5.49\text{MeV} \qquad (24.16.\text{b})$$

$$^3\text{He} + {}^3\text{He} \rightarrow {}^4\text{He} + 2{}^1\text{H} + Q \qquad Q = 12.86\text{MeV} \qquad (24.16.\text{c})$$

式中 Q 是反应能,即在反应中释放出的能量。以上三个反应合在一起相当于将四个质子转化为一个 ^{4}He 核的反应,称为质子-质子循环(简称 p-p 循环)。该循环起始于两个质子碰撞形成一个氘核,同时放出一个正电子和一个中微子。这个反应十分稀少。事实上,大约每 10^{26} 次质子-质子碰撞只有一次形成了氘核。在绝大多数情形,相撞的质子只是彼此散射。正因为这个反应进行缓慢,太阳才没有发生爆炸,而是平稳地放出聚变能量。另一方面,由于太阳核心部分(日核)体积巨大,质子密度高,氘核的产生率仍然是很高的,约为 10^{12}kg/s。氘核一旦形成,很快就与另一质子相撞形成 ^{3}He。两个 ^{3}He 核最终会彼此相撞,形成一个 α 粒子和两个质子,从而完成一个 p-p 循环。

稍后,贝特和德国物理学家魏茨塞克(C. F. Weigsäcker)各自独立地提出,太阳内部还存在另一组热核反应—碳-氮-氧循环(或CNO 循环)。在这个循环中有碳、氮和氧的核参与反应,但它们仅仅起催化剂的作用,自身的数量并不改变。总的看来,该循环也是将四个质子合成一个 ^{4}He 核。一般认为,太阳能量的 98% 来自 p-p 循环,2% 来自 CNO 循环。

现在计算质子－质子循环的总反应能。将式(24.16)的三个反应式相加,得

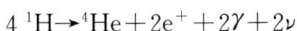

$$4\ ^1\text{H} \rightarrow\ ^4\text{He} + 2\text{e}^+ + 2\gamma + 2\nu$$

在上式两端各加 4e^-,得

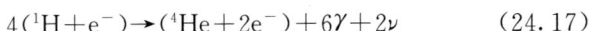

$$4(^1\text{H} + \text{e}^-) \rightarrow (^4\text{He} + 2\text{e}^-) + 6\gamma + 2\nu \qquad (24.17)$$

上式右端的 $2(\text{e}^+ + \text{e}^-)$ 已被 4γ 代替,因为一对正负电子湮灭生成两个光子(γ)。式(24.17)括号中的量分别代表氢原子和氦原子。由定义和能量守恒定律可得反应能等于反应物的总静能量减去生成物的总静能量。因此,总反应能为

$$Q = [4m(^1\text{H}) - m(^4\text{He})]c^2 = 26.7\text{MeV}$$

式中 $m(^1\text{H})$ 和 $m(^4\text{He})$ 分别是氢和氦的原子质量。因为光子和中微子都没有静质量,所以对反应能没有贡献。此外,由于中微子几乎不与物质发生作用,在全部反应能中有 0.5MeV 被它们直接带离太阳。剩余的部分(26.2MeV)则转化为太阳的内能。

最后,我们来估计一下,到日核中的氢全部用完时,太阳还能以现今的速率辐射多久。日核的质量约为太阳质量的一半,其中 35% 是氢。每四个氢核合成一个氦核会放出 26.2MeV 的能量,即每个氢核放出 $\frac{1}{4} \times 26.2\text{MeV}$ 的能量。因此,日核中的氢全部转化为氦释放出的能量为

$$\left(\frac{2 \times 10^{30} \times 0.5 \times 35\%}{1 \times 10^{-3}} \times 6.02 \times 10^{23} \right) \times \frac{1}{4} \times 26.2 = 1.38 \times 10^{57}(\text{MeV})$$

括号中的量为日核中的氢核数目。回忆起太阳现今的辐射速率为 $1.2 \times 10^{34}\text{J}/$年,可知上述能量可供太阳继续辐射约 1.8×10^{12} 年。

三、可控热核反应

随着世界经济的发展,对能源的需求迅速增长。但可供利用的矿物能源,如石油、煤和铀等却日益减少,而且不能再生。因此,世界各国的科学家都在致力于新能源的开发。新能源的一个重要候选者便

是可控热核反应。所谓可控是指这种热核反应与氢弹的爆炸不同,是在人工控制的速率下平稳地进行的。实现可控、自持的热核聚变的装置称为热核反应堆。

首先讨论热核反应堆应采用何种热核反应。显然,不能采用氢—氢反应,因为该反应进行缓慢,在地面条件下无法实现。最有希望被采用的反应是氘—氘反应和氘—氚反应:

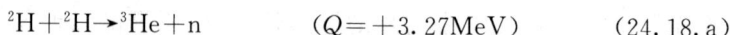

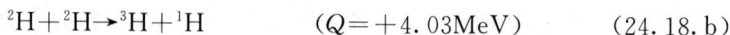

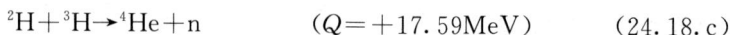

$$^2H + {}^2H \rightarrow {}^3He + n \qquad (Q = +3.27\text{MeV}) \qquad (24.18.a)$$

$$^2H + {}^2H \rightarrow {}^3H + {}^1H \qquad (Q = +4.03\text{MeV}) \qquad (24.18.b)$$

$$^2H + {}^3H \rightarrow {}^4He + n \qquad (Q = +17.59\text{MeV}) \qquad (24.18.c)$$

式中 ^3H 是氚核,即 $A=3$ 的氢核。氘的原料是重水,可从海水中提取。重水占海水总重量的 $\frac{1}{6700}$,可认为是取之不尽的。氚在自然界中并不存在,但可通过中子与 ^6Li 的反应获得。^6Li 是锂的同位素,由于消耗量少,相对说来也十分丰富。

接着,讨论使热核反应堆成功运转所必须满足的基本条件。它们是:

(1)极高的温度 T。如对于氘—氘反应,需要有 10^8K 以上的温度。否则,两个相撞的氘核就不能发生聚变反应。由于温度极高,气态氘完全电离,成为由氘核和电子组成的等离子体。

(2)高粒子密度 n。相互作用的粒子如氘核的密度必须很大,以保证有足够高的氘核—氘核碰撞频率。

(3)较长的约束时间 τ。也就是说,等离子体的高温高密度状态必须保持足够长的时间。

此外,粒子的密度和约束时间还必须满足以下关系式

$$n\tau > C \qquad (24.19)$$

式中 C 是与温度 T 和反应种类有关的量。对于氘—氘反应,$T = 10^8K$ 时 C 的量级为 $10^{20}s/m^3$。式(24.19)称为劳森(Lawson)判据。粗略地说,它意味着约束的粒子多些,约束时间就可短些,约束的粒子少些,约束时间就要长些。

最后,我们讨论如何约束炽热的等离子体。固体容器显然不行,因为它们不能承受 10^8 K 的高温。因此,必须采用特殊的技术手段。在地面上有望实现的技术手段目前有两个:

(1)磁约束。因为等离子体是由荷电粒子所组成,所以粒子的运动可用磁场来控制。例如,在均匀磁场中,荷电粒子只能沿以磁场方向为轴的螺旋线运动。磁场越强,螺旋线的半径就越小。利用磁场来约束等离子体,称为磁约束。

(2)惯性约束。按照劳森判据,粒子的密度越高,约束时间就可越短。因此,可将约束时间设计得如此之短,以致等离子体中的粒子在完成聚变时还没有明显偏离聚变开始时的位置。利用粒子自身的惯性来约束等离子体,称为惯性约束。

经过约半个世纪的艰苦努力,科学家们现在已接近或达到劳森判据的要求。相信在不久的将来即可实现点火(即自持的热核反应)。但是,实现聚变发电可能还要再等待几十年。

§24.5 粒子的分类和守恒定律

从远古时代起,人们就想知道物质是由什么构成的。一些古代民族如中国和希腊对这个问题的回答仅仅是种种猜测。化学的诞生是人类科学地认识物质结构的开始,那时将原子当成是构成物质的最小单元。到 19 世纪末 20 世纪初,由于电磁学的发展,人们开始认真地用实验来研究原子的结构。重要的事件有汤姆孙发现电子、卢瑟福提出原子的有核模型等。到 20 世纪 30 年代初,已被发现的基本粒子有三种,即电子、质子和中子。此外光子也被认为是基本粒子的一种。虽然正电子也在 1932 年被发现,但它不是物质的组分。从 20 世纪 30 年代中期起,又有一系列粒子被发现,如 1936 年安德森(C. E.

Anderson)[①]发现 μ^- 子,1947 年鲍威尔(C. F. Powell)[②]发现 π 介子,罗切斯特(G. D. Rochester)和巴特勒(C. C. Butler)发现奇异粒子(Λ 和 Σ),1953 年雷因斯(F. Reines)和科温(C. L. Cowan)探测到反中微子等等。到目前为止基本粒子家族的成员已达到数百种之多。下面我们要对粒子的性质和结构作一个简要的介绍。

一、粒子的分类

由于粒子的种类众多,为了理出头绪,并从中找出规律性,我们需要对粒子进行分类。分类的依据有两个,一是粒子所参与的相互作用,二是粒子的自旋。自然界中的相互作用有四种,即强力、电磁力、弱力和引力。它们的性质总结于表 24.2。该表中的特征时间是指由某种力引起的粒子衰变的平均时间。由相对强度可以看出,引力在微观世界是微不足道的,完全可以忽略。自旋即粒子自身的角动量,它可以是 $\hbar$ 的整数倍或半奇整数倍。根据以上两种性质,我们可以将粒子分为四类:

表 24.2 四种基本力

类型	作用范围	相对强度	特征时间
强力	10^{-15}m	1	10^{-23}s
电磁力	∞	10^{-2}	$10^{-14} \sim 10^{-20}$s
弱力	$\ll 10^{-15}$m	10^{-7}	$10^{-8} \sim 10^{-13}$s
引力	∞	10^{-38}	若干年

① 安德森(C. E. Anderson,公元 1905—1991 年),瑞典物理学家。1927 年安德森在美国加州理工学院获博士学位,此后一直在母校任教,后任物理、数学和天文学部主任。安德森于 1932 年发现正电子,并因此于 1936 年获诺贝尔物理学奖。获奖次年他又发现了 μ^- 子。此后他一直从事宇宙线的研究。

② 鲍威尔(C. E. Powell,公元 1903—1969 年),英国物理学家。鲍威尔在卡文迪许实验室当研究生期间致力于摄取原子核过程的照相法的研究,并取得初步成功。后去布里斯托大学工作。1947 年,他利用升入高空的气球观测到 π 介子。由于开发了研究原子核过程的照相法和发现了 π 介子,他于 1950 年获得了诺贝尔物理学奖。

1. 轻子

轻子具有 $\frac{1}{2}$ 自旋,只参与电磁和弱相互作用。轻子是基本粒子,它没有内部结构。我们最熟悉的轻子是电子(e^-)和电子中微子(ν_e)。此外还有(μ^-,ν_μ)和(τ^-,ν_τ),它们的性质与(e^-,ν_e)完全相同,只是 μ^- 子和 τ^- 子的质量要比电子大得多。轻子的基本性质如表 24.3 所示。

表 24.3　轻子

粒子	电荷(e)	自旋($\hbar$)	静质量(MeV)	平均寿命(s)
e^-	-1	$\frac{1}{2}$	0.511	∞
ν_e	0	$\frac{1}{2}$	$<7\text{eV}$	∞
μ^-	-1	$\frac{1}{2}$	105.7	2.2×10^{-6}
ν_μ	0	$\frac{1}{2}$	<0.27	∞
τ^-	-1	$\frac{1}{2}$	1777	3.0×10^{-13}
ν_τ	0	$\frac{1}{2}$	<31	∞

电子是稳定粒子。μ^- 子和 τ^- 子会按以下方式衰变为其他轻子

$$\mu^- \rightarrow e^- + \tilde{\nu}_e + \nu_\mu$$

$$\tau^- \rightarrow \mu^- + \tilde{\nu}_\mu + \nu_\tau$$

这两个衰变都是由弱相互作用引起的。这可以从衰变产物中存在中微子看出,或者从 μ^- 和 τ^- 的平均寿命看出(见表 24.3)。

2. 介子

介子具有整数自旋,参与强相互作用。表 24.4 列出了部分介子的名称及其性质。一般说来,介子是通过强相互作用产生的,可以通过强、电磁或弱相互作用衰变为其他介子或轻子。例如,π 介子可以在以下反应中产生

表 24.4　部分介子及其性质

粒子	电荷(e)	自旋($\hbar$)	奇异数	质量(MeV)	平均寿命(s)
π^+	1	0	0	140	2.4×10^{-8}
π°	0	0	0	135	8.4×10^{-17}
K^+	1	0	1	494	1.2×10^{-8}
K°	0	0	1	498	0.9×10^{-10}
η	0	0	0	549	8.0×10^{-19}
η'	0	0	0	958	2.2×10^{-21}
Ψ	0	1	0	3097	1.0×10^{-20}
Υ	0	1	0	9460	1.3×10^{-20}

$$p + n \rightarrow p + p + \pi^-$$

或

$$p + n \rightarrow p + n + \pi^\circ$$

式中的 p 和 n 分别表示质子和中子。π 介子可以按以下方式衰变

$$\pi^- \rightarrow \mu^- + \tilde{\nu}_\mu$$

$$\pi^\circ \rightarrow \gamma + \gamma$$

第一个衰变是由弱相互作用引起的(衰变产物中含有中微子)。第二个衰变是由电磁相互作用引起的,这可从衰变产物中存在光子(γ)和 π° 的平均寿命看出。

3. 重子

重子具有半奇整数自旋,参与强相互作用。部分重子的名称及其性质列于表 24.5。我们最熟悉的重子是质子和中子,两者统称核子。比核子更重的重子可以通过核子之间的反应产生。例如

$$p + p \rightarrow p + \Lambda^\circ + K^+$$

式中的 Λ° 是重子,它可以按以下方式衰变

$$\Lambda^\circ \rightarrow p + \pi^-$$

Λ° 的平均寿命为 2.6×10^{-10}s。因此这个衰变是由弱相互作用引起的。

表 24.5　部分重子及其性质

粒子	电荷(e)	自旋($\hbar$)	奇异数	质量(MeV)	平均寿命(s)
p	1	$\frac{1}{2}$	0	938	∞
n	0	$\frac{1}{2}$	0	940	889
Λ°	0	$\frac{1}{2}$	-1	1116	2.6×10^{-10}
Σ^+	1	$\frac{1}{2}$	-1	1189	0.8×10^{-10}
Σ°	0	$\frac{1}{2}$	-1	1192	5.8×10^{-20}
Σ^-	-1	$\frac{1}{2}$	-1	1197	1.5×10^{-10}
Ξ°	0	$\frac{1}{2}$	-2	1315	2.9×10^{-10}
Ξ^-	-1	$\frac{1}{2}$	-2	1321	1.6×10^{-10}

4.场粒子

按照量子电动力学的观点,带电粒子之间的电磁相互作用是由光子来传递的,或者说,光子是电磁力的携带者。依此类推,弱力和强力也应当是由粒子来传递的。这些粒子(包括光子)统称为**场粒子**。传递弱相互作用的粒子称为 w$^\pm$ 和 z$^\circ$,发现于 1983 年。它们的自旋均为 1,电荷分别为 ± 1 和 0,静质量分别为 80.2GeV 和 91.2GeV。传递强相互作用的粒子称为**胶子**。理论上预言胶子不带电荷、没有质量,自旋为 1。目前已有胶子存在的间接证据,但还没有找到直接的证据。

最后要指出,每一种粒子都有对应的反粒子。反粒子具有与粒子相同的自旋、质量和寿命,但它们的电磁性质如电荷和磁矩则相反。π$^\circ$ 和 η介子、光子、z$^\circ$ 和胶子都是自身的反粒子。

例 24.7　求相邻质子之间的弱力力程。假定传递弱力的场粒子是 z$^\circ$玻色子。

解　以 m_z 记 z$^\circ$玻色子的静质量。为使质子的静能量有一大小为 $\Delta E = m_z c^2$ 的不确定量,观测的时间间隔按式(20.5)至多为

$$\Delta t = \frac{h}{4\pi\Delta E} = \frac{h}{4\pi m_z c^2}$$

当时间间隔小于 Δt 时,质子可以发射或吸收一个 z$^\circ$玻色子,而且不

会让我们观测到能量守恒的破坏。

由于速度的最大值为光速，z° 玻色子在时间间隔 Δt 内走过的最大距离为

$$d = c\Delta t = \frac{h}{4\pi m_z c} = 1.1 \times 10^{-18} \text{m}$$

这个距离确定了弱力的力程。

二、守恒定律

在前面的章节中，我们学过了下列守恒定律

(1)能量守恒

(2)动量守恒

(3)角动量守恒

(4)电荷守恒

这些定律排除了一些在实验上观测不到的过程，如电子的衰变，$\mu^+ \rightarrow \pi^+ + \bar{\nu}_\mu$，等等。尽管如此，基本粒子过程乍看起来仍然如一团乱麻，无章可循。大量的过程从理论上看似乎都有可能发生，但在实验上却从来没有被观测到。为了从表面的混乱中找出隐藏的秩序，物理学家进行了不懈的努力。结果发现了若干新的守恒定律。这些定律是

(5)轻子数守恒

(6)重子数守恒

(7)同位旋守恒

(8)奇异数守恒

(9)宇称守恒

它们类似于电荷守恒，但不同于前三个守恒定律。下面简短地介绍一下这些定律。

1. 轻子数守恒

我们在讨论 β 衰变时曾提及，为了解决在二体 β 衰变理论中遇到的困难，泡利假设在衰变产物中还有中微子。但在实验(β 衰变)上

只观测到电子反中微子,既未观测到中微子,也未观测到其他反中微子。这些观测结果导致人们提出了轻子数守恒定律。

首先赋予各种粒子以轻子数。六种轻子的轻子数如表 24.6 所示。反轻子的轻子数与正轻子反号。所有其他粒子的轻子数均为零。有了轻子数的概念,轻子数守恒定律可表述如下:

表 24.6

粒　　子	电子轻子数 L_e	μ 子轻子数 L_μ	τ 子轻子数 L_τ
e ν_e	1	0	0
μ ν_μ	0	1	0
τ ν_τ	0	0	1

在任何过程中,三种轻子数必须分别保持不变。

轻子数守恒是严格成立的。

例 24.8 利用轻子数守恒定律分析 μ 子的衰变。

解 μ 子的衰变方式和每个粒子的轻子数如下式所示

$$\mu^- \longrightarrow e^- + \bar{\nu}_e + \nu_\mu$$

$$L_e: \quad 0 \quad +1 \quad -1 \quad 0$$

$$L_\mu: +1 \quad 0 \quad 0 \quad +1$$

由于衰变式左右两端均有 $L_e=0$ 和 $L_\mu=1$,该过程是轻子数守恒的,因而实际上可能发生。这个定律还可帮助我们理解,为什么在衰变产物中只出现电子反中微子和 μ 子中微子,而不出现其他中微子或反中微子。

2. 重子数守恒

在重子的情形也有类似的守恒定律。我们赋予每种重子(如质子和中子)以重子数 $B=+1$,每种反重子(如反质子)以重子数 $B=-1$。于是,重子数守恒可表示为

在任何过程中,总重子数必须守恒。

到目前为止还没有观测到重子数守恒的破坏。考虑下面的反应

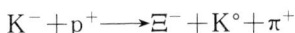

$$K^- + p^+ \longrightarrow \Xi^- + K^\circ + \pi^+$$

$$B：\quad 0 \qquad +1 \qquad +1 \qquad 0 \qquad 0$$

由于反应式左右两端的总重子数均为 1,该反应是重子数守恒所允许的。

3. 同位旋

从表 24.4 和表 24.5 可以看出,有些粒子(如质子和中子)具有非常接近的质量,且在强相互作用中表现相似。这提示我们可以把这些粒子合并为一组,称为**多重态**。我们赋予每一个多重态一个量子数 I,称为同位旋。同位旋为 I 的多重态包含 $2I+1$ 个粒子。例如,质子和中子组成的多重态包含两个粒子,因此它的同位旋是 $\dfrac{1}{2}$。

同位旋 I 与角动量 J 有很多相似之处。J 在真实空间中有 $2J+1$ 个取向,每个取向用 J 的 z 分量 J_z 来表征。同样地,我们可以设想一个同位旋空间,I 在这个空间中有 $2I+1$ 个取向,每个取向用 I 的 z 分量 I_z 来表征。I_z 的取值范围为 $I,I-1,\cdots,-I$。多重态中的粒子可以按电荷从大到小的顺序与 I_z 对应起来。例如,质子的 $I_z=\dfrac{1}{2}$,中子的 $I_z=-\dfrac{1}{2}$。介子和重子的同位旋如表 24.7 和表 24.8 所示。

表 24.7　介子的同位旋和奇异数

粒子	I	I_z	S
π^+	1	1	0
π°	1	0	0
π^-	1	-1	0
K^+	$\dfrac{1}{2}$	$\dfrac{1}{2}$	1
K°	$\dfrac{1}{2}$	$-\dfrac{1}{2}$	1
η°	0	0	0

表 24.8　重子的同位旋和奇异数

粒子	I	I_z	S
p	$\frac{1}{2}$	$\frac{1}{2}$	0
n	$\frac{1}{2}$	$-\frac{1}{2}$	0
Λ°	0	0	-1
Σ^+	1	1	-1
Σ°	1	0	-1
Σ^-	1	-1	-1
Ξ°	$\frac{1}{2}$	$\frac{1}{2}$	-2
Ξ^-	$\frac{1}{2}$	$-\frac{1}{2}$	-2
Ω^-	0	0	-3

与角动量一样,粒子系统的同位旋也按矢量法则相加。例如,考虑系统 $\pi^+ + p$。π^+ 和质子的同位旋分别为 1 和 $\frac{1}{2}$。因此,总同位旋可以是 $\frac{3}{2}$ 或 $\frac{1}{2}$。但由于总同位旋在 z 轴方向的分量为 $1 + \frac{1}{2} = \frac{3}{2}$,所以该系统的总同位旋必定为 $\frac{3}{2}$。

实验发现,在强相互作用中总同位旋是守恒的。在电磁相互作用中,总同位旋不守恒,但它的 z 分量是守恒的。

4. 奇异数

奇异数与奇异粒子的发现相联系。在 20 世纪 50 年代初,K、Σ 和 Ξ 等粒子相继发现。由于它们的行为反常,所以被称为奇异粒子。一方面,这些粒子具有较长的寿命($10^{-8} \sim 10^{-10} s$),说明它们是通过弱作用而不是通过强或电磁相互作用衰变的。另一方面,它们很容易在 π 介子与核子的高能碰撞中产生,说明它们也参与强相互作用。参与强相互作用与具有较长的寿命似乎矛盾。为了解释这一点,人们提出了一种新的量子数——奇异数(S),并假定奇异数在强和电磁作用过程中是守恒的,而在弱作用过程中是不守恒的。强子(重子和介子的总称)的奇异数如表24.7和表24.8所示。反粒子的奇异数与正粒子反号。

现在我们来看如何用奇异数来解释奇异粒子的反常行为。考虑粒子Ξ^-。Ξ^-不能通过强作用衰变为(比如说)n和π^-,因为衰变产物的总奇异数为0,而Ξ^-的奇异数是-2。但是Ξ可以通过以下方式发生衰变

$$\Xi \rightarrow \Lambda^\circ + \pi^-$$

因为这个过程是由弱作用引起的,奇异数可以不守恒。

5. 宇称

宇称(P)是与左右对称相联系的守恒量。强相互作用不能区分左和右,因此在强作用过程中宇称是守恒的。我们赋予每一个强子以一定的内禀宇称值:$+1$或-1,并常常将自旋(J)和宇称合并写为J^P。如对于质子$J^P = \frac{1}{2}^+$。在弱相互作用的情形,左和右是可以区分的,因此宇称不守恒。

§24.6 强子的结构和夸克模型

由上一节的粒子分类可以看出,轻子的种类很少,可以看成是基本粒子。但强子的种类仍然很多。事实上,到20世纪60年代初,已经发现的强子就多达80余种。这就使人怀疑强子本身也有结构,即强子是由更基本的粒子组成的。

为了找出强子的结构,我们先对强子作一下分类。我们分类的依据是同位旋和奇异数。取同位旋为横轴,以奇异数为纵轴作一坐标系,并将自旋0^-介子和自旋$\frac{1}{2}^+$重子标于其上。于是就得到如图24.6所示的图形。我们看到,无论是介子还是重子,其排列都表现出很强的规律性,即当自旋和宇称固定后,具有不同的(I_z, S)组合的粒子数目是有限的,并排列成一个有规则的多边形。我们将每一图形中的所

有粒子归为一类(图 24.6(a)中的 η′ 除外,它自身构成一类)。这种分类方法称为八重法。利用这种方法,当时已知的所有强子都被标在了 I_z-S 图上,而有些空缺位置则被认为是尚未发现的粒子。后来,这些空缺位置的粒子被一一发现,这标志着八重法的极大成功。

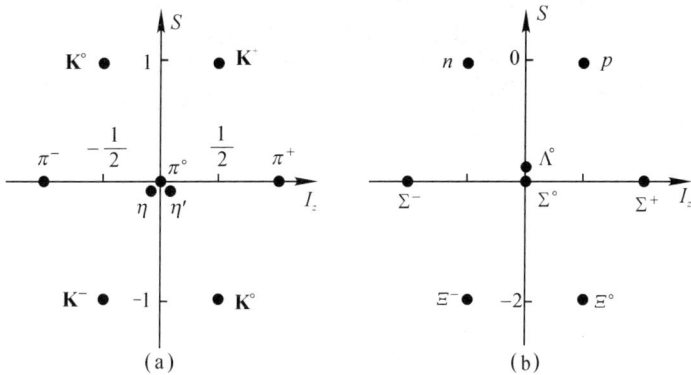

图 24.6　0^- 介子超多重态和 $\frac{1}{2}^+$ 重子超多重态

为了解释由八重法揭示的强子的规律性,盖尔曼(M. Gell-mann)[①] 和茨威格(G. Zweig)各自独立地提出了一种假说,即认为强子是由三种更基本的粒子组成的。盖尔曼称这三种基本粒子为**夸克**,它们的基本性质被列于表 24.9 的前三行。

现在,我们以自旋 0^- 介子为例说明强子是如何由夸克构成的。按照夸克模型,介子是由夸克和反夸克构成的。由三种夸克和对应的反夸克可以得到九种组合

$$u\bar{u} \quad u\bar{d} \quad u\bar{s} \quad d\bar{d} \quad d\bar{s} \quad d\bar{u} \quad s\bar{u} \quad s\bar{d} \quad s\bar{s}$$

每一种组合都可以有两种总自旋,即 1 和 0。我们取自旋为 0 的组合,因为我们考虑的是自旋 0 介子。以下再考虑其他性质。以 $u\bar{d}$ 为

---

①　盖尔曼(M. Gell-Mann,公元 1929 年—　　),美国物理学家。他的主要成就有提出盖尔曼-骆重整化群方程,费曼-盖尔曼弱相互作用理论,夸克模型,流代数等。由于在基本粒子及其相互作用的分类方面的贡献,他于 1969 年获得了诺贝尔物理学奖。

例,它的总电荷为1,重子数和奇异数均为0,因此可以将 u$\bar{\text{d}}$ 与 π$^+$ 等同起来。同样地,我们可以将其余的八种组合与其余的自旋 0$^-$ 介子等同起来。这样,我们就完成了由夸克构造自旋 0$^-$ 介子的任务。用同样的方法,我们可以由夸克构造出重子。需要注意的是重子是由三个夸克而不是由夸克、反夸克构成的。

表 24.9 6种夸克及其性质

夸克	电荷(e)	自旋($\hbar$)	重子数	奇异数
u	$\frac{2}{3}$	$\frac{1}{2}$	$\frac{1}{3}$	0
d	$-\frac{1}{3}$	$\frac{1}{2}$	$\frac{1}{3}$	0
s	$-\frac{1}{3}$	$\frac{1}{2}$	$\frac{1}{3}$	-1
c	$\frac{2}{3}$	$\frac{1}{2}$	$\frac{1}{3}$	0
b	$-\frac{1}{3}$	$\frac{1}{2}$	$\frac{1}{3}$	0
t	$\frac{2}{3}$	$\frac{1}{2}$	$\frac{1}{3}$	0

夸克模型不仅解释了强子的电荷、奇异数和重子数等量子数,利用该模型还能算出强子的许多其他性质,如质量、磁矩、寿命、衰变模式等等。测量结果和计算值的吻合说明夸克模型是十分成功的。

在 1974 年和 1977 年又发现了两种介子,即 J/Ψ 介子和 γ 介子。为了解释这两种介子的特性,人们补充了两种夸克,c 夸克和 b 夸克。最后又发现了第 6 种夸克,即 t 夸克。这些夸克的性质被列于表 24.9 的后三行。现在认为这六种夸克和前面提到的六种轻子是基本的,并可分为三类(称为代):

第一代 $\quad\begin{pmatrix}\nu_e\\e\end{pmatrix}$ 和 $\begin{pmatrix}u\\d\end{pmatrix}$

第二代 $\quad\begin{pmatrix}\nu_\mu\\\mu\end{pmatrix}$ 和 $\begin{pmatrix}c\\s\end{pmatrix}$

第三代 $\quad\begin{pmatrix}\nu_\tau\\\tau\end{pmatrix}$ 和 $\begin{pmatrix}t\\b\end{pmatrix}$。

第一代粒子构成了我们周围的物质世界,第二、第三代粒子只有在高能相互作用中才能被观测到。各代粒子之间存在着惊人的相似性,好像后一代重复了前一代的性质,只是粒子的质量随着代的增加而增加。目前尚不清楚基本粒子一共有几代,各代粒子的性质为什么如此相似。

关于夸克模型,还存在两个问题。一个问题是为什么找不到自由夸克。我们知道,所有的夸克都具有分数电荷,但迄今为止还没有观测到具有分数电荷的粒子。对于这一事实目前有不同的解释。一种观点认为现有的加速器的能量还不够大,不足以从核子中打出夸克。另一种观点认为夸克只能存在于束缚态中,不能以自由夸克的形式出现。这就是所谓的夸克禁闭。

另一个问题是什么力将夸克束缚于强子之中。现在认为夸克是通过交换胶子而产生相互作用的。这种作用的特点是当夸克相距较远时力很大,而当夸克相距很近时作用力几乎等于零。

总之,人类对于基本粒子的认识已经达到了惊人深刻的程度。尽管目前还存在着种种问题(除了上面提到的问题外,还有粒子质量的起源,四种力的统一等问题),但随着科学技术的进步,特别是大型加速器的建造,这些问题终将获得解决。

思考题

24.1　核力和静电力有何区别?

24.2　在人体中质子多于中子?多于电子?试加以说明。

24.3　为什么在分析多数核衰变和核反应时我们使用原子质量,而不使用核质量?

24.4　一给定元素的原子可以有不同的质量,不同的物理特性,但化学性质却完全相同,为什么?

24.5　如何确定中子的质量?

24.6　为什么在低质量数端每核子的平均结合能要低些?在高质量数端呢?

24.7　当你做灯泡寿命试验时,你是否期待它们的"衰变"(即灯丝烧断)是指数式的？灯泡的"衰变"与放射性核素的衰变有何不同？

24.8 中微子和光子尽管具有相同的电荷(0)、质量(0)和速度(光速)，但仍有若干不同之处。试列举之。

24.9 地壳中的放射性元素衰变产生氦，氦最终会进入地球大气。但是，在大气中存在的氦的数量却远小于以衰变方式放出的数量。试解释之。

24.10 在初级裂变碎片的系列衰变中，为什么没有出现 β^+ 衰变？

24.11 日核中的条件是否满足关于自持热核聚变的劳森判据？

24.12 为什么中微子不会在云室或类似探测器中留下径迹？

24.13 为什么说 π^0 介子是自身的反粒子。

24.14 为什么一个静止的电子不会发射单一的 γ 射线光子而自身消失？运动的电子可否？

24.15 两个电子彼此施加斥力的机制是什么？

24.16 哪种粒子是最轻的强相互作用粒子？哪种粒子是最重的不受强作用影响的粒子？

24.17 在四种基本力中，哪几种对下列粒子有影响

(1)电子，(2)中微子，(3)中子，(4)$\pi^\pm$介子。

24.18 强相互作用粒子是否受弱相互作用的影响？

24.19 我们可以利用两种轻子和两种夸克来解释我们周围的"普通"世界。说出它们的名字。

24.20 中性 π 介子的夸克组成是 $u\bar{u}$ 或 $d\bar{d}$，其半衰期只有 8.3×10^{-17}s。另一方面，荷电 π 介子的夸克组成是 $u\bar{d}$ 或 $d\bar{u}$，其半衰期为 2.6×10^{-8}s。利用夸克模型解释为什么中性 π 介子的半衰期比荷电 π 介子的半衰期短得多。

24.21 Δ^+ 重子带有电荷 $+2e$。根据夸克模型，我们能否找到带有电荷 $+2e$ 的介子？带有电荷 $-2e$ 的重子？

习 题

24.1 假定金核的半径为 6.98fm，α 粒子的半径为 1.8fm。为使入射的 α 粒子刚好能碰到静止的金核，α 粒子必须具有多大的动能。

24.2 (1)计算 α 粒子在金原子表面处所受的静电力。假定正电荷均匀地分布在整个原子体积中，略去原子电子的作用。金原子的半径为 0.16nm，α 粒子可视为质点。

(2)假定 α 粒子一直受题(1)算得的静电力的作用,试问从动能为 5.30MeV 变到零,α 粒子将飞过多长的距离?用金原子直径的倍数来表示。

24.3　计算 ^{14}N, ^{88}Rb 和 ^{239}Pu 的核半径

24.4　假设由电子散射方法测得某原子核的半径为 3.6fm,求该核的质量数。

24.5　中子星的密度约等于核物质的密度。假定太阳将坍缩为中子星,且在坍缩过程中质量($2×10^{30}$kg)没有损失,求太阳在那时的半径。

24.6　计算 $^{62}_{28}Ni$ 的每核子平均结合能。^{62}Ni 和氢的原子质量分别为 61.9283u 和 1.007825u,中子的质量为 1.008665u。

24.7　当两个速度很小的中子和质子相遇时,它们会结合成一个氘核,同时放出一个能量为 2.2233MeV 的 γ 光子。质子和氘核的原子质量分别为 1.007825u 和 2.014102u。求中子的质量。

24.8　一种放射性同位素的半衰期为 6.5 小时。如果在某个样本中起初含有 $48×10^{19}$ 个这种同位素的原子,那么经过 26 小时后,还有多少这种原子。

24.9　汞的放射性同位素 ^{197}Hg 会衰变为金 ^{197}Au,衰变常数为 0.0108h^{-1}。

(1)计算 ^{197}Hg 的半衰期。

(2)经过三个半衰期,所剩 ^{197}Hg 为原来数量的几分之几。

24.10　^{223}Ra 会发生 α 衰变,半衰期为 11.43 天。假定在某 ^{223}Ra 样本中最初含有 $4.70×10^{21}$ 个 ^{223}Ra 原子,经过 28 天后会产生多少个氦原子。

24.11　^{238}U 核会放射能量为 4.196MeV 的 α 粒子。计算这一过程的衰变能 Q,要求计及剩余核 ^{234}Th 的反冲能量。α 粒子和 ^{234}Th 的原子质量分别为 4.0026u 和 234.04u。

24.12　在某些情形,原子核可以通过发射比 α 粒子重的粒子而衰变。这样的衰变非常稀少。考虑下列衰变

$$^{223}_{88}Ra \longrightarrow {}^{209}_{82}Pb + {}^{14}_{6}C$$

$$^{223}_{88}Ra \longrightarrow {}^{219}_{86}Rn + {}^{4}He$$

(1)计算这两个衰变的 Q 值,并说明它们在能量上都是可能的。

(2)在第二个衰变中,α 粒子的库仑势垒的高度是 30MeV,试问第一个衰变的势垒高度是多少?有关的原子质量如下:

^{223}Ra　223.018501u,^{14}C　14.003242u,

^{209}Pb　208.981065u,^{4}He　4.002603u,

^{219}Rn 219.009479u。

24.13　放射性核素^{32}P 按下式衰变为^{32}S

$$^{32}P \longrightarrow {}^{32}S + e^- + \tilde{\nu} \qquad (t_{1/2} = 14.3\ \text{天})$$

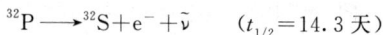

在某一衰变事件中,^{32}P 放出一个具有最大动能(1.71MeV)的电子。求在该事件中反冲^{32}S 原子的动能。^{32}S 的原子质量为 31.97u,电子的静质量为 0.511MeV/c^2。

提示:对电子必须采用动能和动量的相对论表达式。对运动较慢的^{32}S 原子采用牛顿力学即可。

24.14　一电子从 $A = 150$ 的核素中发射出来,其动能为 1.00MeV。

(1)求电子的德布罗意波长。

(2)计算发射核的半径。

(3)这样的电子能否象驻波那样被限制在具有核半径线度的方盒内?

本题说明,电子是在 β 衰变时产生的,衰变之前并不存在于原子核内。

24.15　1.0kg 的 UO_2(由于浓缩的结果,^{235}U 占铀的总量的 3%)中的^{235}U 全部发生裂变,所产生的能量能使 100W 的白炽灯持续亮多久?假定衰变能 Q $= 200$MeV。

24.16　考虑由快中子引发的^{238}U 的裂变。在某一裂变事件中产生两个碎片,且无中子放出。这两个碎片经过一系列 β 衰变最终变为稳定的产物^{140}Ce 和^{99}Ru。

(1)在两个 β 衰变链中共有多少个 β 衰变事件?

(2)计算衰变能 Q。相关的原子质量为

$^{238}_{92}$U　238.050784u,$^{140}_{58}$Ce　139.905433u,

n　1.008665u,　$^{99}_{44}$Ru　98.905939u。

24.17　太阳的质量为 2.0×10^{30}kg,辐射功率为 3.9×10^{26}W。

(1)太阳的质量以多大的速率减少?

(2)从 4.5×10^9 年前太阳开始燃烧氢算起,太阳失去了其原始质量的几分之几?

24.18　(1)计算太阳中微子的产生速率,假定太阳的能量全部是由质子－质子循环产生的。(2)求每秒钟打到地球上的中微子的数目。

24.19　计算式(24.16.a—c)中的 Q 值。所需的原子质量为

^{1}H　1.007825u,　^{3}He　3.016029u,

^{2}H　2.014102u,　^{4}He　4.002603u,

^{3}H 3.016049u， n 1.008665u。

24.20 反应(24.18.c)产生的反应能 Q 是如何在 α 粒子和中子之间分配的？假定氚和氘的速度均很小，可忽略不计。

24.21 在通常的水中约有 0.015% 的质量为重水。如果通过反应

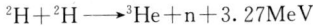

$$^2H + {}^2H \longrightarrow {}^3He + n + 3.27MeV$$

在一天内烧掉 1 升水中的全部氘，所产生的平均聚变功率为多少？

24.22 某些大统一理论预言质子可能有以下的衰变方式

$$p \longrightarrow e^+ + \pi^0$$

(1)计算这一过程的衰变能；

(2)假定质子是静止的，求 π 介子和正电子的动能。已知质子和 π 介子的静质量分别为 938.27MeV/c^2 和 135MeV/c^2。正电子的静质量可忽略不计。

24.23 中性 π 介子会衰变为两个光子：$\pi^0 \to \gamma + \gamma$。计算静止 π^0 介子衰变产生的两个 γ 光子的波长。

24.24 许多短寿命粒子的静能量不能直接测量，只能由衰变产物的动量和静能量推得。考虑 ρ^0 介子，它按下式衰变

$$\rho^0 \longrightarrow \pi^+ + \pi^-$$

已知沿相反方向飞出的 π 介子的动量为 358.2MeV/c，静能量为 140MeV，求 ρ^0 介子的静能量。

24.25 对超新星 SN1987a 发射的中微子的观测表明电子中微子的静能量的上限为 20eV。假定中微子的静能量正好是 20eV，试问从该超新星发出的 1.5MeV 的中微子到达地球的时间比同时发出的光到达地球的时间慢多少？超新星 SN1987a 到太阳系的距离为 1.6×10^{21}m。

24.26 τ^+(静能量=1784MeV)以 2200MeV 的动能沿垂直于均匀磁场(B=1.2T)的圆周运动。

(1)计算 τ^+ 的动量(必须考虑相对论效应)；

(2)圆周轨道的半径。

24.27 指出引起下列衰变的相互作用

(1)$\eta \to \gamma + \gamma$；

(2)$K^+ \to \mu^+ + \nu_\mu$；

(3)$\eta' \to \eta + \pi^+ + \pi^-$(平均寿命=$2.2 \times 10^{-21}$s)；

(4)$K^0 \to \pi^+ + \pi^-$ (平均寿命=0.9×10^{-10}s)。

24.28 有人建议存在以下衰变

(1)$\mu^- \rightarrow e^+ + \nu_\mu + \bar{\nu}_e$;

(2)$\mu^+ \rightarrow \pi^+ + \tilde{\nu}_\mu$。

试问它们违反了何种守恒定律?

24.29 反应 $\pi^+ + p \rightarrow p + p + \bar{n}$ 是由强作用引起的。利用守恒定律推出反中子($\bar{n}$)的电荷、重子数和奇异数。

24.30 通过考察奇异数决定以下衰变或反应中哪些是由强作用引起的。

(1)$K^\circ \rightarrow \pi^+ + \pi^-$,(2)$\Lambda^\circ + p \rightarrow \Sigma^+ + n$;

(3)$\Lambda^\circ \rightarrow p + \pi^-$,(4)$K^- + p \rightarrow \Lambda^\circ + \pi^\circ$。

24.31 以下反应是由强相互作用引起的:

(1)$p + p \rightarrow p + \Lambda^\circ + x$;

(2)$p + \bar{p} \rightarrow n + x$;

(3)$\pi^- + p \rightarrow \Xi^\circ + K^\circ + x$。

利用守恒定律辨认出用 x 标记的粒子。

24.32 质子和中子的夸克组成分别是 uud 和 udd。反质子和反中子的夸克组成是怎样的?

24.33 什么样的夸克组分构成(1)Λ°,(2)Ξ°。

24.34 仅利用 u,d,s 夸克构造(如可能)一个重子。该重子具有(1)$Q = +1$ 和 $S = -2$,(2)$Q = +2$ 和 $S = 0$。

24.35 用夸克模型说明为什么不存在 $Q = +1$ 和 $S = -1$ 的介子。

阅读材料 6.A

介观物理和纳米科学技术

物理学所研究的系统通常有微观和宏观之分,微观系统的尺度为原子数量级,即 10^{-8} 厘米数量级,包含个数不多的粒子。宏观系统的尺度远大于原子尺度,包含大量的微观粒子,约为阿伏伽德罗常数 10^{23} 数量级。宏观系统和微观系统的最重要区别在于它们所服从的物理规律十分不同,在微系统中宏观规律(经典力学规律)不再适用,需服从量子力学规律,波函数的相位起着重要作用。

近几年来,发现了尺度介于两者之间的**介观系统**。介观系统的尺度是微观尺度的 100～1000 倍,包含约 10^8～10^{11} 个微观粒子。介观系统基本上属于宏观范围,其物理量仍然是大量微观粒子统计平均的结果,但粒子波函数的相位的相干叠加并没有给统计平均掉,量子力学规律仍起着支配作用。介观系统的量子微观特征在宏观测量时仍能观察到,这有助于设计新一代的微电子器件,因此具有重要的应用前景。

介观系统的物理现象之所以引起物理学家的兴趣,主要是由于现代新工艺技术的发展。制作长度在微米($1\mu m = 10^{-6}m$)、线宽为几十个纳米($1nm = 10^{-9}m$)的样品已不是太困难的事情。一些线状或环状的小尺寸样品的实验结果呈现出与宏观情况极不相同的现象,观察到强烈的量子干涉效应。这是电子的波动性在充分地发挥作用。介观系统中最能体现电子的波动性的是 AB 效应,它是介观物理发展的基础。

1959 年,Aharonov 和 Bohm 设计了一个电子波双缝干涉实验,将一束电子波分岔通过两个具有不同电磁势的路径,然后又在某一处汇合,并观察其电子波的干涉现象,这种干涉效应就称为 AB 效应。Aharonov 和 Bohm 在他们的文章中指出,在量子领域中要重视电磁势的真实物理意义和作用,不能像经典电动力学那样认为电磁势的引入只是数学上作为描述电磁场的一种方法,而不是物理实在,只有电磁场强度才具有真实的物理效应。按照量子力学可以证明,尽管在电子波传播的路径上不存在电场或磁场,但只要存在电磁的标量势和矢量势,就可以改变电子波函数的相位,因而影响电子波的干涉效应和电子波的概率密度。显然这是一种量子力学效应,是粒子波函数的相位受到电磁势的调制造成的。

AB 效应理论提出不久,1960 年,Chambers 在真空中首次观察到了电子波干涉图样随磁通的改变呈周期性的变化,从而在实验中验证了 AB 效应。那么,在固体材料中是否存在 AB 效应呢?在固体材料中要观察到 AB 效应,其前提是两束电子波在汇合时要保持其相干性。我们知道电子在固体材料中传播要受到缺陷、杂质等因素的散射,从而影响电子波的相干性。对电子受到的散射,可分为弹性散射和非弹性散射两种。杂质对电子的作用是库仑相互作用,由于杂质质量比电子质量大得多,所以杂质对电子的散射属于弹性散射,即散射前后能量不改变,只改变电子的动量,每一次散射仅使电子附加一个确定的相移,因此不管电子经受多少次弹性散射,不破坏电子波的相位记忆,即电子波仍保持其相干性。而晶格振动对电子的散射涉及到声子的吸收与发射,电子要与声子交换能量,这种散射是非弹性散射,电子与晶格振动或其他非弹性机制的非弹性散射会使电子波失去相位记忆,破坏电子波的相干性。因此要在固体材料中观察到 AB 效应,就应当使电子在两次相邻的非弹性碰撞之间的平均时间内越过样品,即固体材料样品的线度不大于电子相位的相干长度。低温下,相干长度可达微米量级,也就是说,在小于相干长度的行程上,尽管电子经受了上百次以上的弹性散射,电子波的相干性仍将保持。20世纪 80 年代初,人们终于在固体材料中观察到了介观尺度上的量子干涉效应。这些工作为介观物理的发展奠定了基础。

近十年来,介观物理得到了迅猛的发展,人们对磁致电阻的周期振荡、金属环中的持续永久电流、电导起伏的普适性、磁指纹、非定域效应等介观尺度上的物理现象进行了大量的研究,已得到了不少新的研究成果,但理论和实验的研究还有待于进一步不断深入。

纳米科学技术是在介观物理、量子力学等现代学科,与计算机、微电子和扫描隧道显微镜等先进工程技术基础上发展起来的一种研究和应用原子、分子现象的全新的科学技术。纳米科学技术的诞生源于扫描隧道显微镜的发明。扫描隧道显微镜是基于量子力学中的隧道效应制成的一种新型显微镜,它具有原子级的空前高的分辨率,是继第一代光学显微镜和第二代电子显微镜之后出现的第三代显微镜,称为扫描隧道显微镜,它不仅可以获得图体表面原子的图像,而且可以在自然条件下对生物大分子进行高分辨率的直接观察。

1989 年元月,美国《科学》杂志上刊登了第一张用扫描隧道显微镜拍摄的 DNA 的图像。1989 年 4 月,中国科学院上海原子核研究所与中国科学院上海细胞研究所共同合作,用扫描隧道显微镜获得了清晰的天然鱼精子的 DNA 图像,同年 12 月,与前苏联科学院分子生物学所合作用扫描隧道显微镜在世界上首次得到了平行双链的 DNA 图像,从而在分子结构上证实了一种新型 DNA 构型的存在。1990 年初,中国科学院上海原子核研究所还与中国科学院上海生物化学研究所合作用扫描隧道显微镜在世界上首次获得了 DNA 复制过程的图像。

1990 年 4 月,美国 IBM 公司 Almaden 研究中心的研究人员用液氮温度的扫描隧道显微镜装置,一次移动一个原子,用 35 个 Xe(氙)原子在 Ni(110)面上拼缀出"IBM"三个字母,完成后,用扫描隧道显微镜扫描一遍,字母清晰地显示在屏幕上,科学家们称其为原子尺度上的"艺术杰作"。这是世界上首次成功地实现了原子级结构制造,是扫描隧道显微镜创造的奇迹。它使人类希望能按需排布和操纵原子的梦想变成了现实。从而也宣告了纳米科学技术的诞生。它的诞生标志着人类开始系统地研究纳米尺度上的各种现象。目前,纳米科学技术的发展已形成了纳米材料学、纳米电子学、纳米生物学、纳米机械工程学和纳米天文地质学等众多新领域。下面我们来介绍与介观物理有密切关系的纳米材料学和纳米电子学方面的研究。

纵观历史的发展,人类文化的进步都与新材料的发展有密切的关系,人类经历了石器、陶器、青铜器、铁器时代,现在又进入了新材料时期。材料是人类赖以生存和发展的物质基础,随着人类社会的进步,对材料也在不断地提出新的要求。以往人们对材料微结构的要求是追求完美的、无位错、无缺陷、具有长程序的晶体。后来,发展到追求具有优异性能,但不存在长程序的非晶体。纳米固体材料是 20 世纪 80 年代发展起来的一种具有新型结构的材料,它是指将粒度为纳米量级的颗粒在一定条件下加压制成固体材料,或用沉积的方法制成薄膜。它包括纳米金属、陶瓷、非晶态材料及复相材料等。纳米材料的尺寸一般在 2nm～10nm,颗粒内包含的原子数为 10^2～10^4 个,其中有 50％ 以上为界面原子。这样的系统既非典型的微观系统,也非典型的宏观系统,这样的系统具有量子效应、表面效应及可能的混沌现象。有时多一个或少一个原子就能导致纳米微粒特性的急剧变化。由于纳米材料的颗粒的上述特性,使纳米材料的结构既不同于长程有序的晶体,也不同于长程无序、短程有序的非晶态玻璃,而表现为既无长程序、又无短程序的新的物质状态。纳米材料具有一般晶体和非晶体材料都不具备的优点,其硬度、强度、韧性、导电性、磁性等非常优异。例如,普通状态下脆性的陶瓷在纳米晶体材料中变为韧性,合成的 TiO_2 纳米晶体陶瓷在室温下可被弯曲,塑性形变高达 100％,显示了纳米材料的高强度和高韧性。普通金属是导体,但纳米金属微粒在低温下却呈现电绝缘性,例如具有典型共价键结构和无极性的氮化硅陶瓷,在纳米状态时却会出现与极性相联系的压电效应,较高的交流电导和在一定频率范围的介电常数急剧升高的现象。与普通金属相比,纳米材料具有高比热和高膨胀特性,纳米金属 Cu 的比热是一般纯 Cu 的 2 倍。纳米材料还具有很高的磁化率和矫顽力,具有低饱和磁矩和低磁损耗,其磁化率一般是普通金属的 20 倍,而饱和磁矩则是普通金属的 $\frac{1}{2}$ 等等。另外,还可将纳米颗粒掺杂到各种材料中以改善其物理性能,如将金属纳米颗粒加入到普通陶瓷中可显著改善其力学性能,将 Al_2O_3 纳米颗粒加入到橡胶中可大大增加其介电性能和耐磨性能等等。由于纳米材料的上述优良特性及在医学、生物工程、催化、磁记录、传感器、隐形材料等方面的应用前景,被认为是 21 世纪最有前途的材料。

纳米电子学主要研究结构尺寸为纳米量级的电子器件和电子设备。这是一个正在处于重大突破前期的领域。众所周知,制造大规模和超大规模集成电路是发展高级电子计算机和电子技术的基础。因此,进一步缩小器件结构尺寸始终是当今世界高科技领域中的一个追求目标。随着集成工艺技术的不断发展,如今计算机芯片的线宽(元件联线的最小尺寸)只有 $0.35\mu m$。而目前关于半导体 p-n 结的理论至亚微米($0.1\mu m$)级以下就失效了。现有的电子器件尺寸缩小到纳米尺度,与电子的德布罗意波长接近时,电子的波动性将起主导作用。因此,纳米电子学必须采用量子力学来研究。由于微电子原件尺寸的减小受到材料的电子性能和器件加工方法的限制,也受到组装成本的限制,解决这些问题的出路在于发展量子器件,即原子、分子器件,以至于实现量子计算机。

量子器件就是利用量子效应制成的线宽为纳米数量级的原子、分子器件。量子器件不仅体积小,而且工作原理和现有的半导体电子器件完全不同。各种硅半导体都是通过控制电子数目来实现信息处理,而量子器件则不单纯通过控制电子数的变化,而主要通过控制电子波的相位进行工作的,因此具有更高的响应速度和更低的电力消耗。

近几年来,纳米电子学的研究已取得了重要突破。美国 IBM 公司制成了用两个原子构成的隧道二极管,其中一个原子在扫描隧道显微镜探针顶尖,另一个原子在硅片表面。这表明制作原子器件是完全有可能实现的。IBM 公司的科学家还于 1991 年研制出了开关速度为 0.05ns 的氙(Xe)原子开关,这项发明将可能使美国国会图书馆的全部藏书储存在一块直径为 0.3m 的硅片上。

美国加州理工学院的研究人员研制出了一种半径约为 4 个铂原子宽度的纳米电极,该电极可把电子迁移速率常数的测量范围扩展两个数量级。纳米电极有可能利用扫描显微技术观察化学过程及半导体表面淀积更细小的金属线条等。

美国威斯康星大学的科学家已研制出了可容纳单电子的微结构器件——量子点。美国南卡罗来纳大学的研究人员用单有机分子制成了一种量子结构,这种装置可将数十亿个分子集中在一平方毫米的面积上,这将使集成度比现在提高一万倍。

纳米电子学的这些成就为制造各种量子器件展示了美好的前景,同时也可能会给电子工业带来一场革命。目前,量子器件的理论和实验工作正在不断深入,世界上许多国家都投入大量的研究人员和资金进行这方面的研究,纳米电子学的时代即将到来。

(许晶波　编)

阅读材料 $6.B$

非线性光学简介

在前面章节的讨论中,我们认为在介质中传播的两列或几列光波,可以独立地同时通过同一空间区域,在重叠区域内,光波间的叠加满足线性叠加原理,彼此间不存在相互作用,也不会改变频率,这种光学现象属于线性光学范围。自从 1960 年激光器问世以后,当人们用强激光与物质相互作用时,发现了一系列新的现象,这时线性叠加原理不再成立,称之为**非线性光学现象**。研究非线性光学现象、理论和应用的学科称为**非线性光学**,它是量子电子学领域中的一个重要分支。

一、光学介质的极化

光波通过介质时,在光波电场的作用下,介质分子产生极化。对于各向同性的线性介质,当光波场强远小于介质原子内部的平均场强时,极化强度 P 与电场强度 E 成正比(见第十一章)

$$P = \varepsilon_0 \chi_e E \tag{6.B.1}$$

若入射光波的场强为 $E = E_0 \cos \omega t$,则极化强度 P 也以同样的圆频率随时间变化。根据电磁辐射理论,极化介质将辐射与入射光波频率 ω 相同的光波,即所谓次级子波。许多光学现象,如弱光在介质中的传播、反射、折射、干涉、衍射等,都可以用这种理论进行解释,研究这种现象的学科称为**线性光学**。

当强光通过介质时,极化强度与电场强度不再成线性关系,一般可写成

$$P = \alpha E + \beta E^2 + \gamma E^3 + \cdots \tag{6.B.2}$$

式中 α、β、γ 为与介质有关的系数。它们的数量级之比为

$$\frac{\beta}{\alpha} = \frac{\gamma}{\beta} = \cdots = \frac{1}{E_{原子}}$$

式中 $E_{原子}$ 为原子内的平均场强,其数量级为 10^{11}V/m。普通光源,如太阳发出的光,其电场强度仅为 7×10^2V/m,比 $E_{原子}$ 低几个数量级,因此(6.B.2)式中的非线性项可以忽略,(6.B.1)式成立,即在弱光作用下,介质表现为线性极化。而高强度激光的电场强度可达 10^{10} V/m,它可以与 $E_{原子}$ 相比拟,这时(6.B.2)式中的非线性项不能忽略,从而出现许多与非线性项有关的光学现象,例如光学倍频、光学混频、自聚焦、受激散射等。下面简单介绍几种非线性光学现象。

二、倍频和混频

若入射强光的电场强度为 $E = E_0\cos\omega t$,假设忽略(6.B.2)式中三次以上非线性项,则有

$$P = \alpha E + \beta E^2 = \alpha E_0\cos\omega t + \beta E_0^2\cos^2\omega t$$

$$= \alpha E_0\cos\omega t + \beta\frac{E_0}{2}(1+\cos 2\omega t)$$

$$= \frac{1}{2}\beta E_0^2 + \alpha E_0\cos\omega t + \frac{1}{2}\beta E_0^2\cos 2\omega t$$

等式右侧第一项是不随时间变化的常数项,称为直流项,它表明介质的两相对界面将出现恒定的极化电荷,相应地产生一个恒定电场。这种由一个突变电场得到一个恒定电场的现象称为**光学整流**。第二项为与入射光频率相同的基频成分,介质将辐射与入射波同频率的次级子波。第三项中出现了两倍于入射光频率的倍频成分,表明介质将辐射倍频光波。可以看出,从更高次的非线性项会导出更高次的谐波来。

在 1961 年,激光问世后的第二年,夫兰肯(P. A. Franken)将波长 $\lambda = 694.3$nm 的红宝石激光聚焦在石英晶体上,在出射光谱中除了原来的激光谱线外,还测量到波长为 347.15nm 的倍频光谱线。但是当时的能量转换效率很低,仅为亿分之一。理论指出,若能实现相位匹配,选用适当晶体,则可大大提高能量转换效率。目前效率已提

高到接近100％。

若入射到介质中的是两种不同频率的强光,则

$$E = E_{01}\cos\omega_1 t + E_{02}\cos\omega_2 t$$

代入(6.B.2)式,略去三次以上非线性项,则有

$$P = \alpha(E_{01}\cos\omega_1 t + E_{02}\cos\omega_2 t)$$

$$+ \frac{1}{2}\beta E_{01}^2(1+\cos 2\omega_1 t) + \frac{1}{2}\beta E_{02}^2(1+\cos 2\omega_2 t)$$

$$+ \beta E_{01}E_{02}[\cos(\omega_1+\omega_2)t + \cos(\omega_1-\omega_2)t]$$

式中除了直流项和倍频项外,还出现和频($\omega_1+\omega_2$)项及差频($\omega_1-\omega_2$)项,这意味着介质将辐射频率为和频和差频的光波,这就是**光学混频效应**。光学混频现象在实验中已被观察到。光学混频原理已用于制作光学参量放大器和光学参量振荡器。

由此可见,在强光作用下,介质的光学非线性性质可以改变入射光的频率而辐射新的光波,实现光频的转换,获得波长短至紫外,长至红外的各种强光辐射。应用这种频率转换技术,可以得到一些不易直接从激光器中获得的新波长激光,是开发新波长激光束的重要方法。

三、受激喇曼散射

当光束在透明介质中传播时,无论这些介质是固体的、液体的或是气体的,如果其密度分布不均匀,如含有外来杂质,或因分子热运动造成的密度局部涨落,就会出现部分光束偏离原来传播方向的现象,这就是光的散射。

散射是光与物质分子的相互作用,它又分为弹性与非弹性散射两类。在弹性散射中,光导与物质分子的碰撞是弹性的,无能量交换,入射光与散射光的频率相同,但其强度视波长而异,瑞利散射就属于这一类。其散射光强度与频率的四次方成正比。非弹性散射的散射光频率与入射光频率不相同,此现象最早由喇曼(C. V. Ramen)在1928年发现。由于入射光中一部分能量被介质吸收,引起介质中分

子的能级跃迁(经常观察到的是分子振动能级),散射光中除了与入射光的原有频率 ν_0 相同的成分外,还有频率为 $\nu_0 \pm \Delta\nu$ 的成分出现,而且 $\Delta\nu$ 的大小与入射光频率无关,仅与散射介质的分子结构相联系。这种现象称**喇曼散射**。因为喇曼散射有此重要特性,因此,喇曼光谱技术对于研究分子结构有很高的价值。但是喇曼散射的光强十分微弱,约为入射光强度的 10^{-7},而且是非相干光。所以要观察喇曼散射必须要有强的单色光源。

当用强激光观察喇曼散射时,发现散射光强度明显增加,谱线变窄,且方向性变好,具有强相干辐射的特点,即散射过程出现明显的受激辐射的特征。这就是激光引起的**受激喇曼散射**光。

从总体来看,受激喇曼散射与普通喇曼散射的区别十分相似于受激辐射与自发辐射。与普通喇曼散射一样,受激喇曼散射光谱可作为研究分子结构和能级的重要工具。受激喇曼散射也是获得频率可调强相干光的重要手段。

四、自聚焦现象

在强光作用下,介质的折射率不再是常数,而是随入射光强度的增大而增大,这是一种三阶非线性效应。一般激光光束在其截面上的强度分布是不均匀的,呈高斯分布,轴线处光强最大,因而在光束的传播途径中会出现介质折射率的非均匀分布,轴线上的折射率高于边缘部分。这种折射率不均匀的介质,具有类似凸透镜的会聚作用,使光束不断向轴线收缩,直到与衍射引起的散焦作用相平衡为止,最后形成一束直径只有几微米的光丝。这就是**自聚焦现象**。由于细丝内介质的折射率比周围介质的折射率大得多,这部分介质就像光导纤维,因为光的全内反射,使光束保持在细丝内传播,形成一个极细的光通道。

若介质的折射率随光强的增加而减小,则会出现相反的现象,光束直径变得越来越粗,即所谓光束的**自散焦效应**。

强光自聚焦效应往往是造成激光工作物质或光学元件损伤的主

要原因,确定它的有害影响及克服方法有着重要的意义。自聚焦效应又与很多其他非线性光学效应有着密切的关系,因而深入开展自聚焦效应的研究是强光光学研究领域内的一个相当重要的方面。

(吴泽华 编)

阅读材料 6.C

量子阱器件的原理和应用

随着电子工业的发展,集成电路的尺寸变得越来越小,即在一小块芯片中能做进越来越多的元件。但是,尺寸的缩小不能是无限制的,目前集成电路的尺寸已接近经典物理定律所允许的下限。为了突破这一下限,已开发出利用量子力学效应的新型半导体器件——**量子阱器件**。

量子阱器件的基本结构是两块 n 型 GaAs,中间夹一 AlGaAs-GaAs-AlGaAs 薄层(图 6.C.1(上))。在未加偏压时,各个区域的势能如图 6.C.1(下)所示。从图中可以看出,与中间的 GaAs 对应的区域形成了一个势阱,故称为量子阱。电子要从左边的 n 型区(发射极)进入右边的 n 型区(集电极),必须穿透 AlGaAs 层进入量子阱,然后再穿透另一层 AlGaAs。

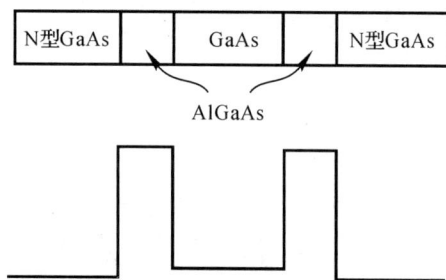

图 6.C.1 量子阱器件结构示意图

从经典的观点看来,当电子的能量小于两个势垒的高度时(图 6.C.1.(下)),要穿透两个 AlGaAs 层是不可能的。但从量子力学的观点看来,由于隧道效应,电子有一定的概率穿透这两个阻挡层。至于单位时间内穿透两个势垒的电子数,则决定于以下两个因素。

(1)能够进入量子阱的电子数目。由于量子阱的宽度与电子的波长可比拟,所以在宽度方向能量是量子化的,称为**尺度量子化**(size quantization)。假定在宽度方向的离散能级为 $E_n(n=1,2,\cdots)$,则电子在量子阱中的能量为

$$E_{2D}=E_n+\frac{\hbar^2 k_\perp^2}{2m^*}\qquad(6.C.1)$$

式中 m^* 是电子的有效质量,$k_\perp$ 是电子的波矢量 $\boldsymbol{k}$ 在垂直于量子阱宽度方向的分量。波矢量 $\boldsymbol{k}$ 和电子的动量 $\boldsymbol{p}$ 之间有关系 $\boldsymbol{p}=\hbar\boldsymbol{k}$。另一方面,发射极的电子能量可写为

$$E_{3D}=E_C+\frac{\hbar^2 k_z^2}{2m^*}+\frac{\hbar^2 k_\perp^2}{2m^*}\qquad(6.C.2)$$

式中 E_C 是导带底部的能量。假定材料均匀且无杂质,则穿过势垒的电子横向动量 $\hbar k_\perp$ 守恒。然后,由能量守恒 $E_{3D}=E_{2D}$ 给出

$$k_z^2=\frac{2m^*}{\hbar}(E_n-E_C)\qquad(6.C.3)$$

上式决定能够穿透势垒进入量子阱的电子数目。为了直观地看出这点,我们以 k_x、k_y 和 k_z 为坐标轴,画一个以原点为圆心,以 k_F 为半径的球面 S(图 6.C.2)。k_F 是与费米能量 E_F 对应的波矢量,两者有关

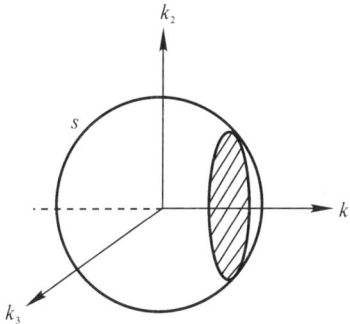

图 6.C.2　导带中的电子态在相空间中的分布

系 $E_F = \dfrac{\hbar^2 k_F^2}{2m^*}$ 粗略地说，E_F 是导带电子的最大能量。因此，导带中的电子态（用波矢量的三个分量 k_x，k_y 和 k_z 表示）都位于球面 S 内。满足条件（6.C.3）的电子态是平面 $k_z =$ 常数与球体 S 的相交部分，即图 6.C.2 中画阴影的圆面。能够穿透势垒的电子数与圆的面积成比例。由图 6.C.2 可见，k_z 越小，则阴影的面积越大，当 $k_z = 0$ 即 $E_C = E_n$ 时，阴影与赤道重合，面积最大，因而能够穿透势垒到达势阱的电子数最多。

注意，穿透势垒进入势阱的电子不一定能再穿透另一个势垒到达集电极。能够穿透两个势垒的电子数还与另一个因素，即共振隧道过程，有关。

（2）共振隧道过程。在以下的分析中我们把电子看成物质波。由图 6.C.3(a)可见，当入射电子波射向两个势垒时，在这两个垒势的前后壁上都要发生反射。这些反射波（2～5）互相干涉，或者相长，或者相消，导致透射电子数的减少或增加。现在我们来看，在什么条件

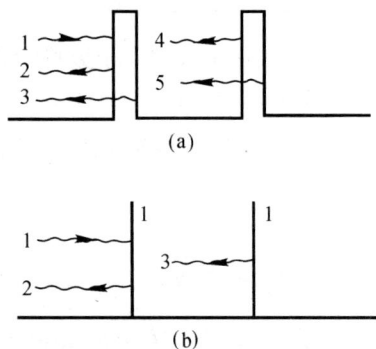

(a)

(b)

图 6.C.3　(a)入射电子波(1)和反射电子波(2～5)

(b)势垒宽度趋于零时的情形

下发生相消干涉从而穿透量子阱的电子数最多。为了简化分析，我们设想每个势垒的两壁彼此接近以致重合，结果双势垒变成了如图 6.C.3(b)所示的两个反射面 Ⅰ 和 Ⅱ。我们假定在面 Ⅰ 上反射的波发生

半波损失,而在面 Ⅱ 上反射的波无半波损失。这一假定是合理的,如面 Ⅰ 和 Ⅱ 是一块玻璃片的两个界面,则对光波的反射就是如此。为了使从面 Ⅰ 和 Ⅱ 反射的波相消,透射波在面 Ⅰ 和 Ⅱ 之间走一个来回的距离必须是波长的整数倍,即

$$2a = n\lambda = n2\pi/k \qquad (6.C.4)$$

这里 a 是两个面之间的距离。由(6. D. 4)式解得波矢量 $k = n\pi/a$,再根据量子力学中能量 E 和 k 的关系得

$$E_n = \hbar^2 n^2 \pi^2 / 2ma^2 \qquad (6.C.5)$$

这个表达式与无穷深势阱的能级公式一致。因此,当入射的电子能量等于无穷深势阱能级的能量时,反射的电子数最少,透射的电子数最多。这种现象称为共振隧道过程。

以上分析仅涉及两个反射波的相位而未考虑到它们的振幅。现在以双势垒的光学类似来说明,从面 Ⅰ 和 Ⅱ 反射的波的振幅在共振的情形下是相等的。图 6.C.4 画出了一束波长符合共振条件的光从空气(折射率为 1)射向一折射率为 n 的薄片并被反射的情形。虚线表示直接从薄片表面反射的光,实线表示透入薄片并经过几次反射再穿透表面反射回来的光。由电磁学理论知道,当一束振幅为 A 的光从空气射向折射率为 n 的介质时,反射光和透射光的振幅可分别用下式表示(对垂直入射)

$$B = \frac{n-1}{n+1} A \qquad (6.C.6)$$

$$C = \frac{2}{n+1} A \qquad (6.C.7)$$

反之,当振幅为 A 的光从折射率为 n 的介质射向空气时,反射光和

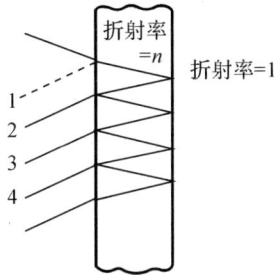

图 6.C.4 入射到薄片上的光和反射光

透射光的振幅可分别表示为(对垂直入射)

$$B_1 = \frac{1-n}{n+1}A \qquad (6.C.8)$$

$$C_1 = \frac{2n}{n+1}A \qquad (6.C.9)$$

对于我们的情形,直接从薄片表面反射回来的光的振幅即(6.C.6)式。利用(6.C.7)~(6.C.9)式可以得到进入薄片并经过一次、三次、五次、……反射再透过薄片表面反射回来的光的振幅分别为

$$D_1 = A \cdot \frac{2}{n+1} \cdot \frac{1-n}{n+1} \cdot \frac{2n}{n+1}$$

$$D_3 = A \cdot \frac{2}{n+1} \cdot \left(\frac{1-n}{n+1}\right)^3 \cdot \frac{2n}{n+1}$$

$$D_5 = A \cdot \frac{2}{n+1} \cdot \left(\frac{1-n}{n+1}\right)^5 \cdot \frac{2n}{n+1}$$

....

将以上诸式相加,得

$$D = A\frac{4n}{(n+1)^2}\frac{(1-n)/(n+1)}{1-\left(\frac{1-n}{n+1}\right)^2} = \frac{1-n}{n+1}A \qquad (6.C.10)$$

比较(6.C.6)、(6.C.10)两式,可见这两束反射光的振幅大小相等、符号相反,因此它们彼此抵消。这时反射率为零而相应的透射率为1。换句话说,在共振的情形下,所有的光都透过了薄片。对于电子波,利用量子力学可以得到完全相同的结果,即在共振的情形下所有电子都通过双势垒。但在实际情形中,由于势阱的不完全对称等原因,电子的透射率要比 1 小,但无论如何要比不共振时透过的电子数多得多。

下面介绍量子阱器件的应用。首先,利用量子阱可以制成开关电路。由以上分析可知,在量子阱的两端加上适当的电压,以使 $E_C = E_n$ 得到满足,就可以大大增加从发射极到集电极的电流。反之,若 E_C 稍稍偏离 E_n,则电流将大幅度下降。这种性质正是开关电路所需要的。

量子阱的另一应用是多态晶体管,它是将量子阱引入三极管的基极制成的。其能带如图 6.C.5(a)所示。基极的量子阱可控制由发射极到集电极的电流。随着基极—发射极偏压的增加,共振隧道流先是迅速增加,在发射极导带底部与势阱的某个能级相平时达到最大值,然后又急剧下降。由于量子阱中有多个能级,随着偏压的上升,输出电流会出现多个峰值(图 6.C.5(b))。利用输出电流的这种特性,可以制造出一类电路,它们完成一个功能所需的晶体管数远小于传统的电路。比如,传统的 4 比特检验器需要 24 个晶体管,而同样的检验器只需要一个多态晶体管。

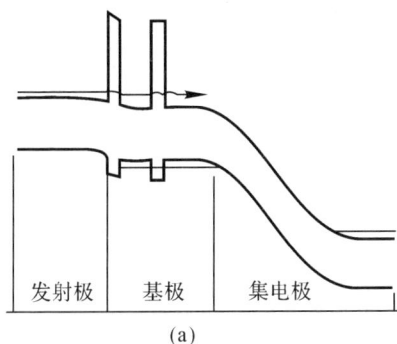

(a)

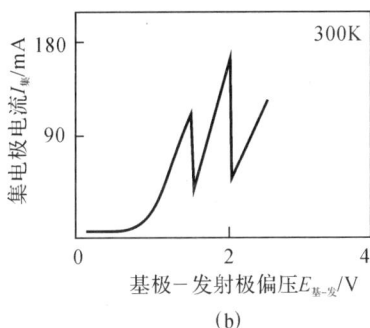

(b)

图 6.C.5 (a)基极引入量子阱的三极管的能带图
        (b)输出电流与基极—发射极偏压的关系

将量子阱引入激光二极管中可以使这种器件更有效地将电能转化为光能。这是因为在量子阱中能级是量子化的,因而阱内受到增强的谱线数显著减少。电光转换的有效性使供电电流减少,电流的减少又使量子阱激光器的热辐射大为减少。这些特性再加上激光器的微小体积使得我们能将这种器件紧密地做在一起。

总之,量子阱器件虽然是新近研制成功的器件,但已在很多领域获得了应用,而且随着制作水平的提高,它将获得更加广泛的应用。

(陈凤至 黄正东 编)

阅读材料 6.D

核磁共振及其应用

  核磁共振技术早已被广泛地用于核的自旋磁矩及分子结构的研究。近来,这种技术对医学领域中的诊断方法也产生了巨大的影响。核磁共振涉及自旋、磁矩和共振等概念。下面将对核磁共振的原理作深入浅出的阐明,并较详细地介绍核磁共振技术及其主要应用。

  首先说明什么是磁共振。一个具有磁矩和角动量的系统(如某些原子或原子核)称为磁性系统。将这样的系统放在均匀磁场中,磁矩就会围绕着磁场进动。如果再在均匀磁场的垂直方向加一交变磁场,则当该磁场的频率与进动频率一致时,就会发生共振,系统将从磁场中大量吸收能量。这种现象称为**磁共振**。

  现在考虑一个具体的磁性系统——由核子组成的原子核。包含奇数个核子的原子核都具有自旋,即原子核有固有角动量,核自旋由自旋量子数 S 来表示。由于核子的电结构,自旋不为零的核也有磁矩,其表达式为

$$M = \gamma S \qquad (6.D.1)$$

这里 γ 是因原子核而异的常数。作为一个磁性系统,放在交变磁场中的原子核也会发生磁共振。这样的磁共振称为**核磁共振**。

  下面,我们简要回顾一下核磁共振的经典理论。在磁场中,核磁矩受到一个力矩

$$\tau = M \times B_T \qquad (6.D.2)$$

的作用,这里 B_T 是总磁场。这个力矩将引起角动量 S 围绕磁场 B_T 旋进。由于磁矩与 S 存在关系(6.D.1),磁矩也将围绕 B_T 作旋进。其进动角频率由下式给出

$$\omega = \frac{\Delta\varphi}{\Delta t} = \frac{1}{M\sin\theta}\frac{\Delta M}{\Delta t} = \gamma B_T \qquad (6.\,D.\,3)$$

式中符号的意义见图 6. D. 1。如果存在另一个与 B_T 垂直的交变磁场,且角频率等于磁矩旋进的角速度,就会发生共振。这时磁矩与 B_T 的夹角将不断增大。

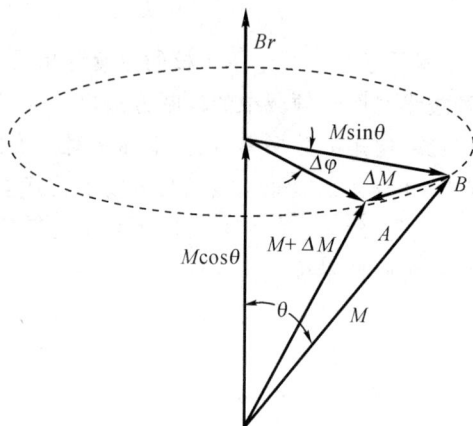

图 6. D. 1 磁矩 M 围绕 B_T 的旋进

利用量子力学的理论,我们也能求出同样的共振频率。按照电磁学原理,磁矩为 M 的原子核在磁场 B_T 中的能量为

$$E = -\boldsymbol{M} \cdot \boldsymbol{B}_T = -\gamma(\boldsymbol{S} \cdot \boldsymbol{B}_T)$$

由于空间量子化,S 在 B_T 方向的投影只能取以下 $(2S+1)$ 个值

$$-S\hbar,(-S+1)\hbar,\cdots,S\hbar$$

因此,相邻能级之间的间隔为 $\gamma\hbar B_T$。再由选择规则 $\Delta S = \pm 1$ 和玻尔频率条件,得

$$\hbar\omega = \gamma\hbar B_T \qquad (6.\,D.\,4)$$

此式与 $(6.\,D.\,3)$ 式相符。利用量子力学的理论不仅能够算出共振频率,而且能够算出对于不同频率的净吸收能量,从而确定吸收曲线的形状。净吸收能量取决于两个能级之间的跃迁概率和处于每个能级的粒子数目,但详细的计算方法不在本文的讨论范围之内。

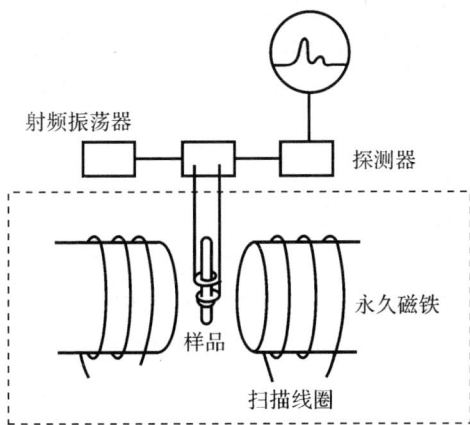

图 6.D.2　核磁共振仪草图

产生核磁共振的装置由四部分组成(图 6.D.2)。①永久磁铁,用来产生强大的外磁场 B_e,标准的仪器产生的场强为 1.4T。②扫描线圈,它用于使外磁场 B_e 作微小振荡,从而使我们能在示波器上看到尖锐的共振峰。③射频振荡器,它用于产生固定频率的电磁辐射,通常频率 $f=6\times10^7$Hz,这个辐射的磁场起 $B_\perp$ 的作用。④探测器,用于探测从振荡器中吸收的能量。

核磁共振技术早期仅限于原子核的磁矩、电四极矩和自旋的测量,随后则被广泛地用于确定分子结构。这是利用下面的性质,即当原子的周围环境(其他原子)不同时,共振频率会发生些许改变。图 6.D.3 所示的是乙醇的核磁共振谱。三个主要频率分别是由位于 OH、CH_2 和 CH_3 中的质子产生的。之所以产生三个主要频率是由于

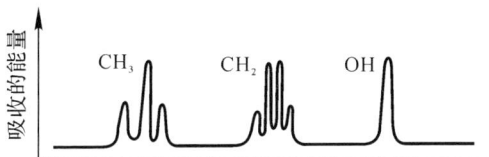

图 6.D.3　乙醇的 NMR 吸收谱

质子处于三种不同的环境中。

对于每一个频率又出现若干分立的峰。这是自旋—自旋相互作用的结果。例如,在 CH_3 中的三个质子自旋有以下四种排列方式:

1. ↑ ↑ ↑
2. ↑ ↑ ↓ 或 ↑ ↓ ↑ 或 ↓ ↑ ↑
3. ↓ ↓ ↑ 或 ↓ ↑ ↓ 或 ↑ ↓ ↓
4. ↓ ↓ ↓

这四种不同的排列方式在邻近的 CH_2 团中产生四个略为不同的磁场,从而使 CH_2 中的质子产生四种不同频率的进动。CH_2 线的四重分裂如图 6.D.3 所示,从图中可以看出中间两个峰的高度大约是两边两个峰的高度的三倍。这是因为第二、三两种排列的数目大约是第一、四种排列的数目的三倍。

近来,核磁共振技术还被广泛地用于医疗诊断上。这类应用是利用以下性质:当物质受到短暂的交变横向场作用时,物质中的核磁矩先是同步地进动,因而磁化矢量 M 像单一的矢量那样进动。横向场一旦撤除,核磁矩的相互作用将使各个磁矩的进动逐渐失去同步,从而导致 M 的横向分量的消失。但 M 的纵向分量尚需再经过一段时间才能恢复到平衡值(图 6.D.4)。从横向磁场开始作用到磁化矢量

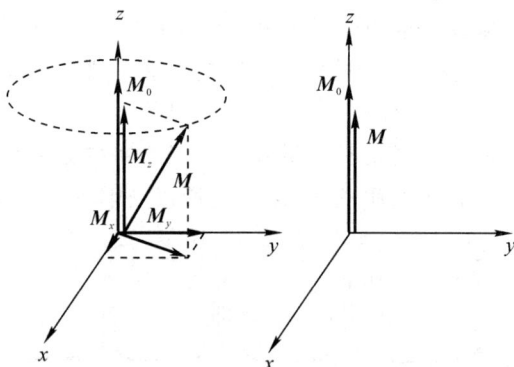

图 6.D.4 在短暂的横向交变磁场作用下的磁化矢量的变化

恢复到平衡值所用的时间称为纵向弛豫时间。利用核磁共振技术可以把纵向弛豫时间测量出来。另一方面，人们发现水中的氢和脂肪及其他大分子中的氢的弛豫时间相差很大。由于不同组织所含的水的分量不同，测量纵向弛豫时间就能把它们区分开来。

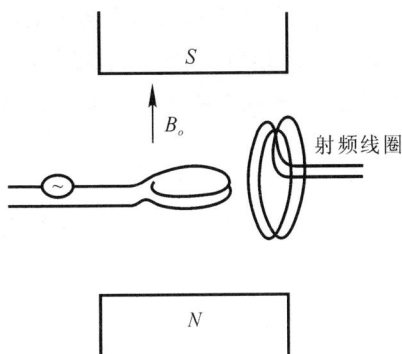

图 6.D.5　NMR 成像装置

通常，我们是测量某个剖面的纵向弛豫时间，然后通过计算机处理，转换成与 X 射线成像相似的图像。这种技术称为核磁共振成像（NMR 成像），成像装置如图 5 所示：有机体被放在沿 z 轴方向的磁

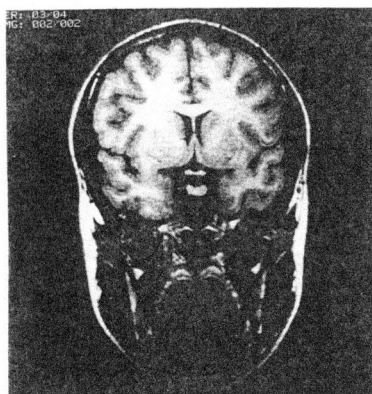

图 6.D.6　人的头部剖面的核磁共振成像

场 B_0 中，在射频线圈中流过短暂的交变电流，从而产生交变的横向磁场。

大电流线圈具有平行于 B_0 的轴，用来产生磁场梯度。由于存在磁场梯度，只有线圈平面内的磁矩具有恒定的旋进频率，从而从有机体中分出单一的剖面。图 6.D.6 是人的头部纵剖面的 NMR 像，它显示了 X 射线成像看不到的细节。NMR 成像还有一个好处，就是对病人无辐射危害。因此，这一技术存在着广阔的应用前景。

（陈凤至　黄正东　编）

习 题 答 案

第十六章

16.1　550nm　1.5mm

16.2　1.75×10^{-5}m

16.3　4×10^{-6}m　-2.5mm　-3.93mm　-1.07mm

16.4　1.2×10^{-4}m

16.5　$\alpha = \arcsin \dfrac{\lambda}{4h}$

16.6　789.5nm

16.7　6.0×10^{-7}m

16.8　200

16.9　1.69×10^{-6}m

16.10　1.89mm　1.86mm

16.11　409.1nm

16.12　1.0×10^{-6}m

16.13　102.8cm

16.14　$\approx$100nm

16.15　1.0002945

16.16　628.9nm

16.17　1.0002886

16.18　$d = \dfrac{k\lambda}{2n}$

16.19　1.9mm

16.20　0.354mm

第十七章

17.1　3.8mm

17.2　0.589mm

17.3　600nm　428.6nm

17.5　0.3mm　1μm

17.6　(1)9　(2)2.4×10^{-3}m

17.7　1°33′

17.8　5

17.10　1级,共2个完整的光谱

17.11　(1)1.028×10^{-3}mm；　(2)466.7nm，　2级

17.12　(1)6.00×10^{-6}m；　(2)1.5×10^{-6}m

17.13　3,6,9,…

17.14　600nm

17.15　0.6nm

17.16　1822

17.17　$N = 6000$；　$a = 800$nm；　$b = 1600$nm

17.18　2.24

17.19　6.7×10^3m

17.20　1.63×10^4km；9.61km

17.21　0.13nm，　0.097nm

17.22　0.3nm

第十八章

18.1　$\dfrac{3}{32}I_0$

18.2　(1)54°44′　(2)35°16′

18.3　$I_自 : I_偏 = 1 : 2$

18.5　30.2°

18.6　1.60

18.7　47°59′

18.9　0.012mm

18.10　(1)$\dfrac{I_0}{4}$；$\dfrac{3}{4}I_0$　(2)8.6×10^{-7}m

18.11　2.33×10^{-4}cm；1.16×10^{-4}cm

18.12　$\pi/4$

18.14　$2I$

18.16　32.2 kg/m^3

第十九章

19.1　10cm；$\frac{1}{3}$

19.2　9.6cm；−9.6cm

19.3　286mm；668mm

19.4　第二个透镜右侧12cm；高8.0cm

19.5　103

19.6　−263；10.5mm

第二十章

20.1　91K

20.2　3.63倍

20.3　1431K

20.4　1.37×10^{17}kg

20.5　280K

20.6　3.18×10^{15}1/s

20.7　2.0eV，0；2.0V；296nm

20.8　2.21eV；2.75eV

20.9　545nm；6.6×10^{-34}J·s

20.10　0.69V；第二个光电管不发射光电子

20.11　略

20.12　1.30V；1.81eV

20.13　29.8keV；1.59×10^{-23}kg·m/s；5.3×10^{-32}kg

20.14　2.43×10^{-3}nm

20.15　9×10^{-3}nm；0.162MeV；0.65c

20.16　0.10MeV

20.17　4.3×10^{-3}nm；62°18′

第二十一章

21.1　0.123nm；8.29×10^{-35}m

21.2　5.12×10^{5}eV；2.1×10^{4}eV

21.3　$\dfrac{h}{\sqrt{3}\,m_eC}$

21.4　5.07×10^7m/s

21.5　$\dfrac{\lambda}{4\pi}$

21.6　5.8×10^{-8}m

21.8　24mm

21.9　3.3×10^{-10}eV

21.10　$a/6$；$a/2$；$5a/6$

21.11　17/81

21.13　8.3×10^{-15}J

21.15　5.25eV

21.16　1.05eV；4.20eV；9.45eV

21.17　(1) $\psi(x)=\begin{cases}2\lambda^{3/2}x\mathrm{e}^{-\lambda x} & (x\geqslant0)\\ 0 & (x<0)\end{cases}$

　　　　(2) $|\psi(x)|^2=\begin{cases}4\lambda^3x^2\mathrm{e}^{-2\lambda x} & (x>0)\\ 0 & (x<0)\end{cases}$

21.18　0.45nm

第二十二章

22.1　121.5nm；91.2nm

22.2　2.86eV；$n=5$；$k=2$；4，10

22.3　102.6nm；656.3nm；121.5nm

22.4　13.6eV

22.5　0.74eV

22.6　-1.51eV；-3.4eV

22.7　3.56×10^{-15}m

22.8　9.3×10^{-8}eV；3.88×10^{-2}eV

22.10　7；$\pm3\hbar$；$\pm2\hbar$；$\pm\hbar$　0

22.11　$\sqrt{6}\,\hbar$；$0,\pm\hbar,\pm2\hbar$；35.3°

22.12　$3/2a_0$

22.13　略

22.14   122eV

22.15   2.36eV

第二十四章

24.1   26MeV

24.2   (1)1.42×10^{-6}N;(2)1860 个金原子直径

24.3   2.89fm,5.34fm,7.45fm

24.4   A＝27

24.5   12.8km

24.6   8.79MeV

24.7   1.008665u

24.8 3×10^{19}个

24.9   (1)64.2h;(2)$\dfrac{1}{8}$

24.10 3.84×10^{21}个

24.11   4.268MeV

24.12   (1)31.85MeV,5.98MeV;(2)73MeV

24.13 K_s＝78eV

24.14   (1)873fm;(2)6.38fm;(3)不能

24.15   686 年

24.16   (1)10 个;(2)231MeV

24.17   (1)4.34×10^{9}kg/s;(2)3.1×10^{-4}

24.18   (1)1.86×10^{38}个/;(2)8.4×10^{28}个/s

24.19   参见式(24.16a－c)

24.20 K_{α}＝3.52MeV,K_{n}＝14.07MeV

24.21   27kw

24.22   (1)803.27MeV;(2)K_e＝459.42MeV,K_{π}＝343.85MeV

24.23 1.84×10^{-14}m

24.24   769MeV

24.25   474s

24.26   (1)1.9×10^{-18}kg ms^{-1};(2)9.9m

24.27   (1)电磁;(2)弱;(3)电磁;(4)弱

24.28 (1)电荷守恒;(2)能量守恒

24.29 $q=0, B=-1, S=0$

24.30 (2),(4)是由强作用引起的

24.31 (1)K^+;(2)$\bar{n}$;(3)$\dot{K}^\circ$

24.32 反质子 $\bar{u}\bar{u}\bar{d}$,反中子 $\bar{u}\bar{d}\bar{d}$

24.33 (1)Λ°(uds);(2)Ξ°(uss)

24.34 (1)不可能;(2)uuu